实用运筹学

运用Excel建模和求解

第3版

叶向 编著

中国人民大学出版社
·北京·

图书在版编目（CIP）数据

实用运筹学：运用 Excel 建模和求解 / 叶向编著.
3 版. -- 北京：中国人民大学出版社，2024. 11.
ISBN 978-7-300-33332-8

Ⅰ. O22

中国国家版本馆 CIP 数据核字第 2024UL2581 号

实用运筹学——运用 Excel 建模和求解（第 3 版）
叶　向　编著
Shiyong Yunchouxue——Yunyong Excel Jianmo he Qiujie

出版发行	中国人民大学出版社		
社　　址	北京中关村大街 31 号	**邮政编码**	100080
电　　话	010－62511242（总编室）		010－62511770（质管部）
	010－82501766（邮购部）		010－62514148（门市部）
	010－62515195（发行公司）		010－62515275（盗版举报）
网　　址	http://www.crup.com.cn		
经　　销	新华书店		
印　　刷	天津鑫丰华印务有限公司	**版　　次**	2007 年 9 月第 1 版
开　　本	787 mm×1092 mm　1/16		2024 年 11 月第 3 版
印　　张	16.5 插页 1	**印　　次**	2024 年 11 月第 1 次印刷
字　　数	369 000	**定　　价**	48.00 元

前 言

《实用运筹学》(第2版) 自2013年5月出版以来，得到了广大读者的热情支持，成为不少高等院校本科生相关课程的教材或参考书，为运筹学知识的普及和方法的应用贡献了微薄之力。

此次修订的第3版在整体上仍然保持了第2版的架构，主要参考了2022年5月出版的《运筹学：本科版》(第5版)，删减并调整了一些章节（如删去每章最后的案例），目的是减轻老师和学生的负担。

第2章“线性规划的敏感性分析”的2.9节中删去了线性规划的对偶问题和对偶规划的经济意义，以及附录的“影子价格理论简介”。

由于第2版的第3章“线性规划的建模与应用”与后面章节的内容有些重复，因此整章删去，将其中的“排班问题”调整到第5章“整数规划”中。

第3章“运输问题和指派问题”将附录中的“转运运输问题”调整为3.4节“转运问题”，删去了运输问题和指派问题的应用举例。

第 5 章“整数规划”增加了两个小节，即 5.3 节“背包问题”（将第 2 版第 7 章“动态规划”中的“背包问题”调整为 5.3 节）和 5.4 节“排班问题”（将第 2 版第 3 章“线性规划的建模与应用”中的“排班问题”调整为 5.4 节），删去了整数规划的应用举例。

第 6 章“动态规划”将“背包问题”调整到第 5 章“整数规划”中，删去了“资金管理问题”一节，将“生产经营问题”一节改为三节（6.1 节、6.2 节和 6.3 节）。

第 7 章“非线性规划”删去了“运用非线性规划优化有价证券投资组合”。

第 8 章“线性目标规划”将“目标规划”改为“线性目标规划”。

本书的写作基于安装在 Windows 11 操作系统上的 Excel 2021 中文版。为了能顺利学习本书介绍的例子，建议读者在 Excel 2010 及以上版本的中文版环境下学习。

为了使广大读者更好地掌握本书的有关内容，加深理解并增强处理实际问题的能力，我们将本书所有例题的 Excel 电子表格模型放在中国人民大学出版社网站（www.crup.com.cn）的资源中心，读者可以登录该网站免费下载；需要教学课件的老师可到资源中心下载，也可联系本书作者（yexiang@ruc.edu.cn）或本书的策划编辑（liwz@crup.com.cn）。

本书的修订由叶向和潘旭燕完成。在本书的修订过程中参考了国内外有关文献和书籍，它们对本书的成文起了重要作用。在此对一切给予支持和帮助的家人、朋友、同事、有关人员以及参考文献的作者一并表示衷心的感谢。

特别感谢中国人民大学出版社理工出版分社的李文重编辑、李丽娜编辑、王美玲编辑、周晴编辑，他们在本书第 3 版的修订过程中，在组织协调、书稿审校等方面做了大量工作，付出了辛勤的劳动，使本书得以顺利出版。

最后，再次感谢多年来阅读和使用本书的老师、同学和读者，感谢他们对本书修订提出的宝贵意见和建议。

叶向

于中国人民大学信息学院

目　录

线性规划

本章内容要点

- 线性规划的基本概念和数学模型；
- 线性规划的图解法；
- 线性规划的电子表格建模和求解；
- 线性规划的多解分析；
- 建立规划模型的流程。

线性规划（linear programming，LP）是运筹学（operations research，OR）中研究较早、理论和算法比较成熟的一个重要分支，主要研究在一定的线性约束条件下，使得某个线性指标最优的问题。

自 1947 年美国的丹齐格（G. B. Dantzig）提出求解线性规划的单纯形法（LP simplex method）①，线性规划的理论体系和计算方法日趋系统和完善。随着计算机的发展，线性规划已经广泛应用于工农业生产、交通运输、军事等各领域，例如生产计划、运输、人力资源规划、选址、库存管理和营销决策等。因此，线性规划也是运筹学中应用最广的分支之一。

1.1 线性规划的基本概念和数学模型

在实践中，根据实际问题的要求，常常可以建立线性规划的数学模型。

1.1.1 线性规划问题的提出

为了说明线性规划问题的特点，可先看一个例子。

例 1-1

生产计划问题。某工厂要生产两种新产品：门和窗。经测算，每生产一扇门需要在车间 1 加工 1 小时、在车间 3 加工 3 小时；每生产一扇窗需要在车间 2 和车间 3 各加工 2 小时。而车间 1、车间 2、车间 3 每周可用于生产这两种新产品的时间分别是 4 小时、12 小时、18 小时。已知门的单位利润为 300 元，窗的单位利润为 500 元。而且根据市场调查得到的这两种新产品的市场需求状况可以确定，按当前的定价可确保所有新产品均能销售出去。问该工厂应如何制订这两种新产品的生产计划，才能使总利润最大（以获得最大的市场利润）?

【分析】在该问题中，目标是两种新产品的总利润最大化（以实现市场利润的最大化为目标），所要决策的（变量）是两种新产品（门和窗）的每周产量，而新产品的每周产量要受到三个车间每周可用于生产新产品的时间的限制。因此，该问题可以用“决策变量”“目标函数”“约束条件”三个因素加以描述。

实际上，所有线性规划问题都包含这三个因素。

（1）决策变量是指问题中有待确定的未知因素。例如决定企业经营目标的各产品的产量等。

（2）目标函数是指对问题所追求目标的数学描述。例如总利润最大、总成本最小等。

（3）约束条件是指实现问题目标的限制因素。例如原材料供应量、生产能力、市场需求等，它们限制了目标值所能实现的程度。

① 单纯形法一直是求解线性规划最有效的方法之一，有关单纯形法的基本算法请参见其他运筹学书籍。

合理地确定决策变量是建模过程中重要的第一步，一旦确定了决策变量，构造目标函数和约束条件就会变得简单。

【解】本题信息可用表1-1表示。

表1-1　门和窗两种新产品的有关数据

	每个产品所需工时（小时）		每周可用工时（小时）
	门	窗	
车间1	1	0	4
车间2	0	2	12
车间3	3	2	18
单位利润（元）	300	500	

（1）决策变量。本问题中工厂需要确定两种新产品的生产计划。因此，模型的决策变量是两种新产品（门和窗）的每周产量。可设：x_1 表示门的每周产量（扇）；x_2 表示窗的每周产量（扇）。

（2）目标函数。本问题的目标是两种新产品的总利润最大。由于门和窗的单位利润分别为300元和500元，而其每周产量分别为 x_1 和 x_2，所以每周总利润 z 可表示为：

$$z=300x_1+500x_2$$

（3）约束条件。本问题的约束条件共有四个。

第一个约束条件是车间1每周可用工时限制。由于只有门需要在车间1加工，而且生产一扇门需要在车间1加工1小时，所以生产 x_1 扇门所用的工时为 x_1。由题意，车间1每周可用工时为4。由此可得第一个约束条件：

$$x_1\leqslant 4$$

第二个约束条件是车间2每周可用工时限制。由于只有窗需要在车间2加工，而且生产一扇窗需要在车间2加工2小时，所以生产 x_2 扇窗所用的工时为 $2x_2$。由题意，车间2每周可用工时为12。由此可得第二个约束条件：

$$2x_2\leqslant 12$$

第三个约束条件是车间3每周可用工时限制。生产一扇门需要在车间3加工3小时，而生产一扇窗则需要在车间3加工2小时，所以生产 x_1 扇门和 x_2 扇窗所用的工时为 $3x_1+2x_2$。由题意，车间3每周可用工时为18。由此可得第三个约束条件：

$$3x_1+2x_2\leqslant 18$$

第四个约束条件是决策变量的非负约束。非负约束经常会被遗漏。由于产量不可能为负值，因此第四个约束条件为：

$$x_1\geqslant 0,\ x_2\geqslant 0$$

由上述分析，可建立例1-1的线性规划（数学）模型：

$$\max z=300x_1+500x_2$$

$$\text{s.t.}\begin{cases}x_1 \leqslant 4 \\ 2x_2 \leqslant 12 \\ 3x_1 + 2x_2 \leqslant 18 \\ x_1, x_2 \geqslant 0\end{cases}$$

这是一个典型的总利润最大化的生产计划问题。其中，“max”是英文单词“maximize”的缩写，含义为“最大化”；“s. t.”是“subject to”的缩写，意思是“受约束于……”。因此，上述模型的含义是：在给定的条件限制（约束）下，求目标函数 z 达到最大时 x_1，x_2 的取值。

本章讨论的问题均为线性规划问题。如果目标函数是关于决策变量的线性函数，而且约束条件也都是关于决策变量的线性等式或线性不等式，则相应的规划问题就称为线性规划问题。

例 1-2

营养配餐问题。某饲料公司希望用玉米、红薯两种原料配制一种混合饲料，两种原料包含的营养成分和采购成本都不相同，公司管理层希望能够确定混合饲料中两种原料的数量，使得饲料能够以最小的成本达到一定的营养要求。研究者根据这一目标收集到的有关数据如表 1-2 所示。

表 1-2　玉米、红薯的营养成分和采购成本

营养成分	每千克玉米	每千克红薯	营养要求
碳水化合物	8	4	20
蛋白质	3	6	18
维生素	1	5	16
采购成本（元）	1.8	1.6	

【解】

（1）决策变量。本问题要决策（确定）的是混合饲料中两种原料的数量（原料采购量）。可设：x_1 为玉米采购量（千克）；x_2 为红薯采购量（千克）。

（2）目标函数。本问题的目标是混合饲料的总成本最小，即：

$$\min z = 1.8x_1 + 1.6x_2$$

（3）约束条件。本问题共有四个约束条件。

① 满足三种营养要求：

碳水化合物的营养要求：$8x_1 + 4x_2 \geqslant 20$；

蛋白质的营养要求：$3x_1 + 6x_2 \geqslant 18$；

维生素的营养要求：$x_1 + 5x_2 \geqslant 16$。

② 非负约束：$x_1 \geqslant 0$，$x_2 \geqslant 0$。

于是，得到例 1-2 的线性规划模型：

$$\min z = 1.8x_1 + 1.6x_2$$

$$\text{s.t.}\begin{cases} 8x_1 + 4x_2 \geqslant 20 \\ 3x_1 + 6x_2 \geqslant 18 \\ x_1 + 5x_2 \geqslant 16 \\ x_1,\ x_2 \geqslant 0 \end{cases}$$

这是一个典型的总成本最小化问题。其中，“min”是英文单词“minimize”的缩写，含义为“最小化”。因此，上述模型的含义是：在给定的条件限制（约束）下，求目标函数 z 达到最小时 x_1，x_2 的取值。

例 1-3

物流网络配送问题。某物流公司需将三个工厂（工厂 1、工厂 2、工厂 3）生产的一种新产品运送到 A、B 两个仓库，工厂 1 和工厂 2 的产品可以通过铁路运送到仓库 A，数量不限；工厂 3 的产品可以通过铁路运送到仓库 B，同样，数量不限。由于铁路运输成本较高，公司同时考虑用卡车来运送，但每个工厂要用卡车先将产品运送到配送中心（每个工厂用卡车最多运送 60 单位），再从配送中心用卡车运送到各个仓库（每个仓库最多收到用卡车运送来的货物 90 单位）。公司管理层希望以最小的成本来运送所需的货物。收集到的每条线路上的单位运输成本（万元/单位）和各工厂产品的产量以及各仓库分配量（需求量）等数据如表 1-3 所示。

表 1-3　物流网络配送问题的单位运输成本等有关数据

	配送中心	仓库 A	仓库 B	产量
工厂 1	3.0	7.5	—	100
工厂 2	3.5	8.2	—	80
工厂 3	3.4	—	9.2	70
配送中心	—	2.3	2.3	
需求量	0	120	130	

【解】为了建立该问题的数学模型，首先要了解这一网络配送问题。该问题涉及三个工厂、两个仓库和一个配送中心，以及各条线路上产品的运输量。由于产量和需求量已经给定，决策的重点是每条线路的运输量。

为了能更清楚地说明这个问题，用一个网络图来表示该网络配送问题（见图 1-1）。图中的节点 1、2、3 表示三个工厂，节点 T 表示配送中心，节点 A 和 B 表示两个仓库；每条弧（带箭头的线路）表示一条可能的运输线路，并给出了相应的单位运输成本，同时也给出了运输量有限制的线路的最大运输能力。

要决策的是各条线路的最优运输量，引入变量 f_{ij} 表示由节点 i 经过线路运送到节点 j 的产品数量。问题的目标是总运输成本最小化，总运输成本可表示为：

$$z = 7.5f_{1A} + 3.0f_{1T} + 8.2f_{2A} + 3.5f_{2T} + 2.3f_{TA} + 3.4f_{3T} + 2.3f_{TB} + 9.2f_{3B}$$

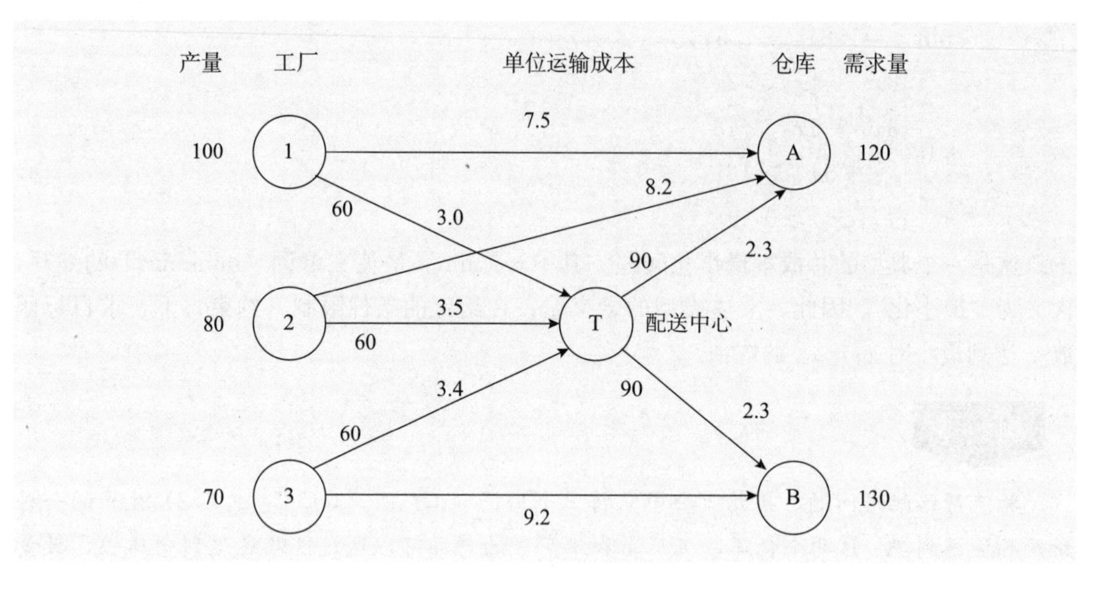

图 1-1　例 1-3 的配送网络图

相应的约束条件包括对网络中每个节点确定的需求约束（平衡）。因为三个工厂的总产量为 100＋80＋70＝250，而两个仓库的分配量（需求量）为 120＋130＝250，供需平衡。

对于生产（供应）节点 1、2、3 来说，由某一节点运出的产品数量应等于其产量，即：

$$f_{1A}+f_{1T}=100 \quad (\text{工厂 } 1)$$
$$f_{2A}+f_{2T}=80 \quad (\text{工厂 } 2)$$
$$f_{3B}+f_{3T}=70 \quad (\text{工厂 } 3)$$

对于配送中心（节点 T），运入的产品数量等于运出的产品数量，即：

$$f_{1T}+f_{2T}+f_{3T}=f_{TA}+f_{TB}$$

对于仓库 A（节点 A）和仓库 B（节点 B），运入的产品数量等于其分配量（需求量），即：

$$f_{1A}+f_{2A}+f_{TA}=120 \quad (\text{仓库 A})$$
$$f_{TB}+f_{3B}=130 \quad (\text{仓库 B})$$

此外，对配送网络中有运输能力限制的线路的约束是：该线路上运输的产品数量不超过该线路的运输能力，即：

$$f_{1T},f_{2T},f_{3T}\leqslant 60,\ f_{TA},f_{TB}\leqslant 90$$

并且，所有 $f_{ij}\geqslant 0$（非负约束）。

因此，该物流网络配送问题的线性规划模型为：

$$\begin{aligned}\min z=&7.5f_{1A}+3.0f_{1T}+8.2f_{2A}+3.5f_{2T}\\&+2.3f_{TA}+3.4f_{3T}+2.3f_{TB}+9.2f_{3B}\end{aligned}$$

$$\text{s.t.}\begin{cases} f_{1A}+f_{1T}=100 \\ f_{2A}+f_{2T}=80 \\ f_{3B}+f_{3T}=70 \\ f_{1T}+f_{2T}+f_{3T}=f_{TA}+f_{TB} \\ f_{1A}+f_{2A}+f_{TA}=120 \\ f_{TB}+f_{3B}=130 \\ f_{1T},f_{2T},f_{3T}\leqslant 60,\ f_{TA},f_{TB}\leqslant 90 \\ f_{1A},f_{1T},f_{2A},f_{2T},f_{TA},f_{3T},f_{TB},f_{3B}\geqslant 0 \end{cases}$$

1.1.2　线性规划的模型结构

从以上三个例子中可以看出，线性规划问题有如下共同特征：

（1）每个问题都有一组决策变量 x_1，x_2，…，x_n，这组决策变量的值代表一个具体方案。

（2）有一个衡量决策方案优劣的函数，它是决策变量的线性函数，称为目标函数。根据问题的不同，要求目标函数实现最大化或最小化。

（3）存在一些约束条件，这些约束条件包括：

① 函数约束，可以用一组决策变量的线性函数大于等于（“⩾”）、小于等于（“⩽”）或等于（“＝”）一个给定常数（称为右边项）来表示；

② 决策变量的非负约束。

因此，线性规划的一般形式为：对于一组决策变量 x_1，x_2，…，x_n，取

$$\max(\min)\ z=c_1x_1+c_2x_2+\cdots+c_nx_n \tag{1-1}$$

$$\text{s.t.}\begin{cases} a_{11}x_1+a_{12}x_2+\cdots+a_{1n}x_n\leqslant(=,\geqslant)b_1 \\ a_{21}x_1+a_{22}x_2+\cdots+a_{2n}x_n\leqslant(=,\geqslant)b_2 \\ \cdots\cdots \\ a_{m1}x_1+a_{m2}x_2+\cdots+a_{mn}x_n\leqslant(=,\geqslant)b_m \\ x_1,x_2,\cdots,x_n\geqslant 0 \end{cases} \begin{matrix} \\ \\ (1-2) \\ \\ (1-3)\end{matrix}$$

其中，式（1－1）称为目标函数，它只有两种形式——max（最大化）或 min（最小化）；式（1－2）称为函数约束，它们表示问题所受到的各种约束，一般有三种形式[①]：“⩽”（小于等于）、“⩾”（大于等于）（这两种形式又称不等式约束）或“＝”（等于）（又称等式约束）；式（1－3）称为非负约束，很多情况下决策变量都隐含了这个假设，它们在表述问题时常常不一定明确指出，建模时应注意这种情况。在实际应用中，有些决策变量允许取任何实数，如温度变量、资金变量等，这时不能人为地强行限制其非负。

在线性规划模型中，也直接称 z 为“目标函数”；称 $x_j(j=1，2，…，n)$ 为“决策变量”；称 $c_j(j=1，2，…，n)$ 为“目标函数系数”、“价值系数”或“费用系数”；称 $b_i(i=1，$

① 注意：应避免“＜”（小于）和“＞”（大于）形式的约束。

2，…，m）为“约束条件的右边项”或简称“右边项”，也称“资源常数”；称 a_{ij}（$i=1$，2，…，m；$j=1$，2，…，n）为“技术系数”或“工艺系数”。这里，c_j，b_i，a_{ij} 均为常数（称为模型参数）。

线性规划的数学模型可以表示为下列简洁的形式：

$$\max(\min)\ z=\sum_{j=1}^{n}c_jx_j$$

$$\text{s. t.}\begin{cases}\sum_{j=1}^{n}a_{ij}x_j\leqslant(=,\geqslant)b_i & (i=1,2,\cdots,m)\\ x_j\geqslant 0 & (j=1,2,\cdots,n)\end{cases}$$

在结束本节之前，有必要介绍一下线性规划问题隐含的假设，即比例性、可加性、可分性和确定性假设。

（1）比例性假设：每个决策变量的变化所引起的目标函数的改变量及约束条件左边项的改变量与该决策变量的改变量成正比。

（2）可加性假设：每个决策变量对目标函数和约束条件的贡献是独立于其他变量的。总贡献是每个决策变量单独贡献之和。

（3）可分性假设：每个决策变量都允许取分数值。换言之，决策变量允许为非整数值。

（4）确定性假设：模型参数（c_j，a_{ij}，b_i）都是已知的。线性规划问题不涉及随机因素。

在现实生活中，完全满足这些条件的问题是很有限的。但若问题近似满足这些条件，仍然可使用线性规划进行求解和分析。否则，可考虑使用其他方法，如非线性规划、整数规划、参数规划或随机性分析方法等。

1.2 线性规划的图解法

简单的线性规划问题可用图解法（graphical solution）求解。图解法虽然实际应用意义不大，但简单直观，有助于初学者了解线性规划问题的几何意义及求解的基本原理。

1.2.1 可行域与最优解

例 1-1 所要寻求的解是每周门和窗的产量组合。实际上，给出门和窗的任意一组产量组合，都可以得到该问题的一个解，因此可以得到无穷多个解，但是其中只有满足所有约束条件的解才符合题意。满足所有约束条件的解称为该线性规划问题的可行解，全体可行解组成的集合称为该线性规划问题的可行域。其中，使得目标函数达到最优的可行解称为最优解（optimal solution）。在例 1-1 中，如果可以找到一组能够满足所有约束条件的产量组合，这个产量组合就是一个可行解；如果这个可行的产量组合能够使总利润最大，这个产量组合便是所求的最优解（最优解决方案）。

1.2.2 线性规划的图解法

对于只有两个变量的线性规划问题，可以在二维直角坐标平面上作图表示线性规划问题的有关概念并求解。

用图解法求解两个变量的线性规划问题的步骤如下：

第一步：分别取决策变量 x_1，x_2 为坐标向量建立直角坐标系。

第二步：在坐标图上绘出代表各约束条件的直线，确定满足所有约束条件的可行域。

第三步：绘出任意一条等利润直线（令利润函数值等于任意一个特定值）。

第四步：朝着使目标函数最优化的方向，平行移动该等利润直线，直到再继续移动就会离开可行域为止。这时，该等利润直线在可行域内的那些点即为最优解。

下面介绍如何用图解法求解例 1-1。

例 1-1 有四个约束条件：

$$\begin{cases} x_1 \leqslant 4 \\ 2x_2 \leqslant 12 \\ 3x_1 + 2x_2 \leqslant 18 \\ x_1, x_2 \geqslant 0 \end{cases}$$

图 1-2 给出了满足上述四个约束条件的区域。图 1-2 中，横坐标为 x_1（门的每周产量），纵坐标为 x_2（窗的每周产量）。约束不等式 $x_1 \geqslant 0$ 表示以 x_2 轴（直线 $x_1=0$）为界的右半平面；约束不等式 $x_2 \geqslant 0$ 表示以 x_1 轴（直线 $x_2=0$）为界的上半平面；约束不等式 $x_1 \leqslant 4$ 表示以直线 $x_1=4$ 为界的左半平面；约束不等式 $2x_2 \leqslant 12$ 表示以直线 $2x_2=12$ 为界的下半平面；约束不等式 $3x_1+2x_2 \leqslant 18$ 表示以直线 $3x_1+2x_2=18$ 为界的左下半平面。因此，例 1-1 的可行域，即满足所有四个约束条件的解的集合为上述五个半平面的交集，也就是位于第一象限的凸多边形 *OABCD*（包括边界）。

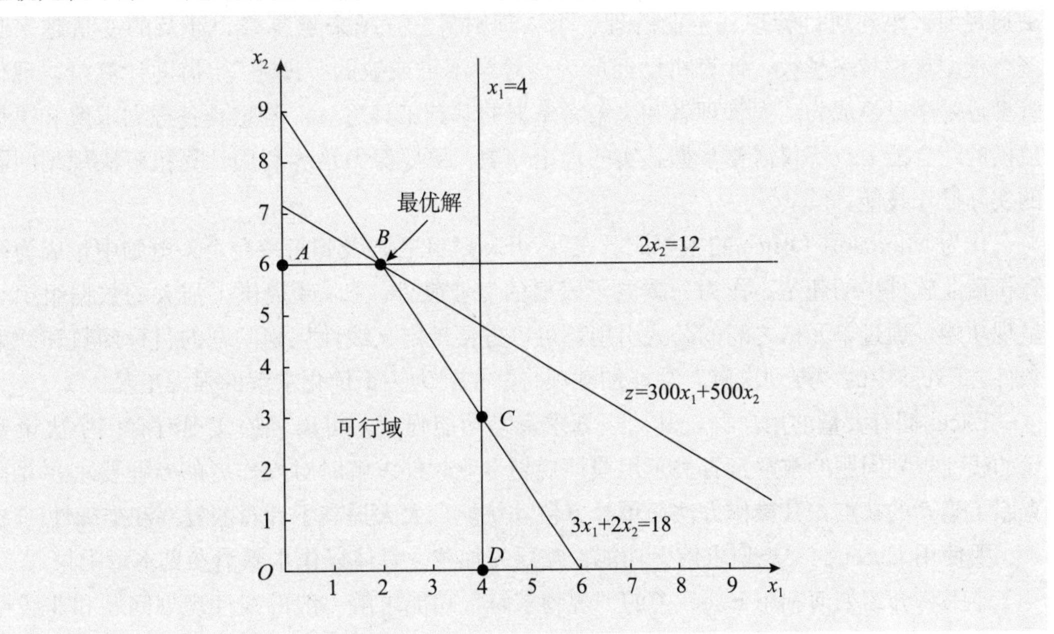

图 1-2　用图解法求解例 1-1

例 1-1 的目标是利润最大化，所以应在可行域内选择使利润达到最大值的解。不难发现，所有等利润直线都相互平行（这是因为它们具有相同的斜率），而且，离原点 O 越远的等利润直线代表的利润越大。因此，最优解应该是在可行域内离原点 O 最远的那条等利润直线上的点。

既在可行域内又离原点 O 最远的等利润直线上的点是 B 点，因此 B 点就是例 1-1 的最优解，如图 1-2 所示。而 B 点是约束条件直线 $2x_2=12$（车间 2 约束）和约束条件直线 $3x_1+2x_2=18$（车间 3 约束）的交点，即满足下述方程组的点：

$$\begin{cases}2x_2=12\\3x_1+2x_2=18\end{cases}$$

解上述二元一次方程组，可得最优解为：$x_1^*=2$、$x_2^*=6$。相应的最优目标值为：$z^*=300x_1^*+500x_2^*=3\ 600$（元）。如果图画得很准确，就可以通过直接观察图中 B 点的坐标，得到相同的结果。

1.3 利用 Excel 求解线性规划问题

1.2 节介绍了如何用图解法求解线性规划问题，但图解法仅适用于只有两个决策变量的线性规划问题。而在实际应用中，经常会遇到有成百上千个决策变量的线性规划问题，很显然只能利用计算机来完成求解。现在有许多线性规划软件①，比如电子表格和其他软件中的线性规划模块。大多数软件使用单纯形法来求解线性规划问题。

随着社会经济的发展，各行业所涉及的规划问题——大到国家资源配置、国防建设、交通规划，小到项目管理、企业管理、个人理财等——越来越复杂，涉及的变量越来越多，模型规模越来越大，计算机已经成为运筹学不可或缺的“助手”。借助计算机，现代管理运筹学已经成为广大管理者和决策者掌握的基础工具之一。若想具备规划求解和决策建模的综合能力，不仅需要掌握扎实的理论知识，更要努力培养利用计算机解决规划问题的实际操作技能。

作为 Microsoft Office 的主要成员之一，Excel 几乎普及到每一台个人电脑中，成为计算机商业软件中的翘楚。作为一款电子表格的专业软件，Excel 提供了强大的数据组织与呈现功能，通过单元格之间的公式引用，可以方便地定义线性规划问题的目标函数和约束条件。Excel 中的“规划求解”功能加载项将其扩展为一个优化求解的强大工具。

Excel 拥有大量的用户群，其“规划求解”功能强大，可以轻松实现对有多个决策变量的线性规划问题的求解，省去了用线性规划专业软件求解时对操作者的专业要求，并且克服了笔算的缺点，其操作方法简单、方便、快捷，大大提高了计算的效率和准确性。

要使用 Excel 的“规划求解”功能，需要先加载。具体操作步骤请参见本章附录。

本书将介绍如何利用 Excel 中的“规划求解”功能求解一般的线性规划问题和非线性规划问题。

① 优化求解工作中经常使用的软件有 Microsoft Excel、Lingo/Lindo、Matlab、WinQSB、Python 等。

1.3.1　在 Excel 中建立线性规划模型

图 1－3 显示了把表 1－1 的数据输入 Excel 后的例 1－1 的电子表格模型（E 和 F 两列是为输入公式和符号预留的）。下面把输入数据的单元格称为数据单元格。

	A	B	C	D	E	F	G
1	**例 1-1**						
2							
3			门	窗			
4		单位利润	300	500			
5							
6			每个产品所需工时				可用工时
7		车间 1	1	0			4
8		车间 2	0	2			12
9		车间 3	3	2			18

图 1－3　把表 1－1 输入数据单元格后的例 1－1 的初始电子表格模型

请参见“例 1－1（没有给单元格命名）.xlsx”。

为了将数据单元格与其他单元格区分开来，将它们的填充颜色（背景）设置成“主题颜色”中的“蓝色，个性色 5，淡色 60%”，如图 1－4 所示。

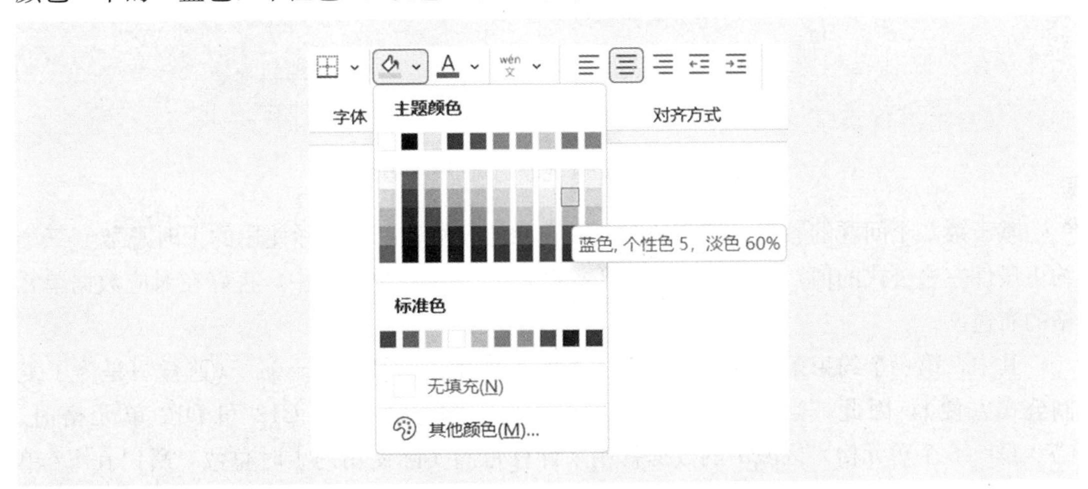

图 1－4　“填充颜色”中的“主题颜色”和“标准色”

在用 Excel 电子表格建立数学模型（这里是一个线性规划模型）的过程中，有三个问题需要回答：

（1）要做出的决策是什么？（决策变量）

（2）做出这些决策时，有哪些约束条件？（约束条件）

（3）这些决策的目标是什么？（目标函数）

对于例 1－1 而言，这三个问题的答案是：

（1）要做出的决策是两种新产品的每周产量；

（2）对决策的约束条件是两种新产品在相应车间里每周实际使用工时不能超过每个车间的可用工时；

（3）这些决策的目标是使这两种新产品的总利润最大化。

图 1－5 显示了上面这些答案是如何编入 Excel 电子表格的。基于第一个问题的答案，把两种新产品的每周产量（决策变量 x_1 和 x_2）分别放在 C12 和 D12（两个）单元格中，正好在两种新产品所在列的数据单元格下方。刚开始还不知道每周产量值会是多少，在图 1－5 中都设置为 0（实际上，任何一个正的试验解都可以，运行 Excel“规划求解”功能后，这些数值会被最优解替代）。含有需要做出决策的单元格称为可变单元格。为了突出可变单元格，将它们的填充颜色（背景）设置成“标准色”中的“黄色”（参见图 1－4），并标有边框。

	A	B	C	D	E	F	G
1	例1-1						
2							
3			门	窗			
4		单位利润	300	500			
5							
6			每个产品所需工时		实际使用		可用工时
7		车间 1	1	0	0	<=	4
8		车间 2	0	2	0	<=	12
9		车间 3	3	2	0	<=	18
10							
11			门	窗			总利润
12		每周产量	0	0			0

图 1－5　例 1－1 完整的电子表格模型

基于第二个问题的答案，把两种新产品在相应车间里每周实际使用的工时总数（三个约束条件左边公式的值）分别放在 E7、E8 和 E9（三个）单元格中，正好在对应数据单元格的右边。

其中，第一个约束条件左边是车间 1 的实际使用工时数 $1x_1+0x_2$（这样写是为了复制公式方便），因此，当门和窗的每周产量（x_1 和 x_2）输入 C12 和 D12 单元格时，C7：D9（6 个单元格）区域中的数据就用来计算每周实际使用的工时总数。所以在 E7 单元格中输入公式：

＝C7＊C12＋D7＊D12

得到第一个约束条件左边公式的值。

同理，在 E8 和 E9 两个单元格中分别输入公式：

＝C8＊C12＋D8＊D12

＝C9＊C12＋D9＊D12

分别得到第二个和第三个约束条件左边公式的值。

事实上，可以修改表示第一个约束条件左边的公式（在 E7 单元格中）为：

＝C7＊$C$12＋D7＊$D$12

其中，＄C＄12、＄D＄12分别表示C12、D12单元格的绝对引用。①

然后利用Excel复制公式功能，将上述公式（E7单元格中的公式）复制到E8和E9两个单元格中（可双击E7单元格的填充柄实现），即可得到第二个和第三个约束条件左边的公式。

由于E7：E9这三个单元格依赖于可变单元格（C12和D12）的输出结果，因此称它们为输出单元格。

【小技巧】Excel有一个SUMPRODUCT函数，能对相等行数和相等列数的两个（或多个）单元格区域中的对应单元格分别相乘后再求和。

这样，在E7单元格中输入的公式可以用下面的公式来替代：

=SUMPRODUCT(C7：D7,＄C＄12：＄D＄12)

尽管在这样短的公式中应用该函数的优势并不十分明显，但作为一种捷径，在输入更长的公式时，它就显得尤其方便。实际上，SUMPRODUCT函数在线性规划的电子表格模型中的应用十分广泛。

接着，在F7、F8和F9三个单元格中输入小于等于符号“<=”，表示它们左边的总值不允许超过G列中对应的数值。电子表格仍然允许输入违反“<=”符号的试验解。但是如果G列中的数值没有变化，那么这些“<=”符号将作为一种提示，拒绝接受这些试验解。

最后，基于第三个问题的答案，将两种新产品的总利润（$300x_1+500x_2$）放在G12单元格中。由于C4和D4单元格给出了生产一扇门和一扇窗的利润，因此在G12单元格中输入公式：

=C4＊C12+D4＊D12

与E列中的公式相似，它也是一些单元格乘积之和。因此，上式等价于：

=SUMPRODUCT(C4：D4,C12：D12)

总利润所在的G12单元格是一个特殊的输出单元格，它是在对每周产量做出决策时使目标值尽可能大的特殊单元格。所以单元格G12称为目标单元格。将目标单元格的填充颜色（背景）设置成“主题颜色”中的“橙色，个性色6，淡色60%”（参见图1-4），并标有粗边框。

这就完成了为例1-1建立电子表格模型的任务。利用这个电子表格模型，分析每周产量的任何一个试验解，就变得很容易了。只要在C12和D12单元格中分别输入门和窗的每周产量，Excel就可立即计算出相应的值。

为例1-1在Excel电子表格中建立线性规划模型的步骤同样适合许多其他问题。下面

---

①　在Excel中使用绝对引用可以使单元格引用固定，不受复制或移动单元格的影响。使用绝对引用时，需要在单元格引用前加上“＄”符号。可以通过两种方式输入绝对引用。一种方式是，在需要输入绝对引用的单元格中，手动添加“＄”符号。例如，要将单元格C12的引用转换为绝对引用，可以将其改为＄C＄12。另一种方式是，在需要输入绝对引用的单元格中，输入单元格引用，然后按下F4键（有的电脑用Fn+F4），Excel会自动将单元格引用转换为绝对引用，例如＄C＄12。每次按下F4键，Excel会在相对引用、绝对行引用、绝对列引用和绝对引用之间切换。

是对这一步骤的小结：

（1）收集问题的数据（如表 1-1 所示）；

（2）在 Excel 电子表格中输入数据（数据单元格）；

（3）确定决策变量单元格（可变单元格）；

（4）输入约束条件左边（或/和右边）的公式（输出单元格）；

（5）输入目标函数公式（目标单元格）；

（6）使用 SUMPRODUCT 函数（或/和 SUM 函数等）简化输出单元格（包括目标单元格）的公式。

1.3.2　利用 Excel 求解线性规划问题

利用 Excel 中的“规划求解”功能求解例 1-1 的步骤如下。

第一步：在“数据”选项卡的“分析”组中①，单击“规划求解”，打开“规划求解参数”对话框，如图 1-6 所示。该对话框用来输入所要求解的规划问题的目标函数、决策变量和约束条件。

图 1-6　“规划求解参数”对话框（求解方法为“单纯线性规划”）

第二步：在对话框中输入参数所在的单元格或区域。

① 如果“规划求解”功能或“分析”组不可用，则需要先加载“规划求解”功能，具体参见本章附录。

（1）在“设置目标”框中，输入目标函数所在的单元格“G12”（也可直接用鼠标在工作表中单击 G12 单元格），并单击（选取）“最大值”，表示希望目标单元格①的值尽可能大。

（2）在“通过更改可变单元格”框中，输入决策变量所在的单元格区域“C12：D12”（也可直接在工作表中拖动鼠标选取 C12：D12 区域）。②

（3）在“遵守约束”框中③，通过单击“添加”按钮，在打开的“添加约束”对话框中添加约束条件，如图 1－7 所示。在图 1－5 中，F7、F8 和 F9 三个单元格中的“＜＝”符号提示了 E7：E9（实际使用工时）必须小于或等于对应的 G7：G9（可用工时）。通过在“单元格引用”框中输入“E7：E9”（实际使用工时）和在“约束”框中输入“G7：G9”（可用工时），这些约束条件在“规划求解”中就具体化了。对于两边中间的符号，有个下拉列表框可供选择“＜＝”、“＝”或“＞＝”（还有“int”“bin”“dif”。④ 注意：没有“＜”和“＞”）。如果还要添加更多的（函数）约束条件，可单击“添加”按钮以打开一个新的“添加约束”对话框。但例 1－1 没有其他函数约束了，所以单击“确定”按钮返回如图 1－6 所示的“规划求解参数”对话框。

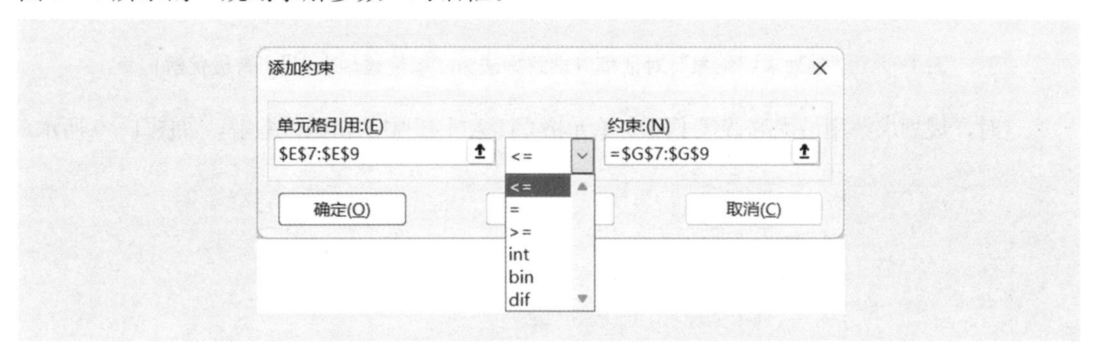

图 1－7　“添加约束”对话框（6 种约束关系）

第三步：单击选中“使无约束变量为非负数”复选框（表示决策变量的非负约束）。然后在“选择求解方法”右边的下拉列表中，选择“单纯线性规划”（表示该问题是线性规划问题）。

第四步：单击“求解”按钮，开始进行规划求解。

---

① 目标单元格：要优化的最终结果所在单元格。在该单元格中必须按照数据关系建立与可变单元格关联的公式；目标值有最大值、最小值和确定的值三种。

② 可变单元格：所需求解的一个或多个未知数，被目标单元格公式引用。可变单元格必须直接或间接与目标单元格相关。最多可以指定 200 个可变单元格。温馨提示：用英文（半角）逗号“,”分隔不相邻的可变单元格（或区域），在用鼠标选取时，可按住 Ctrl 键实现。

③ 更改或删除约束条件的方法：在“规划求解参数”对话框的“遵守约束”中，单击要更改或删除的约束条件，然后单击“更改”并进行更改，或单击“删除”。

④ 如果单击“int”，则“约束”框中会显示“整数”（表示对决策变量的“整数”要求，取整）；如果单击“bin”，则“约束”框中会显示“二进制”（表示对决策变量的“0－1”要求，只能是 1 或 0）；如果单击“dif”，则“约束”框中会显示“AllDifferent”（表示对决策变量的“互不相同”要求，不得重复）。需要注意的是：int、bin 和 dif 这三种关系只能作为变量（可变）单元格的约束条件。

第五步：在弹出的“规划求解结果”对话框中，保留默认的“保留规划求解的解”选项（如图 1－8 所示），单击“确定”按钮。①

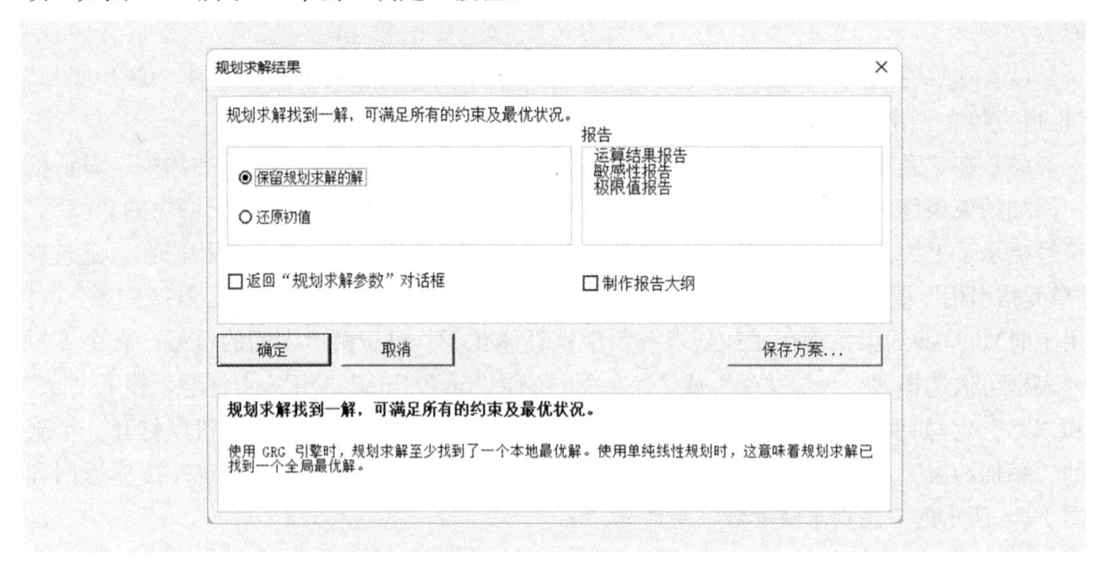

图 1－8　“规划求解结果”对话框（求解方法为“单纯线性规划”，有最优解）

这时，规划求解用最优解替代了可变单元格 C12 和 D12 中的初始试验解，如图 1－9 所示。

	A	B	C	D	E	F	G
1	**例1-1**						
2							
3			门	窗			
4		单位利润	300	500			
5							
6			每个产品所需工时		实际使用		可用工时
7		车间 1	1	0	2	<=	4
8		车间 2	0	2	12	<=	12
9		车间 3	3	2	18	<=	18
10							
11			门	窗			总利润
12		每周产量	2	6			3600

	E
6	实际使用
7	=SUMPRODUCT(C7:D7, $C$12:$D$12)
8	=SUMPRODUCT(C8:D8, $C$12:$D$12)
9	=SUMPRODUCT(C9:D9, $C$12:$D$12)

	G
11	总利润
12	=SUMPRODUCT(C4:D4, C12:D12)

图 1－9　规划求解后例 1－1 的电子表格模型（没有给单元格命名）

① 温馨提示：1）当模型没有可行解或目标值不收敛时，“规划求解结果”对话框中的内容将不同，具体参见 1.4 节。2）图 1－8 表示“规划求解”找到一组满足所有约束条件的最优解。如果选择“保留规划求解的解”，则表示本次规划求解的解将保留在当前电子表格中，单击“确定”，接受求解结果，并将求解结果保留在可变单元格中。如果选择“还原初值”并单击“确定”，则可在可变单元格中恢复初始值。

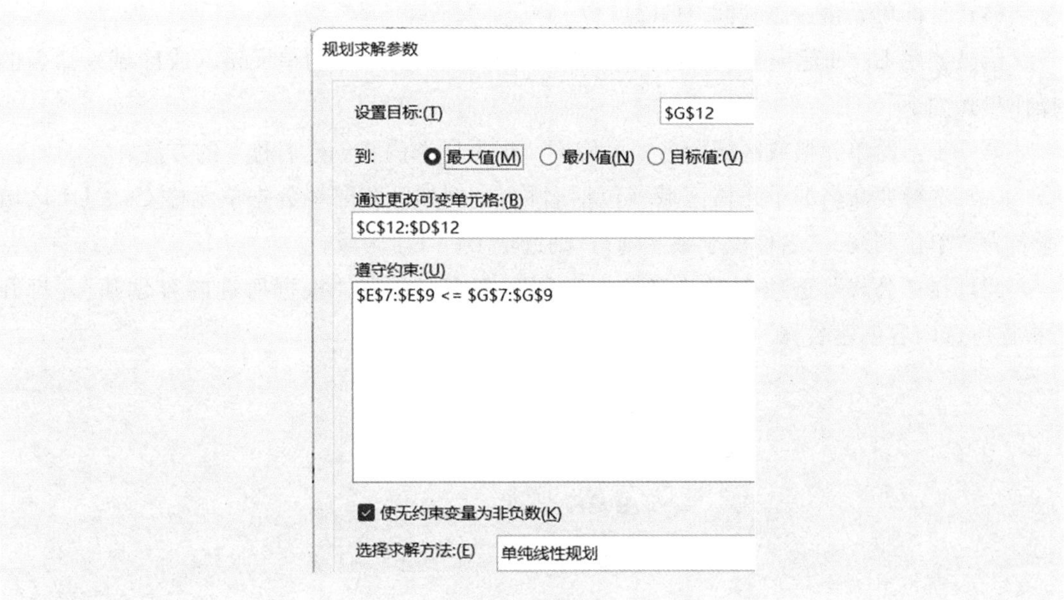

规划求解参数

设置目标:(T)　$G$12

到:　最大值(M)　最小值(N)　目标值:(V)

通过更改可变单元格:(B)

$C$12:$D$12

遵守约束:(U)

$E$7:$E$9 <= $G$7:$G$9

使无约束变量为非负数(K)

选择求解方法:(E)　单纯线性规划

图 1-9（续）

可见，最优解是每周生产 2 扇门和 6 扇窗，和前面图解法的求解结果相同。Excel 电子表格还在目标单元格 G12 中显示了对应的最优目标值是 3 600（总利润），也在输出单元格 E7：E9 区域中显示了对应的实际使用工时分别是 2、12 和 18。

也就是说，该工厂在最大限度利用现有资源的前提下，可以获得的最大市场利润是 3 600 元，每周生产 2 扇门和 6 扇窗，三种资源的使用情况分别是：车间 1 使用了 2 小时，剩余 2 小时（4－2＝2）；车间 2 使用了 12 小时，已消耗尽；车间 3 使用了 18 小时，也已消耗尽。

1.3.3　应用名称

利用 Excel 的“规划求解”功能求解规划问题时，应用名称[①]能使规划问题的电子表格模型更容易理解。主要表现在以下两个方面：

（1）在公式中应用名称，人们更容易理解公式的含义；

（2）在“规划求解参数”对话框中应用名称，人们更容易理解规划模型的含义。

因此，一般会为与公式和规划模型有关的四类单元格命名。

例如，在例 1-1 的电子表格模型中，分别为下列单元格（或区域）命名：

（1）数据单元格：单位利润（C4：D4）、可用工时（G7：G9）；

（2）可变单元格：每周产量（C12：D12）；

（3）输出单元格：实际使用（E7：E9）；

① 名称：表示单元格、单元格区域、公式或常量值的单词或字符串。名称更易于理解，例如，“单位利润”可以表示难以理解的 C4：D4 区域，“可用工时”可以表示难以理解的 G7：G9 区域，等等。

（4）目标单元格：总利润（G12）。

给已经用 Excel 建模并求解的例 1－1（如图 1－9 所示）的单元格（或区域）命名的操作步骤如下。

第一步：给单元格或区域命名，可使用“根据所选内容创建名称”的方法。

（1）选择要命名的单元格区域（包括名称）。例如，若要将数据单元格 C4：D4 区域命名为“单位利润”（名称位于最左列），则选定 B4：D4 区域。

（2）在“公式”选项卡的“定义的名称”组中，单击“根据所选内容创建”，打开“根据所选内容创建名称”对话框，如图 1－10 所示。

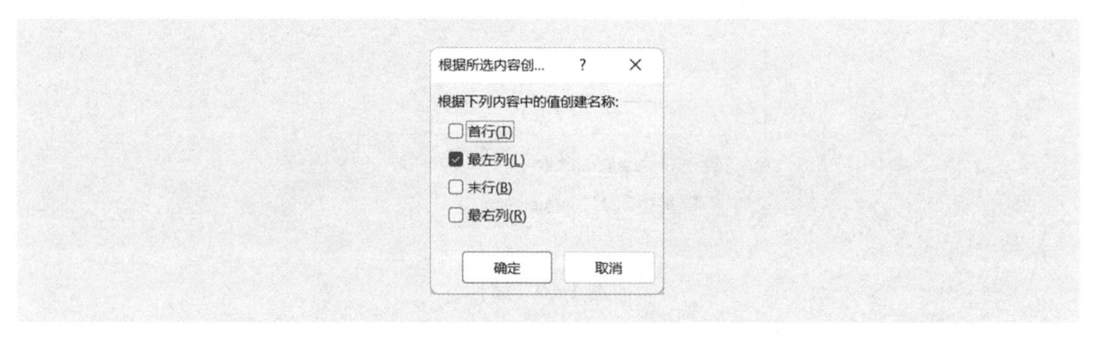

图 1－10　“根据所选内容创建名称”对话框

（3）通过选中“首行”、“最左列”、“末行”或“最右列”复选框来指定名称的位置。Excel 会根据名称所在位置自动（智能）地选中相应位置，例如，“单位利润”在选中区域的最左列，因此 Excel 自动选中“最左列”。

（4）单击“确定”按钮，返回电子表格。

（5）重复步骤（1）至（4），可以给其他单元格（或区域）命名。

第二步：查看、更改或删除已定义的名称。

（1）在“公式”选项卡的“定义的名称”组中，单击“名称管理器”，打开“名称管理器”对话框，如图 1－11 所示。

图 1－11　“名称管理器”对话框

（2）在“名称管理器”对话框中，可以查看、更改或删除已定义的名称，还可以“新建”名称。

【温馨提示】默认情况下，名称使用绝对引用。

（3）如果需要，可以更改或删除已定义的名称。

1）更改名称。

① 在“名称管理器”对话框中，单击要更改的名称（如“单位利润”），然后单击“编辑”（也可以双击名称），打开“编辑名称”对话框，如图1-12所示。

图1-12　“编辑名称”对话框

② 在“名称”框中，键入新名称，在“引用位置”框中更改引用（更改名称所表示的单元格、单元格区域、公式或常量）。

若要取消不需要或意外的更改，单击“取消”，或者按Esc键。

若要保存更改，单击“确定”，或者按Enter键。

2）删除名称。

① 在“名称管理器”对话框中，单击要删除的名称，然后单击“删除”（也可以按Del键）。

② 单击“确定”，确认删除。

第三步：将公式中的单元格（或区域）引用更改为名称。如果在公式中输入单元格引用后再定义单元格引用的名称，则通常需要手动更新对已定义名称的单元格引用。

（1）单击选中某个单元格（如A1单元格），以便将工作表的所有公式的引用更改为名称。

（2）在“公式”选项卡的“定义的名称”组中，单击“定义名称”下拉按钮，展开列表，如图1-13所示。

（3）单击“应用名称”，打开“应用名称”对话框。

（4）在“应用名称”框中，单击一个或多个名称（最好选中所有的名称），如图1-14所示。

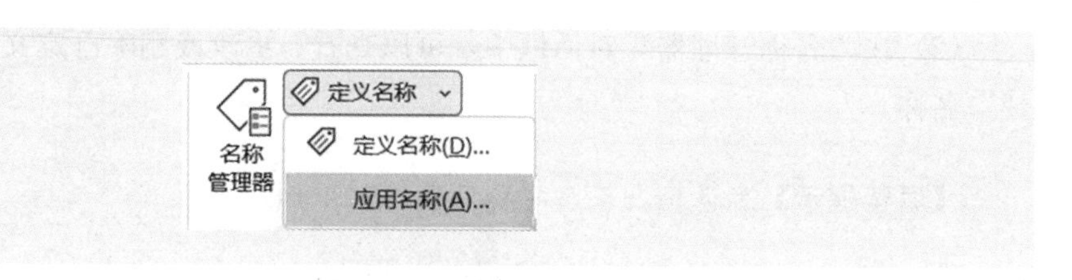

图 1-13　单击“定义名称”下拉按钮，展开列表

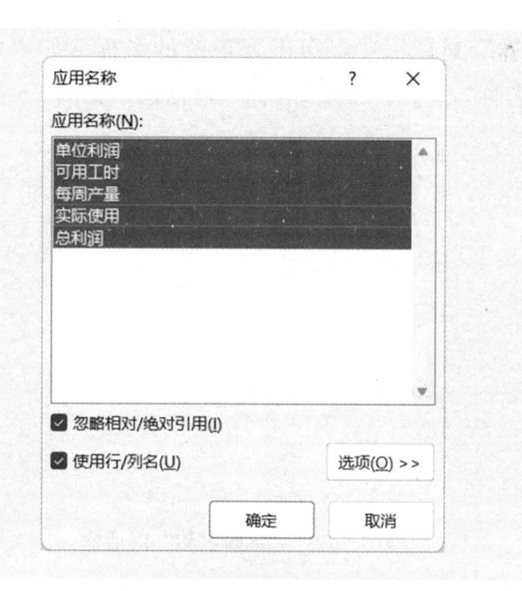

图 1-14　“应用名称”对话框（选中所有的名称）

（5）单击“确定”按钮，返回电子表格。

【温馨提示】如果在输入公式之前，已经为单元格（或区域）命名，这一步（第三步）就可以省略。因此，一般的顺序是：先为公式中要用的数据单元格和可变单元格命名，然后输入输出单元格和目标单元格的公式，最后为规划求解要用的输出单元格和目标单元格命名。

第四步：将单元格（或区域）名称粘贴到电子表格中。

（1）在电子表格模型右边的两个连续空白单元格（如 I5 单元格和 J5 单元格）中分别输入文字“名称”和“单元格”，然后单击选中“名称”下面的 I6 单元格。

【温馨提示】电子表格模型与单元格（或区域）名称之间至少要间隔 1 列。如图 1-17 所示（可参见“例 1-1. xlsx”），电子表格模型（A～G 列）与单元格（或区域）名称（I～J 列）之间间隔 1 列（H 列）。

（2）在“公式”选项卡的“定义的名称”组中，单击“用于公式”，展开名称列表，如图 1-15 所示。

图 1-15　单击“用于公式”，展开名称列表

（3）单击“粘贴名称”，打开“粘贴名称”对话框，如图 1-16 所示。

图 1-16　“粘贴名称”对话框

（4）单击“粘贴列表”，结果如图 1-17 所示。

	H	I	J
4			
5		名称	单元格
6		单位利润	=Sheet1!$C$4:$D$4
7		可用工时	=Sheet1!$G$7:$G$9
8		每周产量	=Sheet1!$C$12:$D$12
9		实际使用	=Sheet1!$E$7:$E$9
10		总利润	=Sheet1!$G$12

图 1-17　单击“粘贴列表”后的结果

（5）对图 1-17 的粘贴列表结果，利用 Excel 的“替换”功能中的“全部替换”去掉“=Sheet1!”和“$”（也可以手动去掉），再对整个区域（I5：J10）进行修饰，将填充颜色（背景）设置成“主题颜色”中的“白色，背景 1，深色 15%”（参见图 1-4），并标有粗边框，结果如图 1-18 所示。

	H	I	J
4			
5		名称	单元格
6		单位利润	C4:D4
7		可用工时	G7:G9
8		每周产量	C12:D12
9		实际使用	E7:E9
10		总利润	G12

图 1-18　修饰后的名称和单元格（或区域）引用位置

应用名称后的例 1-1 的电子表格模型如图 1-19 所示，请参见“例 1-1.xlsx”。与没有给单元格命名的图 1-9 比较，可以看出，应用名称大大增强了公式和规划模型的可读性。

【温馨提示】“规划求解参数”对话框中的参数单元格引用会自动更改为名称。

	A	B	C	D	E	F	G
1	**例1-1**						
2							
3			门	窗			
4		单位利润	300	500			
5							
6			每个产品所需工时		实际使用		可用工时
7		车间 1	1	0	2	<=	4
8		车间 2	0	2	12	<=	12
9		车间 3	3	2	18	<=	18
10							
11			门	窗			总利润
12		每周产量	2	6			3600

名称	单元格
单位利润	C4:D4
可用工时	G7:G9
每周产量	C12:D12
实际使用	E7:E9
总利润	G12

	E
6	实际使用
7	=SUMPRODUCT(C7:D7,每周产量)
8	=SUMPRODUCT(C8:D8,每周产量)
9	=SUMPRODUCT(C9:D9,每周产量)

	G
11	总利润
12	=SUMPRODUCT(单位利润,每周产量)

图 1-19　规划求解后例 1-1 的电子表格模型（应用名称）

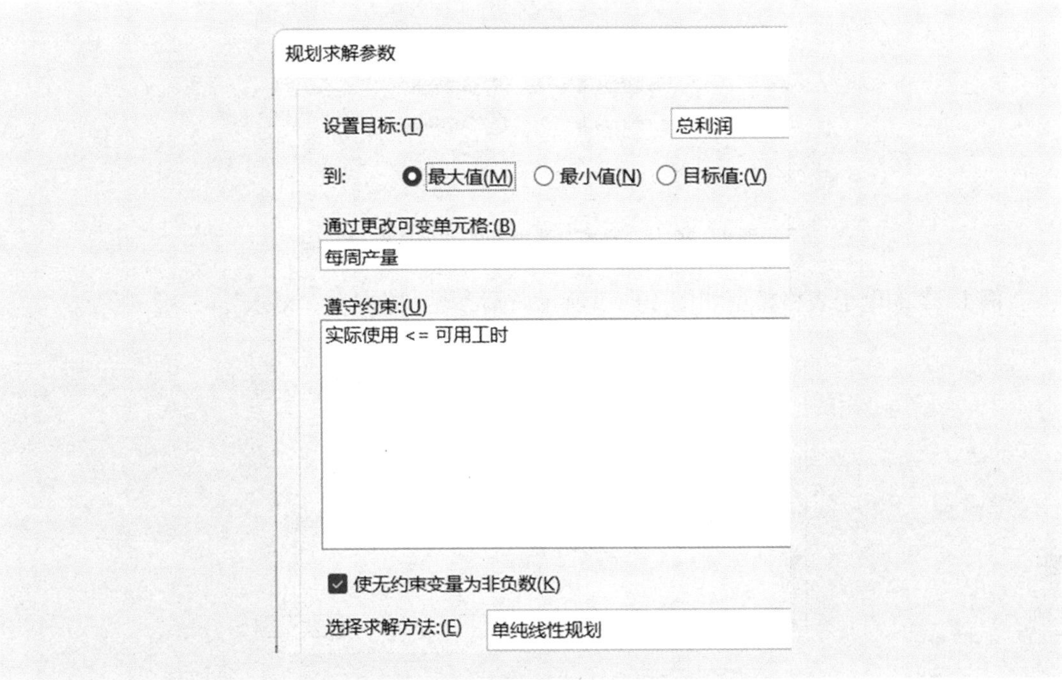

图 1－19（续）

1.3.4 建好电子表格模型的几个原则

电子表格建模是一门艺术，建立一个好的电子表格模型应遵循以下几个原则：

（1）首先输入数据；

（2）清楚地标识数据；

（3）每个数据输入到唯一的单元格中；

（4）将数据与公式分离；

（5）保持简单化（使用 SUMPRODUCT 函数、SUM 函数、中间结果等）；

（6）应用名称；

（7）使用相对引用和绝对引用，以便简化公式的复制；

（8）使用边框、背景色（填充颜色）来区分不同的单元格类型（四类单元格）；

（9）在电子表格中显示整个模型（包括符号和数据）。

Excel 提供了许多有效的工具来帮助用户进行规划模型调试，其中一个工具是将电子表格的输出单元格在数值（运算结果）和公式之间切换。

具体操作是在“公式”选项卡的“公式审核”组中，单击“显示公式”（见图 1－20）。

1.3.5 例 1－2 和例 1－3 的电子表格模型

采用建立例 1－1 的电子表格模型的方法，建立例 1－2 和例 1－3 的电子表格模型，并利用 Excel 的“规划求解”功能进行求解。

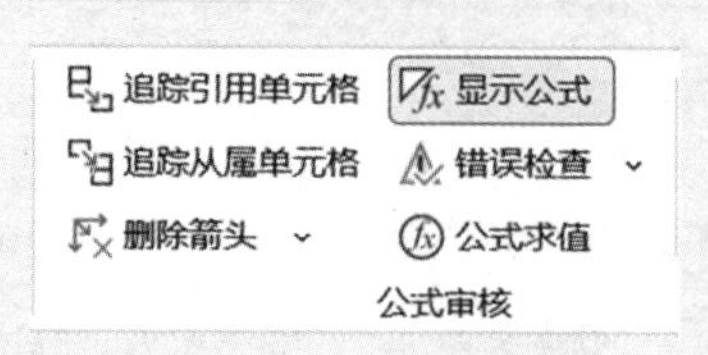

图 1-20 “公式”选项卡的“公式审核”组

例 1-2 的电子表格模型如图 1-21 所示，请参见“例 1-2. xlsx”。

	A	B	C	D	E	F	G
1	例1-2						
2							
3			玉米	红薯			
4		采购成本	1.8	1.6			
5							
6			每千克原料的营养成分		实际含量		营养要求
7		碳水化合物	8	4	20	>=	20
8		蛋白质	3	6	21	>=	18
9		维生素	1	5	16	>=	16
10							
11			玉米	红薯			总成本
12		采购量	1	3			6.6

名称	单元格
采购成本	C4:D4
采购量	C12:D12
实际含量	E7:E9
营养要求	G7:G9
总成本	G12

	E
6	实际含量
7	=SUMPRODUCT(C7:D7, 采购量)
8	=SUMPRODUCT(C8:D8, 采购量)
9	=SUMPRODUCT(C9:D9, 采购量)

	G
11	总成本
12	=SUMPRODUCT(采购成本, 采购量)

规划求解参数

设置目标:(T) 总成本

到: ○ 最大值(M) ● 最小值(N) ○ 目标值:(V)

通过更改可变单元格:(B)

采购量

遵守约束:(U)

实际含量 >= 营养要求

☑ 使无约束变量为非负数(K)

选择求解方法:(E) 单纯线性规划

图 1-21 例 1-2 的电子表格模型

Excel求解结果（最优采购方案）为：采购1千克玉米和3千克红薯来配制混合饲料，此时饲料能达到营养要求（“碳水化合物”和“维生素”刚好达到营养要求，而“蛋白质”超过营养要求），且总采购成本最小，为6.6元。

例1－3是一个网络配送问题，其电子表格模型如图1－22所示，请参见“例1－3.xlsx”。

	A	B	C	D	E	F	G
1	例1-3						
2							
3		从	到	运输量		最大 运输能力	单位 运输成本
4		节点1（工厂1）	节点A（仓库A）	40	<=	999	7.5
5		节点1（工厂1）	节点T（配送中心）	60	<=	60	3.0
6		节点2（工厂2）	节点A（仓库A）	20	<=	999	8.2
7		节点2（工厂2）	节点T（配送中心）	60	<=	60	3.5
8		节点T（配送中心）	节点A（仓库A）	60	<=	90	2.3
9		节点3（工厂3）	节点T（配送中心）	30	<=	60	3.4
10		节点T（配送中心）	节点B（仓库B）	90	<=	90	2.3
11		节点3（工厂3）	节点B（仓库B）	40	<=	999	9.2
12							
13			节点	净流量		供应/需求	
14			节点1（工厂1）	100	=	100	
15			节点2（工厂2）	80	=	80	
16			节点3（工厂3）	70	=	70	
17			节点T（配送中心）	0	=	0	
18			节点A（仓库A）	-120	=	-120	
19			节点B（仓库B）	-130	=	-130	
20							
21			总运输成本	1669			

名称	单元格
从	B4:B11
单位运输成本	G4:G11
到	C4:C11
供应需求	F14:F19
净流量	D14:D19
运输量	D4:D11
总运输成本	D21
最大运输能力	F4:F11

	D
13	净流量
14	=SUMIF(从,C14,运输量)-SUMIF(到,C14,运输量)
15	=SUMIF(从,C15,运输量)-SUMIF(到,C15,运输量)
16	=SUMIF(从,C16,运输量)-SUMIF(到,C16,运输量)
17	=SUMIF(从,C17,运输量)-SUMIF(到,C17,运输量)
18	=SUMIF(从,C18,运输量)-SUMIF(到,C18,运输量)
19	=SUMIF(从,C19,运输量)-SUMIF(到,C19,运输量)

	C	D
21	总运输成本	=SUMPRODUCT(单位运输成本,运输量)

规划求解参数

设置目标:(T)　总运输成本

到:　○最大值(M)　●最小值(N)　○目标值:(V)

通过更改可变单元格:(B)

运输量

遵守约束:(U)

净流量 = 供应需求

运输量 <= 最大运输能力

☑使无约束变量为非负数(K)

选择求解方法:(E)　单纯线性规划

图1－22　例1－3的电子表格模型

Excel 求解结果如图 1－22 中的 D4：D11 区域所示，此时的总运输成本最小，为 1 669 万元。

需要说明的是，例 1－3 的电子表格模型使用了两个技巧：

（1）工厂 1 和工厂 2 的产品可以通过铁路运送到仓库 A，工厂 3 的产品可以通过铁路运送到仓库 B，但数量都不限（铁路没有最大运输能力的限制）。为了在添加约束条件时方便些，将“节点 1（工厂 1）→节点 A（仓库 A）”“节点 2（工厂 2）→节点 A（仓库 A）”“节点 3（工厂 3）→节点 B（仓库 B）”三条线路的最大运输能力设为相对极大值“999”（参见 F4、F6 和 F11 三个单元格）。

（2）用两个 SUMIF 函数的差来计算每个节点的净流量，这样做快捷方便且不容易犯错，具体请参见第 4 章。

更多的网络最优化问题及其求解技巧，请参见第 4 章。

1.4 线性规划问题求解的几种可能结果

前面讨论的三个例题都得到了最优解，并且例 1－1 得到的最优解还是唯一的（见图 1－2）。但是，并非所有的线性规划问题都有最优解。下面讨论线性规划问题可能出现的几种解的情况。

1.4.1 唯一解

线性规划问题具有唯一解是指该线性规划问题有且仅有一个既在可行域内又使目标值达到最优的解。例 1－1 就是一个具有唯一解的线性规划问题，其数学模型为：

$$\max z = 300x_1 + 500x_2$$

$$\text{s.t.}\begin{cases} x_1 \leqslant 4 \\ 2x_2 \leqslant 12 \\ 3x_1 + 2x_2 \leqslant 18 \\ x_1, x_2 \geqslant 0 \end{cases}$$

该线性规划模型可用图解法求出最优解，如图 1－2 所示。从图 1－2 中可以看出，既在可行域 $OABCD$ 内（包括边界）又使目标值最大的点只有一个，那就是 B 点。所以 B 点的坐标（2，6）是该线性规划问题的唯一最优解。

利用 Excel 的“规划求解”功能求解时，有唯一解的“规划求解结果”对话框如图 1－8 所示。

1.4.2 无穷多解

线性规划问题具有无穷多解是指该线性规划问题有无穷多个既在可行域内又使目标值达到最优的解。

在例 1－1 中，假设门的单位利润从 300 元增加至 750 元，这时该问题的解将发生变化。用图解法可求出该问题的最优解，如图 1－23 所示。

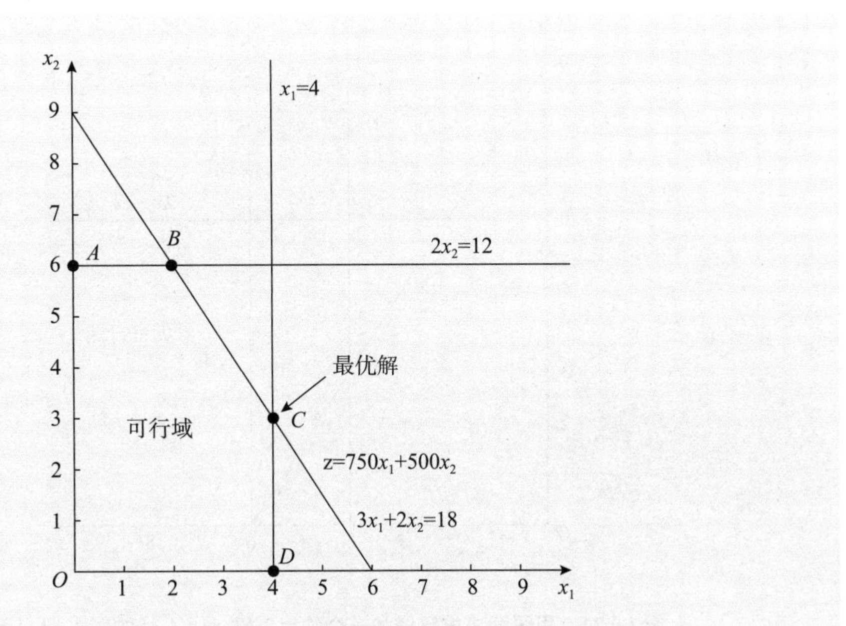

图 1－23　用图解法求解修改门的单位利润后的例 1－1（无穷多解）

由图 1－23 可见，等利润直线族中的直线 $750x_1+500x_2=4\ 500$ 与可行域中的边 BC（$3x_1+2x_2=18$）重合，这时，线段 BC 上的所有点均为最优解。因此，该线性规划问题有无穷多个最优解。

利用 Excel 的“规划求解”功能求解时，由于可变单元格只能保留一组最优解（这也是利用 Excel 软件求解的缺点，不能给出所有最优解，但最优值是唯一的），所以有无穷多解的“规划求解结果”对话框也如图 1－8 所示。采用单纯形法的 Excel“规划求解”功能的求解结果为 $x_1^*=4$，$x_2^*=3$，如图 1－23 所示的 C 点的坐标（4，3），此时的最优目标值为：$z^*=750x_1^*+500x_2^*=4\ 500$（元）。

1.4.3　无解

当线性规划问题中的约束条件不能同时满足时，无可行域的情况将会出现，这时不存在可行解，即该线性规划问题无解。

在例 1－1 中，若要求门的每周产量不得少于 6，则需再加上一个约束条件 $x_1\geqslant6$。

由图 1－24 可见，约束条件要求问题的解既在直线 $x_1=4$ 的左半平面（$x_1\leqslant4$），又在直线 $x_1=6$ 的右半平面（$x_1\geqslant6$），显然不可能同时满足，这时无可行域。因此，该线性规划问题无解。

有无可行域取决于约束条件，而与目标函数无关。

利用 Excel 的“规划求解”功能求解时，无解的“规划求解结果”对话框如图 1－25 所示。

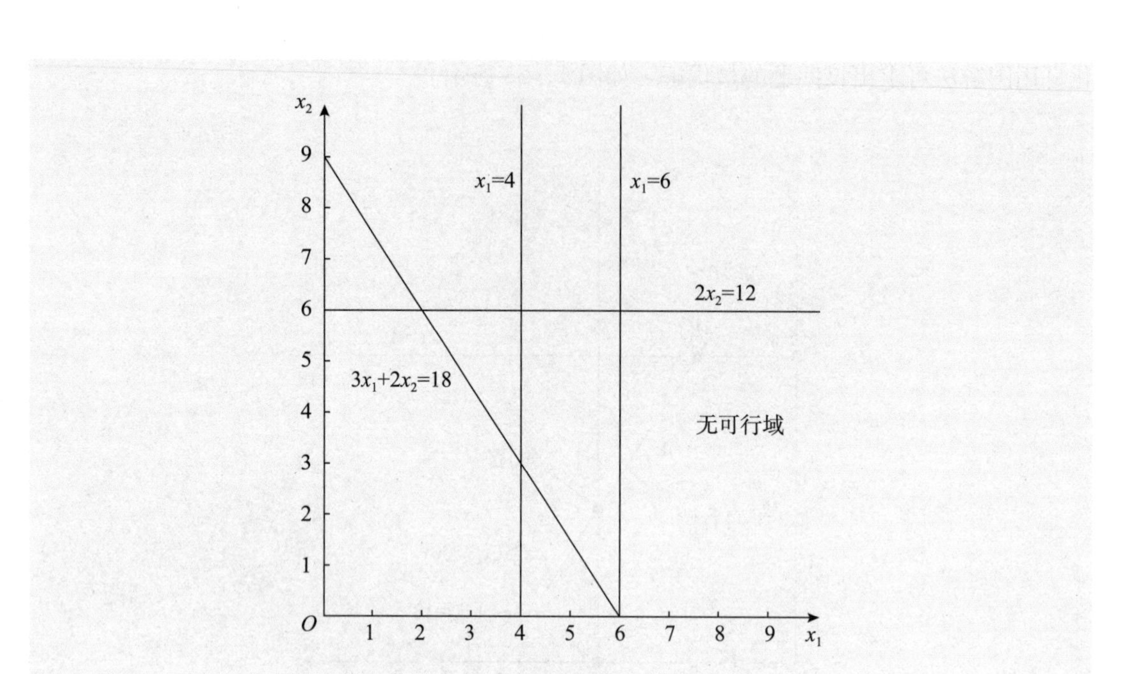

图 1－24　用图解法求解增加一个约束条件 $x_1 \geqslant 6$ 后的例 1－1（无解）

规划求解结果

规划求解找不到有用的解。

报告
可行性
可行性-界限

保留规划求解的解
还原初值

返回“规划求解参数”对话框
制作报告大纲

确定　取消　保存方案...

规划求解找不到有用的解。

规划求解找不到满足所有约束的点。

图 1－25　“规划求解结果”对话框（无解）

1.4.4　可行域无界（目标值不收敛）

线性规划问题的可行域无界，是指最大化问题中的目标函数值可以无限增大，或最小化问题中的目标函数值可以无限减小。

在例 1－1 中，如果没有车间可用工时的约束，但要求门与窗的总产量不得少于 4，则模型变为：

$$\max z = 300x_1 + 500x_2$$

$$\text{s. t.} \begin{cases} x_1 + x_2 \geqslant 4 \\ x_1, x_2 \geqslant 0 \end{cases}$$

可用图 1－26 表示。

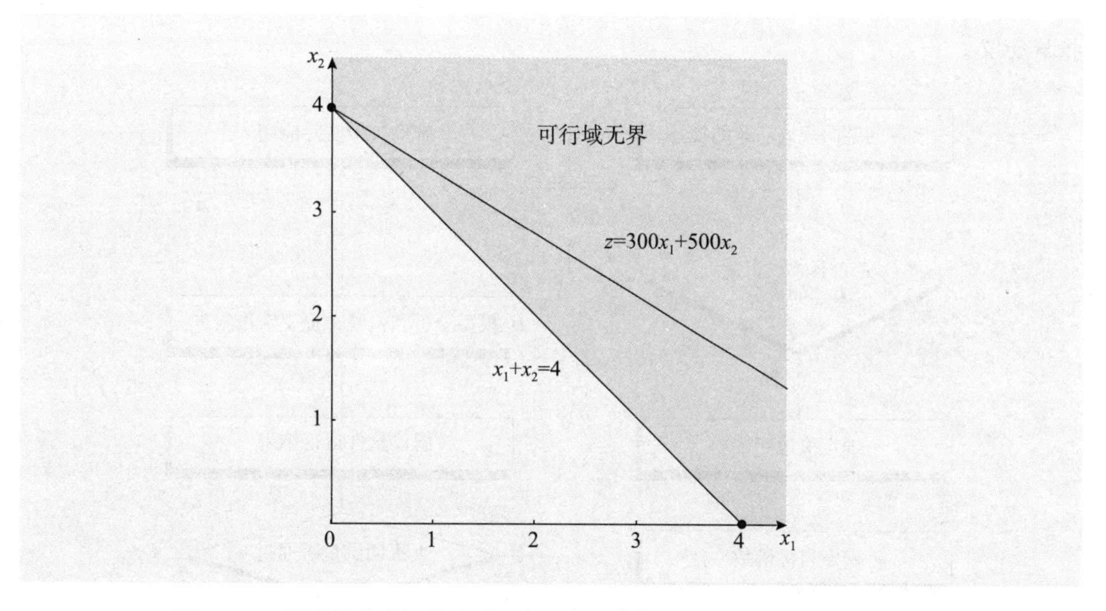

图 1－26　用图解法求解修改后只有两个约束条件的例 1－1（可行域无界）

由图 1－26 可见，该问题的可行域位于直线 $x_1+x_2=4$ 的右上平面（$x_1+x_2 \geqslant 4$）。在该可行域内，目标函数值（本问题中的利润）可以无限增大，因此该线性规划问题的可行域无界。

利用 Excel 的“规划求解”功能求解时，可行域无界的“规划求解结果”对话框如图 1－27 所示。

规划求解结果　×
目标单元格的值未收敛。
报告
◉ 保留规划求解的解
○ 还原初值
☐ 返回“规划求解参数”对话框
☐ 制作报告大纲
确定　取消　保存方案...
目标单元格的值未收敛。
规划求解可将目标单元格设置为需要的那么大(或最小化时设置为小)。

图 1－27　“规划求解结果”对话框（可行域无界，目标值不收敛）

1.5 建立规划模型的流程

建立规划模型的工作既是一门科学，又是一门艺术。建立模型时不存在唯一的标准流程。在通常情况下，图 1－28 所示的流程图对解决大多数实际问题的计算机建模工作具有指导意义。

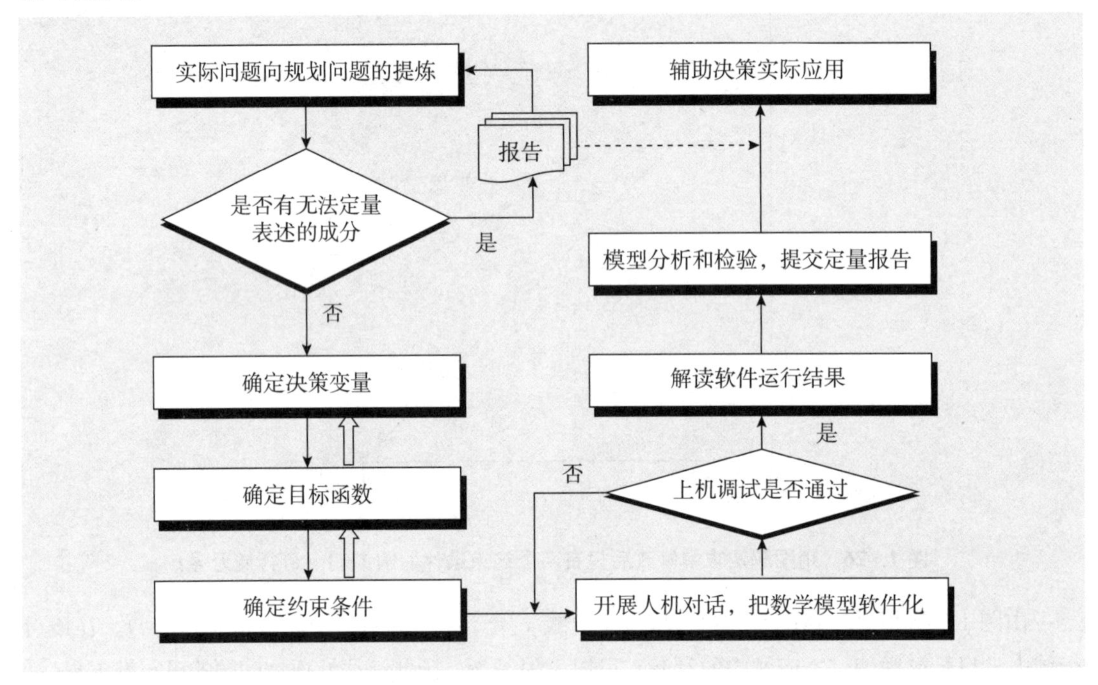

图 1－28　解决规划求解问题的流程图

在遇到实际规划问题时，首先要对问题进行预先的结构化处理。对于问题中确实无法结构化的部分，要尽量采取各种已知的手段进行处理，保证规划问题的信息得以最大限度地保留。对于实在无法结构化的部分，也不应采取回避的态度，而是建议专门形成一个辅助的补充报告，在经过计算机建立模型并运算完成后，最后补充到运行结果中。大量实际经验告诉我们，任何一次建模过程中均会或多或少地遇到无法量化的内容（甚至某些变量也无法量化），而恰恰这些信息往往会对决策者的最终决策行为起到至关重要的作用，因此图 1－28 中的非结构化信息的“报告”不能省略。

在过滤了非结构化信息以后的工作中，建议读者参考这样的研究顺序：首先确定决策变量，然后确定目标函数，最后确定约束条件。千变万化的实际问题势必会影响这个常规的思路顺序。因此，建议建模者在分析确定“变量”“目标”“约束”这三个规划问题的重要元素时，统筹考虑，合理开展“回过头”思考（见图 1－28 中的反馈箭头），为随后的工作打下良好的基础。

习题

1.1 生产计划问题。某工厂利用甲、乙、丙三种原料，生产A、B、C、D四种产品。每月可供应该厂原料甲600吨、乙500吨、丙300吨。生产1吨不同产品所消耗的原料重量（吨）、可获得的单位利润（元）及每月原料供应量（吨）如表1-4所示。问：工厂每月应如何安排生产计划，才能使总利润最大？

表1-4 三种原料生产四种产品的有关数据

	产品A	产品B	产品C	产品D	每月原料供应量
原料甲	1	1	2	2	600
原料乙	0	1	1	3	500
原料丙	1	2	1	0	300
单位利润	200	250	300	400	

1.2 营养配方问题。近些年猪肉市场形势喜人，但是农民的养猪意愿却一直不高，主要原因是饲料成本过高，导致养猪的利润相当微薄。大学毕业的小王决定回老家创业养猪。他希望结合自己所学的管理知识，通过科学决策和科学配方来降低养猪成本。小王面临的第一个问题是如何搭配出成本低廉的混合配方。已知可选的猪饲料包括玉米、槽料和苜蓿，不同饲料的营养含量存在较大差异。经咨询专家，小王决定重点保证饲料在碳水化合物和蛋白质方面的要求。三种饲料（每千克）对应的碳水化合物和蛋白质含量，以及成本（元）如表1-5所示，表的最后一列也给出了科学养猪中对每千克饲料所含最低营养成分的要求。请问小王应该如何调配混合饲料？

表1-5 玉米、槽料和苜蓿的营养成分和成本

营养成分	玉米	槽料	苜蓿	最低营养要求
碳水化合物	90	20	40	60
蛋白质	40	80	60	55
成本	3	2.3	2.5	

1.3 某生产基地每天需从A、B两仓库中提取原料用于生产，需提取的原料有：甲不少于240件，乙不少于80千克，丙不少于120吨。已知每辆货车从仓库A每天能运回甲4件、乙2千克、丙6吨，运费为每车200元；从仓库B每天能运回甲7件、乙2千克、丙2吨，运费为每车160元。为满足生产需要，基地每天应发往A、B两仓库各多少辆货车，才能使总运费最少？

本章附录 在Excel中加载“规划求解”功能

默认情况下，Excel并不加载“规划求解”功能。要使用Excel的“规划求解”功能，需要先加载“规划求解”功能。

这里以Excel 2021为例，说明具体操作步骤。

第一步：单击“文件”选项卡，在弹出的列表中单击“选项”，这时将出现“Excel选项”对话框。

第二步：在“Excel选项”对话框中，单击左侧的“加载项”，在右下方“管理”下拉列表中选择“Excel 加载项”，然后单击“转到”按钮，打开“加载项”对话框，如图 1－29 所示。

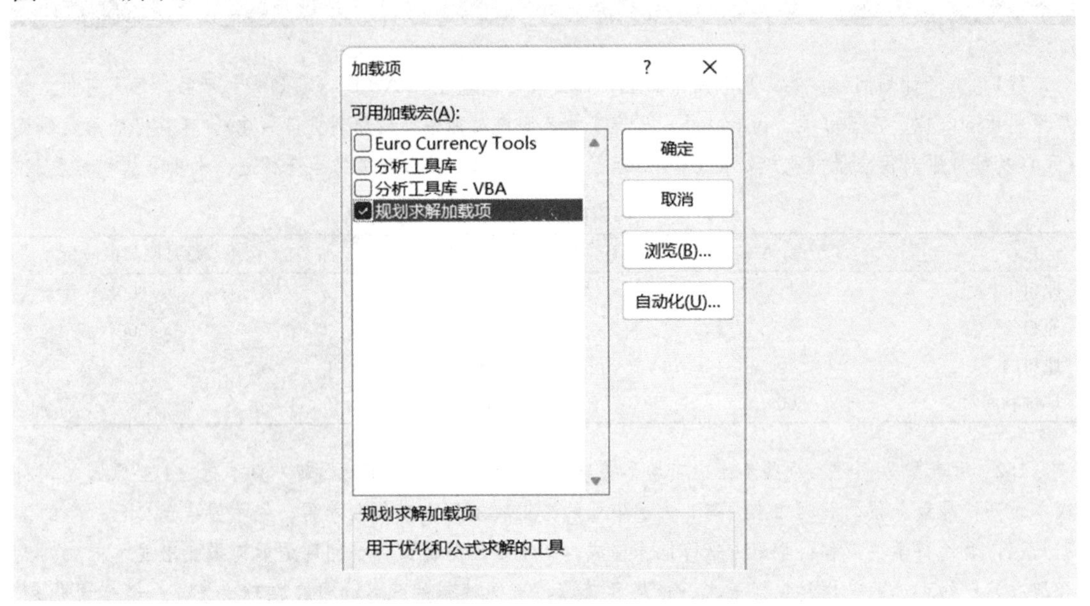

图 1－29　Excel“加载项”对话框（选中“规划求解加载项”）

第三步：在“加载项”对话框中，勾选“规划求解加载项”，单击“确定”按钮。

这样，Excel 工作窗口的“数据”选项卡的“分析”组中将出现“规划求解”。此后每次启动 Excel 时，“规划求解加载项”都会自动加载，加载过程需要占用一定的系统响应时间。如果不再需要使用“规划求解”功能，可以采用类似的方法卸载“规划求解加载项”。

【温馨提示】Excel 中的“规划求解加载项”采用的是 Frontline Systems 公司开发并提供的算法，有关的详细信息可以查看网站 http://www.solver.com。

线性规划的敏感性分析

本章内容要点

- 线性规划的敏感性分析；
- 利用 Excel 进行敏感性分析。

敏感性分析（sensitivity analysis）又称灵敏度分析，能够为管理层决策提供非常有用的信息，从而帮助管理者做出正确决策。本章将在第 1 章的基础上，进一步讨论线性规划的敏感性分析、敏感性报告及其应用。

2.1 线性规划的敏感性分析

本节将介绍线性规划敏感性分析的研究内容，并针对例 1－1，给出需要进行敏感性分析的具体内容，其中将会涉及 7 个小问题。

2.1.1 敏感性分析的研究内容

在第 1 章的讨论中，假定线性规划模型中的所有系数（包括目标函数系数 c_j、工艺系数 a_{ij}、约束条件的右边项 b_i）都是确定的常数，并根据这些数据，求得最优解。

$$\max(\min)\ z=\sum_{j=1}^{n}c_jx_j$$

$$\text{s.t.}\begin{cases}\sum\limits_{j=1}^{n}a_{ij}x_j\leqslant(=,\geqslant)b_i & (i=1,2,\cdots,m)\\ x_j\geqslant 0 & (j=1,2,\cdots,n)\end{cases}$$

但事实上，现实情况是复杂多变的，有些系数有时很难确定。这就要求管理者在取得最初模型的最优解之后，对这些系数进行进一步的分析，以决定是否需要调整决策。

同时，周围环境的变化也会使系数发生变化，这些系数的变化很可能会影响已求得的最优解。因此，开明的管理者为了让管理决策能够更好地适应现实环境，还要继续研究最优解对系数变化的反应程度，以适应各种偶然的变化。这就是敏感性分析所要研究的一部分内容。敏感性分析研究的另一部分内容是探讨在原线性规划模型的基础上增加一个变量或者一个约束条件对最优解的影响。

也就是说，敏感性分析通常可以解决系数变化对模型的影响，见表 2－1。

表 2－1 各种因素变化对规划模型的影响（利润最大化问题）

企业遇到的实际问题	现状	运筹学模型中的系数	系数波动的表现
某单一产品价格上升	没有生产	目标函数中的某个系数 c_j	可能会投入生产
	正在生产		继续生产该产品
某单一产品价格下降	正在生产		可能会停止生产
	没有生产		继续停产该产品
某单一约束限制放宽	有剩余	某个约束条件的右边项 b_i	不影响规划
	无剩余		最优值改善
某单一约束限制收紧	有剩余		可能会影响规划
	无剩余		最优值恶化

续表

<table>
<tr><th>企业遇到的实际问题</th><th>现状</th><th>运筹学模型中的系数</th><th>系数波动的表现</th></tr>
<tr><td>某单一产品更新技术（工艺）</td><td>当前生产格局</td><td>某个约束条件的技术（工艺）系数 a_{ij}</td><td>需要重新规划</td></tr>
<tr><td rowspan="2">增加新产品</td><td rowspan="2">尚未生产</td><td rowspan="2">a_{ij} 中增加一列、c_j 中增加一个系数</td><td>开始生产该产品</td></tr>
<tr><td>停留在规划阶段</td></tr>
<tr><td rowspan="2">增加新约束</td><td rowspan="2">当前生产格局</td><td rowspan="2">a_{ij} 中增加一行</td><td>影响规划</td></tr>
<tr><td>不影响规划</td></tr>
<tr><td>停产某产品</td><td>正在生产</td><td>删除相关的系数</td><td rowspan="2">影响规划</td></tr>
<tr><td rowspan="2">减少某约束</td><td>发挥作用</td><td rowspan="2">完全删除约束行</td></tr>
<tr><td>不起作用</td><td>不影响规划</td></tr>
</table>

2.1.2　对例 1－1 进行敏感性分析

首先，回顾一下第 1 章中的例 1－1。

生产计划问题。某工厂要生产两种新产品：门和窗。经测算，每生产一扇门需要在车间 1 加工 1 小时、在车间 3 加工 3 小时；每生产一扇窗需要在车间 2 和车间 3 各加工 2 小时。而车间 1、车间 2、车间 3 每周可用于生产这两种新产品的时间分别是 4 小时、12 小时、18 小时。已知门的单位利润为 300 元，窗的单位利润为 500 元。而且根据市场调查得到的这两种新产品的市场需求状况可以确定，按当前的定价可确保所有新产品均能销售出去。问该工厂应如何制订这两种新产品的生产计划，才能使总利润最大（以获得最大的市场利润）？

例 1－1 的线性规划模型为：

$$\max z = 300x_1 + 500x_2$$

$$\text{s.t.}\begin{cases} x_1 \leqslant 4 & \text{（车间 1）} \\ 2x_2 \leqslant 12 & \text{（车间 2）} \\ 3x_1 + 2x_2 \leqslant 18 & \text{（车间 3）} \\ x_1, x_2 \geqslant 0 & \text{（非负）} \end{cases}$$

利用 Excel“规划求解”功能求得的最优解为：$x_1^* = 2$，$x_2^* = 6$。此时总利润达到最大，即最优目标值为：$z^* = 3\ 600$（元）。

现在，要做如下考虑（每个问题相互独立）：

问题 1：如果门的单位利润由原来的 300 元增加到 500 元，最优解是否会发生变化？对总利润又会产生怎样的影响？

问题 2：如果门和窗的单位利润都发生变化，最优解会不会发生变化？对总利润又会产生怎样的影响？

问题 3：如果车间 2 的可用工时增加 1 小时，总利润是否会发生变化？如何改变？最优解是否会发生变化？

问题 4：如果同时改变多个车间的可用工时，总利润是否会发生变化？如何改变？最优解是否会发生变化？

问题 5：如果车间 2 更新生产工艺，生产一扇窗由原来的 2 小时缩短为 1.5 小时，最优解是否会发生变化？总利润是否会发生变化？

问题 6：工厂考虑增加一种新产品，总利润是否会发生变化？

问题 7：如果工厂新增用电限制，是否会改变原来的最优方案？

后面的讨论将分别回答以上 7 个问题。

2.2 单个目标函数系数变化的敏感性分析

下面讨论在假定只有一个系数 c_j 发生变化，模型中的其他参数保持不变的情况下，单个目标函数系数的变化对最优解的影响。结合上一节提出的例 1－1 的问题 1，如果当初对门的单位利润估计不准确，如把它改成 500 元，是否会影响求得的最优解呢？

2.2.1 利用电子表格进行互动分析

可以借助电子表格互动地展开敏感性分析。当模型参数发生改变时，只要修改电子表格模型中相应的参数，再重新运行 Excel“规划求解”功能，就可以看出改变参数对最优解和最优值的影响。

假如原先对门的单位利润估计低了，现在增加到 500 元，最优解会不会发生变化呢？

如图 2－1 所示（参见“例 1－1 的敏感性分析. xlsx”的“Sheet1”工作表），修改电子表格模型中相应的系数（将 C4 单元格中的 300 改为 500），然后重新运行 Excel“规划求解”功能。求解结果为：最优解没有发生改变，仍然是（2，6）。由于门的单位利润增加了 500－300＝200（元），因此总利润增加了 200×2＝400（元）。

	A	B	C	D	E	F	G
1	例1-1						
2							
3			门	窗			
4		单位利润	500	500			
5							
6			每个产品所需工时		实际使用		可用工时
7		车间 1	1	0	2	<=	4
8		车间 2	0	2	12	<=	12
9		车间 3	3	2	18	<=	18
10							
11			门	窗			总利润
12		每周产量	2	6			4000

图 2－1　门的单位利润增加到 500 元时，最优解不变

这种互动分析方法虽然能达到敏感性分析的目的，但需要逐个尝试，效率略显低下。

有没有更高效的方法呢？幸运的是，利用 Excel“规划求解”功能，可以直接得到“敏感性报告”，利用该报告可以很方便地进行敏感性分析。

2.2.2　利用“敏感性报告”寻找单个目标函数系数的允许变化范围

利用 Excel“规划求解”功能得到“敏感性报告”的操作步骤如下。

第一步：在“数据”选项卡的“分析”组中，单击“规划求解”。

第二步：如第 1 章所述，在“规划求解参数”对话框中输入相应的参数（目标单元格、可变单元格、约束条件）。

第三步：单击选中“使无约束变量为非负数”复选框。然后在“选择求解方法”右边的下拉列表中，选择“单纯线性规划”（表示该问题是线性规划问题）。

第四步：单击“求解”按钮进行规划求解。

第五步：在弹出的如图 2－2 所示的“规划求解结果”对话框中，在右边的“报告”列表框中选中“敏感性报告”，单击“确定”按钮。这时，生成一个名为“敏感性报告”的新工作表。

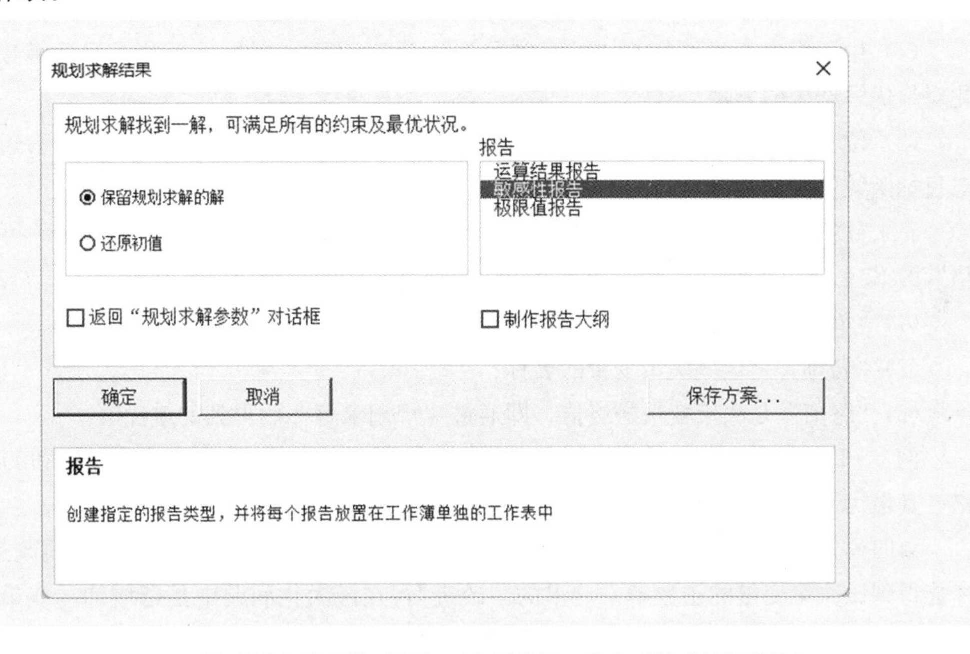

图 2－2　“规划求解结果”对话框（有最优解，选中“敏感性报告”）

【温馨提示】含有整数约束条件的模型（参见第 5 章的整数规划）不能生成“敏感性报告”。

可见，获得“敏感性报告”的前四个步骤就是利用 Excel“规划求解”功能求解线性规划问题的步骤，只需在最后的“规划求解结果”对话框中，选中“敏感性报告”，即可获得该报告。

例 1－1 的“敏感性报告”如图 2－3 所示，可参见“例 1－1 的敏感性分析.xlsx”中的“敏感性报告 1”工作表。

	A	B	C	D	E	F	G	H
5								
6	可变单元格							
7				终	递减	目标式	允许的	允许的
8		单元格	名称	值	成本	系数	增量	减量
9		$C$12	每周产量 门	2	0	300	450	300
10		$D$12	每周产量 窗	6	0	500	1E+30	300
11								
12	约束							
13				终	阴影	约束	允许的	允许的
14		单元格	名称	值	价格	限制值	增量	减量
15		$E$7	车间 1 实际使用	2	0	4	1E+30	2
16		$E$8	车间 2 实际使用	12	150	12	6	6
17		$E$9	车间 3 实际使用	18	100	18	6	6

图 2－3　例 1－1 的“敏感性报告”

“敏感性报告”由两部分组成：

（1）位于报告上半部分的“可变单元格”（B7：H10 区域），反映了目标函数系数变化对最优解产生的影响；

（2）位于报告下半部分的“约束”（B13：H17 区域），反映了约束条件的右边项变化对目标函数值（最优值）产生的影响。

先来分析“敏感性报告”中目标函数系数变化对最优解产生的影响。在“可变单元格”的 B7：H10 区域中，前三列是关于线性规划问题的决策变量。其中：

（1）“单元格”是指决策变量所在的单元格；

（2）“名称”是这些决策变量的名称；

（3）“终值”是决策变量的终值，即通过“规划求解”后得到的最优解。

例 1－1 有两个决策变量，即门和窗的每周产量，它们分别在 C12 单元格和 D12 单元格，其最优解分别为 2 和 6。

第四列是“递减成本”，它的绝对值表示目标函数中决策变量的系数必须改进多少，才能得到该决策变量的正数解。这里的“改进”，在最大化问题中是指增加，在最小化问题中则是指减少。在例 1－1 中，两个决策变量均已得到正数解，所以它们的递减成本均为零。

第五列是“目标式系数”，是指目标函数中的系数，它在题目中是已知的（常数）。在例 1－1 中，目标函数中两个决策变量的系数分别是门的单位利润 300 元和窗的单位利润 500 元。

第六列与第七列分别是“允许的增量”和“允许的减量”，分别表示目标函数中的系数在允许的增量与减量范围内变化时，原问题的最优解不变。

由此，可以从“敏感性报告”中得到如下信息：

c_1 的现值：　　　300

c_1 允许的增量：　450　　此时，$c_1 \leqslant 300+450=750$

c_1 允许的减量：　300　　此时，$c_1 \geqslant 300-300=0$

故 c_1 允许的变化范围为 $0 \leqslant c_1 \leqslant 750$，即 $[0, 750]$。

因此，当门的单位利润从 300 元增加到 500 元时，还是在 c_1 允许的变化范围内，最优解不会发生变化，仍然是（2，6）。

同理，可以得出例 1-1 的另一个目标函数系数 c_2 的允许变化范围。

c_2 的现值：　　　500

c_2 允许的增量：　1E+30（无限制）　　此时，c_2 无上限

c_2 允许的减量：　300　　　　　　　　此时，$c_2 \geqslant 500-300=200$

故 c_2 允许的变化范围为 $c_2 \geqslant 200$，即 $[200, +\infty)$。

需要注意的是：这里给出的单个目标函数系数的“允许变化范围”，是指其他条件不变，仅当该目标函数系数变化时的允许变化范围。

2.2.3　利用图解法寻找单个目标函数系数的允许变化范围

如图 2-4 所示，其中横轴 x_1 表示门的每周产量，纵轴 x_2 表示窗的每周产量，当门的单位利润 $c_1=300$、窗的单位利润 $c_2=500$ 时，等利润直线 $z=300x_1+500x_2$ 与可行域相交于点（2，6），这一点是最优解。

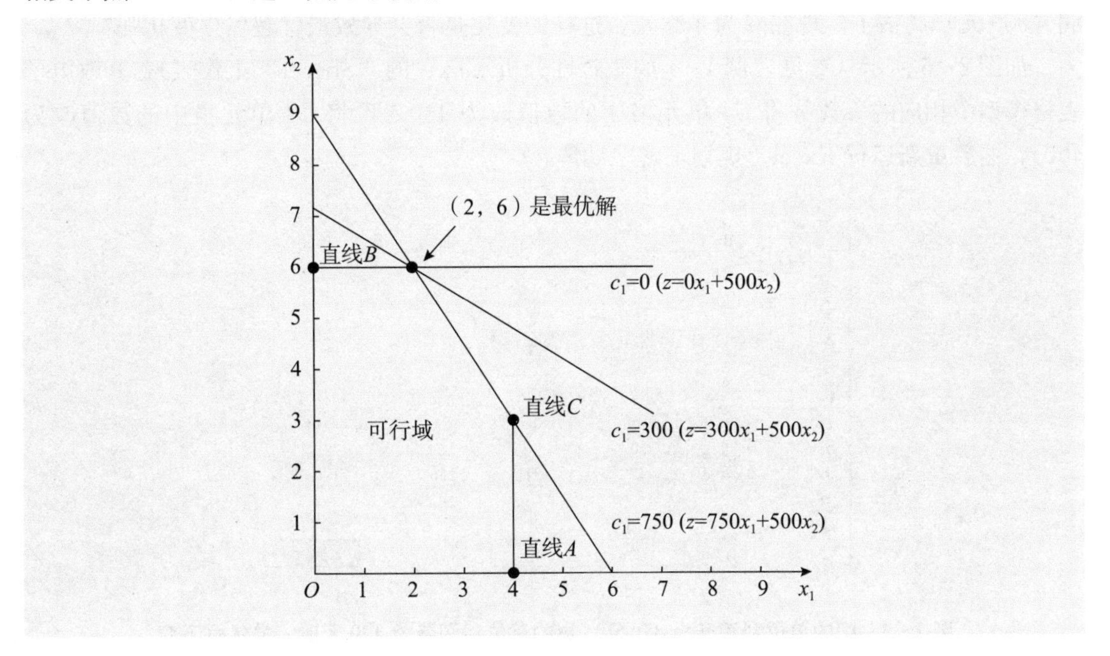

图 2-4　单个目标函数系数变化对最优解的影响

如果门的单位利润 c_1 估计不准确，则该等利润直线的斜率将发生变化。

当 $c_1=0$ 时，表示目标函数的等利润直线是经过点（2，6）的直线 B。由于该直线从

（0，6）到（2，6）都与可行域相交，因此该线上在（0，6）和（2，6）之间的所有点都是最优解。

当 $c_1=750$ 时，表示目标函数的等利润直线是经过点（2，6）的直线 C，由于该直线从（2，6）到（4，3）都与可行域相交，因此该线上在（2，6）和（4，3）之间的所有点都是最优解。

如果 $c_1>750$，等利润直线斜率的绝对值会更大，只剩下（4，3）是最优解。

如果 $c_1<0$，等利润直线的斜率大于 0，只剩下（0，6）是最优解。

由此可以看出，$0\leqslant c_1\leqslant 750$ 时，最优解（2，6）保持不变。

2.3 多个目标函数系数同时变化的敏感性分析

对于现实问题的线性规划模型，很可能同时有几个目标函数系数估计不准确，这就是前面提出的问题 2。

2.3.1 利用电子表格进行互动分析

同样，这类问题最方便快捷的解决办法是在电子表格模型中做相应的改动，再重新运行 Excel“规划求解”功能。

假如原先门的单位利润（300 元）低估了，现在升为 450 元；同时，以前窗的单位利润（500 元）高估了，现在降为 400 元。这样的变化是否会导致最优解发生变化呢?

如图 2－5 所示（参见“例 1－1 的敏感性分析.xlsx”的“Sheet1”工作表），修改电子表格模型中相应的参数（将 C4 单元格中的数值改为 450，再将 D4 单元格中的数值改为 400），然后重新运行 Excel“规划求解”功能。

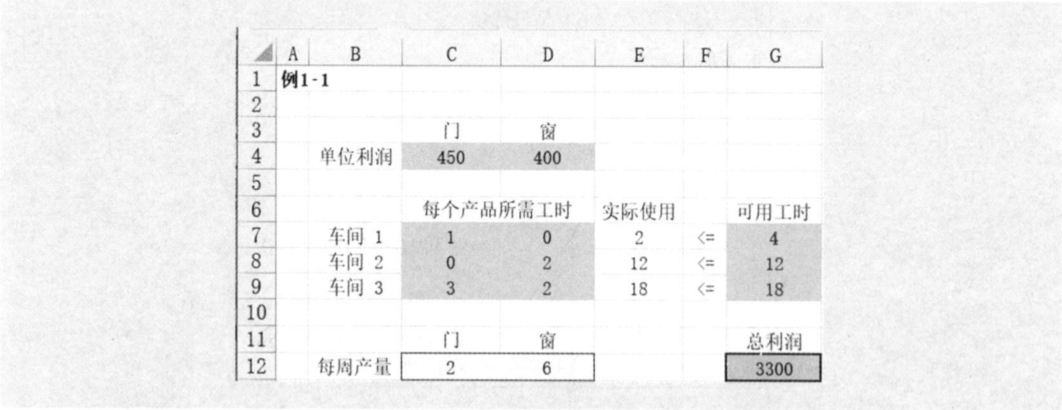

	A	B	C	D	E	F	G
1	例 1-1						
2							
3			门	窗			
4		单位利润	450	400			
5							
6			每个产品所需工时		实际使用		可用工时
7		车间 1	1	0	2	<=	4
8		车间 2	0	2	12	<=	12
9		车间 3	3	2	18	<=	18
10							
11			门	窗			总利润
12		每周产量	2	6			3300

图 2－5　门的单位利润升为 450 元、窗的单位利润降为 400 元时，最优解不变

从求解结果中可以看出，最优解并没有发生变化，总利润由于门和窗的单位利润的改变相应地改变了：

$$(450-300)\times 2+(400-500)\times 6=-300$$

2.3.2　利用“敏感性报告”进行分析

当多个目标函数系数同时变化时，仍然可以使用“敏感性报告”提供的信息进行分析，只是需要使用一种新的分析方法——百分之百法则。

目标函数系数同时变化的百分之百法则的具体含义是：如果目标函数系数同时变化，计算出每一系数变化量占该系数允许变化量（允许的增量或允许的减量）的百分比，然后将各个系数变化的百分比相加。如果所得的变化的百分比总和不超过100%，则最优解不会改变；如果超过了100%，则不能确定最优解是否改变（可能改变，也可能不变），可通过重新运行Excel“规划求解”功能来判断。

百分之百法则的作用如下：

（1）百分之百法则可用于确定在保持最优解不变的条件下，目标函数系数的变化范围；

（2）百分之百法则通过将允许的增量或减量在各个系数之间进行分摊，可以直接显示出每个系数允许的变化值；

（3）线性规划求解后，如果将来条件变化，致使目标函数中一部分或所有系数都发生变化，那么百分之百法则可以直接表明最优解是否保持不变。

利用百分之百法则再分析例1-1的问题2：如果门的单位利润c_1从原来的300上升到450，同时窗的单位利润c_2从原来的500下降到400，利用百分之百法则，分析最优解是否会发生变化。

$$c_1\text{：}300\rightarrow450\ (\uparrow)\text{，占“允许的增量”的百分比}=\frac{450-300}{450}\times100\%\doteq33.33\%$$

$$c_2\text{：}500\rightarrow400\ (\downarrow)\text{，占“允许的减量”的百分比}=\frac{500-400}{300}\times100\%\doteq33.33\%$$

变化的百分比总和约为66.66%。

由于变化的百分比总和不超过100%，因而可以确定最优解仍为（2，6）。

如果发生更大的改变，c_1从原来的300上升到600，同时c_2从原来的500下降到300。计算如下：

$$c_1\text{：}300\rightarrow600\ (\uparrow)\text{，占“允许的增量”的百分比}=\frac{600-300}{450}\times100\%=66.67\%$$

$$c_2\text{：}500\rightarrow300\ (\downarrow)\text{，占“允许的减量”的百分比}=\frac{500-300}{300}\times100\%=66.67\%$$

变化的百分比总和约为133.34%。

由于变化的百分比总和超过了100%，那么百分之百法则就不能保证（2，6）仍为最优解。通过重新运行Excel“规划求解”功能，可以看到，最优解已经变为（4，3）。

由于100%是66.67%和133.34%的中点，当c_1和c_2的变化量在以上两种情况的中点时，变化的百分比总和为100%，即$c_1=525$是450和600的中点，$c_2=350$是400和300的中点，对应的百分之百法则的计算如下：

$$c_1：300\to 525（\uparrow），占“允许的增量”的百分比=\frac{525-300}{450}\times 100\%=50\%$$

$$c_2：500\to 350（\downarrow），占“允许的减量”的百分比=\frac{500-350}{300}\times 100\%=50\%$$

变化的百分比总和为 100%。

变化的百分比总和刚好等于 100%，由于没有超过 100%，那么最优解还是（2，6），保持不变。

通过图 2－6 可以看出，当 $c_1=525$，$c_2=350$ 时，刚好处在百分之百法则所允许的临界点上，目标函数直线上（2，6）和（4，3）之间的所有点都是最优解。但如果 c_1 和 c_2 更大地偏离初值（c_1 上升，c_2 下降），变化的百分比总和超过了 100%，目标函数直线将顺时针旋转，（4，3）成为最优解。

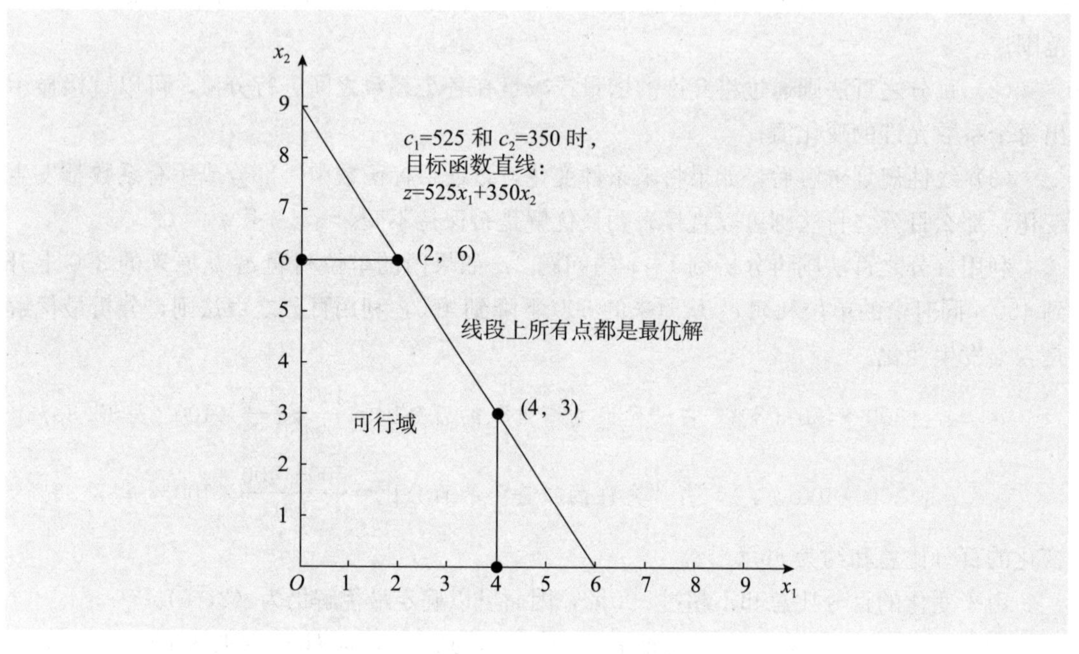

图 2－6　$c_1=525$，$c_2=350$ 时的最优解

但是变化的百分比总和超过了 100%，并不表示最优解一定会改变。例如，门和窗的单位利润都减半。计算如下：

$$c_1：300\to 150（\downarrow），占“允许的减量”的百分比=\frac{300-150}{300}\times 100\%=50\%$$

$$c_2：500\to 250（\downarrow），占“允许的减量”的百分比=\frac{500-250}{300}\times 100\%\doteq 83.33\%$$

变化的百分比总和约为 133.33%。

变化的百分比总和超过了 100%，但从图 2－7 中可以看出，最优解还是（2，6），没有发生改变。这是由于这两个单位利润同比例变化，等利润直线的斜率不变，因此最优解就保持不变。

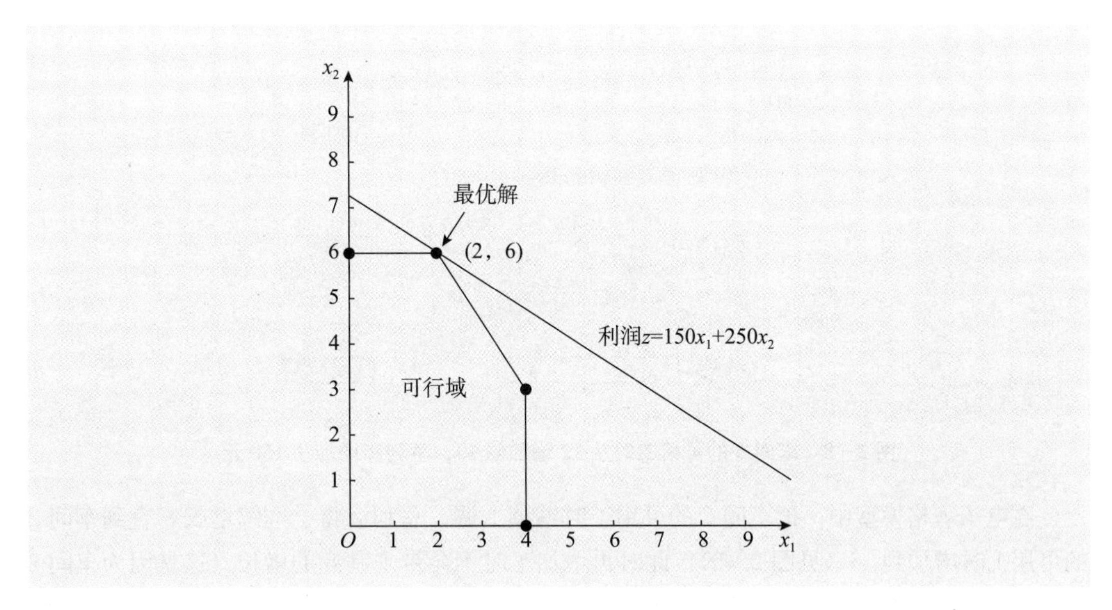

图 2－7　目标函数系数同比例变化时最优解不变

2.4　单个约束右边项变化的敏感性分析

约束条件的右边项（如资源配置问题中的可用资源量）发生变化的原因和目标函数系数变化的原因一样：建模时不可能得到完全准确的信息，只能做粗略的估计。因此需要分析：当只有一个约束条件的右边项 b_i 改变，其他约束条件的右边项均保持不变时，该情况对目标值的影响。

在例 1－1 中，每个车间的可用工时是约束条件的右边项。车间 1 的可用工时是 4 小时，但在规划求解得出的最优方案中，车间 1 只用了 2 小时，因此如果小范围地改变车间 1 的可用工时，不会改变最优目标值和最优解。但对于车间 2 和车间 3 来说，情况就有所不同了，需要通过敏感性分析来分析改变这两个车间的可用工时对目标值及最优解的影响。

下面对例 1－1 的问题 3 进行分析。

2.4.1　利用电子表格进行互动分析

假如管理者把车间 2 的可用工时从 12 小时增加到 13 小时，如图 2－8 所示（参见“例 1－1 的敏感性分析.xlsx”的“Sheet1”工作表），修改电子表格模型中相应的参数（将 G8 单元格中的数值改为 13），然后重新运行 Excel“规划求解”功能。

此时总利润为 3 750 元，增加了 3 750－3 600＝150（元）。由于总利润增加了，而目标函数系数不变，因此最优解一定会发生改变。从图 2－8 中的 C12：D12 区域可以看出，最优解由原来的（2，6）变为（1.667，6.5）。

	A	B	C	D	E	F	G
1	**例1-1**						
2							
3			门	窗			
4		单位利润	300	500			
5							
6			每个产品所需工时		实际使用		可用工时
7		车间 1	1	0	1.666667	<=	4
8		车间 2	0	2	13	<=	13
9		车间 3	3	2	18	<=	18
10							
11			门	窗			总利润
12		每周产量	1.667	6.5			3750

图 2-8　车间 2 的可用工时从 12 增加到 13，总利润增加了 150 元

在电子表格模型中，把车间 2 的可用工时继续上调，总利润将会继续增长，直到车间 2 的可用工时增加到 18（见图 2-9），此时再增加工时不会带来利润的增长（这是因为车间 3 有 18 个可用工时，每周只能生产 9 扇窗，所以车间 2 相应地最多只会使用 18 小时，见图 2-10）。因此，当其他车间的可用工时不发生改变时，18 是车间 2 有效可用工时的最大值。

	A	B	C	D	E	F	G
1	**例1-1**						
2							
3			门	窗			
4		单位利润	300	500			
5							
6			每个产品所需工时		实际使用		可用工时
7		车间 1	1	0	0	<=	4
8		车间 2	0	2	18	<=	18
9		车间 3	3	2	18	<=	18
10							
11			门	窗			总利润
12		每周产量	0	9			4500

图 2-9　车间 2 的可用工时增加到 18，总利润为 4 500 元

	A	B	C	D	E	F	G
1	**例1-1**						
2							
3			门	窗			
4		单位利润	300	500			
5							
6			每个产品所需工时		实际使用		可用工时
7		车间 1	1	0	0	<=	4
8		车间 2	0	2	18	<=	20
9		车间 3	3	2	18	<=	18
10							
11			门	窗			总利润
12		每周产量	0	9			4500

图 2-10　车间 2 的可用工时从 18 增加到 20，总利润不发生改变

2.4.2　从“敏感性报告”中获得关键信息

约束条件右边项往往体现了管理层的决策，因此，在建模并求解后，管理者想要知道改变这些决策是否会提高最终收益。影子价格（shadow price）又称阴影价格，可以为管理者提供这方面的信息。

所谓“影子价格”，是指线性规划模型在保持其他参数不变的前提下，某个约束的右边项（如资源配置问题中的可用资源量）在一个微小的范围内变动一单位时，导致的最优目标函数值的变动量。

影子价格是经济学和管理学中的一个重要概念。关于影子价格，有如下启示：

（1）线性规划中，每个约束都对应一个影子价格，其量纲是目标函数的单位除以约束的单位，因此不同约束的影子价格量纲可能是不同的。影子价格反映了资源对目标函数的边际贡献，即资源转化为经济效益的效率。

（2）在资源配置问题中，影子价格反映了各项资源在系统内的稀缺程度。如果资源供应有剩余（对应非紧约束），则进一步增加该资源的供应量不会改变最优决策（最优解）和最优目标函数值，因此该资源的影子价格为零。对于紧约束资源，增加该资源的供应量有可能会改变最优决策，也可能不会改变最优决策，因此该资源的影子价格可能为正，也可能为零。

利用 Excel“规划求解”功能得到的“敏感性报告”提供了每个约束的影子价格，如图 2－11 所示（参见“例 1－1 的敏感性分析.xlsx”中的“敏感性报告 1”工作表）。

	A	B	C	D	E	F	G	H
12	约束							
13				终	阴影	约束	允许的	允许的
14		单元格	名称	值	价格	限制值	增量	减量
15		$E$7	车间 1 实际使用	2	0	4	1E+30	2
16		$E$8	车间 2 实际使用	12	150	12	6	6
17		$E$9	车间 3 实际使用	18	100	18	6	6

图 2－11　例 1－1 的“敏感性报告”中的约束

“敏感性报告”下半部分的“约束”（B13：H17 区域）反映了约束条件右边项变化对目标函数值（最优值）产生的影响。

前三列是关于约束条件左边项的信息。其中：

（1）“单元格”是指约束条件左边项（公式）所在的单元格；

（2）“名称”是这些约束条件左边项的名称；

（3）“终值”是约束条件左边项的终值。

例 1－1 有三个约束条件，它们的左边项分别是车间 1、车间 2 和车间 3 工时的实际使用量，它们分别在 E7、E8 和 E9 单元格，终值分别是 2、12、18。

第四列是“阴影价格”，即影子价格，它显示了约束条件右边项每增加（或减少）一个单位，目标函数值（最优值）的相应增量（或减量）。

第五列是“约束限制值”，指约束条件右边项，通常是题目中给出的已知条件（常数）。在例 1-1 中，三个约束条件右边项分别表示车间 1、车间 2 和车间 3 的可用工时，它们分别是 4、12、18。

第六列与第七列是“允许的增量”和“允许的减量”，它们表示约束条件右边项在允许的增量与减量范围内变化时，影子价格不变。在例 1-1 中，第一个约束条件右边项是 4，允许的增量是 1E+30（无穷大），允许的减量是 2，因此，该约束条件右边项在 [4－2，＋∞) 范围内变化时，车间 1 的影子价格不变。

需要注意的是：这里给出的某约束条件右边项的“允许变化范围”，是指其他参数不变，只有该约束条件右边项变化时的允许变化范围。

从敏感性报告中可知：

(1) 第一个约束条件（车间 1 的工时约束）的影子价格为 0，因为该车间实际使用工时（2 小时）低于可用工时（4 小时），所以，再增加车间 1 的可用工时，总利润不变。

(2) 第二个约束条件（车间 2 的工时约束）的影子价格为 150，说明在允许变化范围 [6，18]（即 [12－6，12＋6]）内，再增加（或减少）1 小时的可用工时，总利润将增加（或减少）150（元）。

(3) 第三个约束条件（车间 3 的工时约束）的影子价格为 100，说明在允许变化范围 [12，24]（即 [18－6，18＋6]）内，再增加（或减少）1 小时的可用工时，总利润将增加（或减少）100（元）。

由于车间 2 和车间 3 把可用工时都用来生产新产品，因此，若增加它们的可用工时，必然会增加利润，这是显而易见的。

2.4.3 利用图解法进行分析

图 2-12 显示了例 1-1 的约束条件中车间 2（$2x_2 \leqslant 12$）的右边项发生变化时，可行域的变化。直线 B 表示的是车间 2 的约束条件，它的方程式是 $2x_2=12$。当车间 2 的可用工时增加（或减少）时，直线 B 会上升（或下降）。随着直线 B 的移动，可行域会由于直线 B 和直线 C 交点的改变而发生改变，但只要直线 B 没有移动过多（$6 \leqslant 2x_2 \leqslant 18$），最优解就始终保持在直线 B 与直线 C 的交点上。在这个范围内，车间 2 的约束右边项每增加（或减少）一个单位，交点的移动就使利润增长（或减少）一个影子价格的数量（150 元）。当车间 2 的可用工时大于 18 小时时，就无法再从直线 B 和直线 C 的交点上找到最优解了，因为此时两直线的交点使得门的每周产量为负，这违背了该模型的非负约束。同样，当车间 2 的可用工时下降到小于 6 小时时，直线 B 和直线 C 的交点也不能再保持最优，因为它们的交点违背了车间 1 的约束（$x_1 \leqslant 4$），该约束在图 2-12 中表现为直线 A。

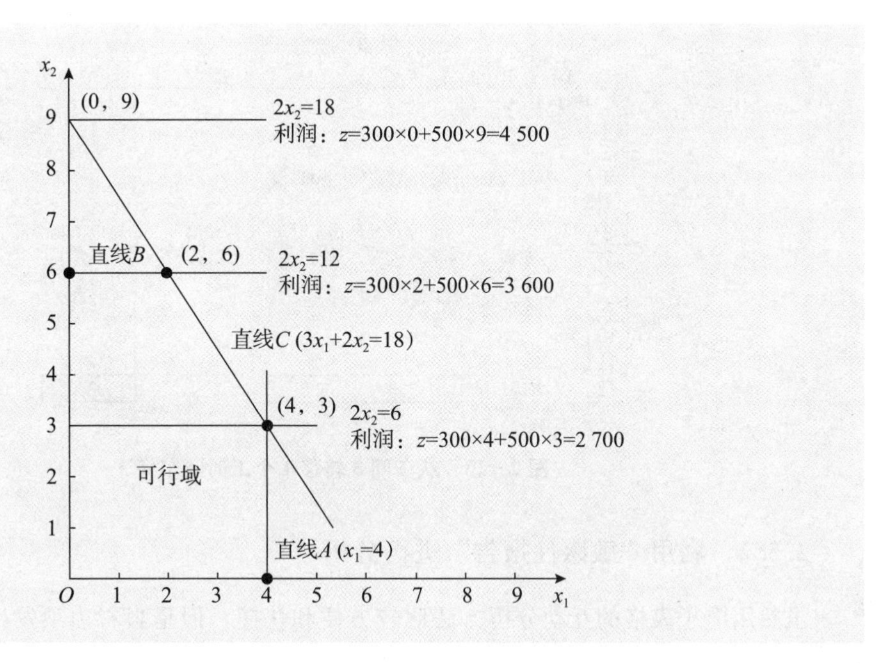

图 2-12　单个约束右边项的变化对可行域和最优值（总利润）的影响

2.5 多个约束右边项同时变化的敏感性分析

实际上，模型中各约束右边项一般都是相关的，管理者往往需要考虑这些约束右边项同时变化的情况。下面对例 1-1 的问题 4 进行分析。

2.5.1　利用电子表格进行互动分析

下面分析将 1 小时的工时从车间 3 移到车间 2，对总利润所产生的影响。

根据影子价格，可知总利润变化量如下：

车间 2：12→13（↑），总利润变化量＝车间 2 约束的影子价格＝150（元）

车间 3：18→17（↓），总利润变化量＝－车间 3 约束的影子价格＝－100（元）

因此，总利润增加了 150－100＝50（元）。

但是，不能确定两个约束右边项同时变化时，原先的影子价格是否依然有效。

如图 2-13 所示（参见“例 1-1 的敏感性分析. xlsx”的“Sheet1”工作表），修改电子表格模型中相应的参数（将 G8 单元格中的数值改为 13，将 G9 单元格中的数值改为 17），然后重新运行 Excel“规划求解”功能。

求解结果显示，总利润增加了 3 650－3 600＝50（元），影子价格在此方案中是有效的。与单个约束右边项变化一样，由于总利润增加了，而目标函数系数不变，所以最优解一定会发生改变。从图 2-13 中可以看出，最优解由原来的（2，6）变为（1.333，6.5）。

	A	B	C	D	E	F	G
1	**例1-1**						
2							
3			门	窗			
4		单位利润	300	500			
5							
6			每个产品所需工时		实际使用		可用工时
7		车间 1	1	0	1.333	<=	4
8		车间 2	0	2	13	<=	13
9		车间 3	3	2	17	<=	17
10							
11			门	窗			总利润
12		每周产量	1.333	6.5			3650

图 2-13　从车间 3 转移 1 个工时给车间 2

2.5.2　利用“敏感性报告”进行分析

虽然用电子表格的互动分析方法比较方便和快捷，但是当右边项发生一系列变化时，用电子表格逐个尝试就太浪费时间了。对于这类问题，仍然可以使用“敏感性报告”提供的信息进行分析，只是需要使用一种多个目标函数系数同时变化的分析方法——百分之百法则。

约束右边项同时变化的百分之百法则的具体含义是：如果约束右边项同时变化，计算每一右边项变化量占该约束右边项允许变化量（允许的增量或允许的减量）的百分比，然后将各个约束右边项的变化的百分比相加。如果所得的变化的百分比总和不超过 100%，那么影子价格依然有效；如果超过了 100%，就无法确定影子价格是否依然有效（可能有效，也可能无效），可通过重新运行 Excel“规划求解”功能来判断。

利用该百分之百法则再分析例 1-1 的问题 4，现在将车间 3 的 1 个工时转移给车间 2，计算如下：

$$\text{车间 2：}12\to13\ (\uparrow)\text{，占“允许的增量”的百分比}=\frac{13-12}{6}\times100\%\doteq16.67\%$$

$$\text{车间 3：}18\to17\ (\downarrow)\text{，占“允许的减量”的百分比}=\frac{18-17}{6}\times100\%\doteq16.67\%$$

变化的百分比总和约为 33.33%。

由于变化的百分比总和不超过 100%，因此用影子价格来预测这些变化的影响是有效的。

上面求得的变化的百分比总和约为 33.33%，这表明即使原先的变化扩大 3 倍，也不会使影子价格失效。为了检验这一点，使变化扩大 3 倍，重新计算：

$$\text{车间 2：}12\to15\ (\uparrow)\text{，占“允许的增量”的百分比}=\frac{15-12}{6}\times100\%=50\%$$

$$\text{车间 3：}18\to15\ (\downarrow)\text{，占“允许的减量”的百分比}=\frac{18-15}{6}\times100\%=50\%$$

变化的百分比总和为 100%。

变化的百分比总和刚好等于 100%（不超过 100%），所以影子价格仍然有效。但这一变化幅度是最大的，一旦大于这一幅度，就不能保证影子价格有效了。

在影子价格的有效范围内，总利润的变化量可以直接通过影子价格来计算。比如将车间 3 的 3 个工时转移给车间 2，总利润的变化量为：

$$(15-12)\times150-(18-15)\times100=150$$

2.6 约束条件系数变化的敏感性分析

约束条件中的技术（工艺）系数 a_{ij} 往往涉及车间生产能力、产品消耗资源数等比较确定的数据，因此，一般情况下，它比前面提到的目标函数系数和约束右边项具有更大的确定性，但约束条件的系数也有可能发生变化。

下面就来讨论只有一个 a_{ij} 变化而模型中的其他参数不变的情况会对最优解产生什么影响。解决这类问题，需要修改模型中相应的参数并重新运行 Excel“规划求解”功能。

例如，对于例 1－1 的问题 5，车间 2 更新生产工艺，生产一扇窗由原来的 2 小时缩短为 1.5 小时，此时最优解是否会发生变化？图 2－14 显示了该问题的规划求解结果（D8 单元格中的数值由原来的 2 变为 1.5）。

	A	B	C	D	E	F	G
1	**例 1-1**						
2							
3			门	窗			
4		单位利润	300	500			
5							
6			每个产品所需工时		实际使用		可用工时
7		车间 1	1	0	0.667	<=	4
8		车间 2	0	1.5	12	<=	12
9		车间 3	3	2	18	<=	18
10							
11			门	窗			总利润
12		每周产量	0.667	8			4200

图 2－14　车间 2 生产一扇窗由原来的 2 小时缩短为 1.5 小时

利用 Excel“规划求解”功能求解后，最优解发生了改变，变为（0.667，8），总利润也由原来的 3 600 元增加到 4 200 元。可见，车间 2 更新生产工艺后，为工厂增加了利润。

2.7 增加一个新变量

对例 1－1 的问题 6 进行分析。

例 2-1

在例 1-1 中，如果工厂考虑增加一种新产品——防盗门，假设其每周产量为 x_3，单位利润为 400 元。生产一扇防盗门占用车间 1、车间 2、车间 3 的时间分别为 2 小时、1 小时、1 小时。请问新产品是否能为工厂带来利润？

【解】 线性规划模型为：

$$\max z = 300x_1 + 500x_2 + 400x_3$$

$$\text{s.t.}\begin{cases} x_1 + 2x_3 \leqslant 4 & (\text{车间 } 1) \\ 2x_2 + x_3 \leqslant 12 & (\text{车间 } 2) \\ 3x_1 + 2x_2 + x_3 \leqslant 18 & (\text{车间 } 3) \\ x_1, x_2, x_3 \geqslant 0 & (\text{非负}) \end{cases}$$

例 2-1 的电子表格模型如图 2-15 所示，参见“例 2-1. xlsx”。由该图可以得到例 2-1 的求解结果：最优解为每周生产 2 扇门、5.5 扇窗和 1 扇防盗门，可获利 3 750 元。可见新产品为工厂增加了利润。

	A	B	C	D	E	F	G	H
1	例2-1							
2								
3			门	窗	防盗门			
4		单位利润	300	500	400			
5								
6			每个产品所需工时			实际使用		可用工时
7		车间 1	1	0	2	4	<=	4
8		车间 2	0	2	1	12	<=	12
9		车间 3	3	2	1	18	<=	18
10								
11			门	窗	防盗门			总利润
12		每周产量	2	5.5	1			3750

名称	单元格
单位利润	C4:E4
可用工时	H7:H9
每周产量	C12:E12
实际使用	F7:F9
总利润	H12

	F
6	实际使用
7	=SUMPRODUCT(C7:E7, 每周产量)
8	=SUMPRODUCT(C8:E8, 每周产量)
9	=SUMPRODUCT(C9:E9, 每周产量)

	H
11	总利润
12	=SUMPRODUCT(单位利润, 每周产量)

图 2-15　例 2-1 的电子表格模型（增加防盗门）

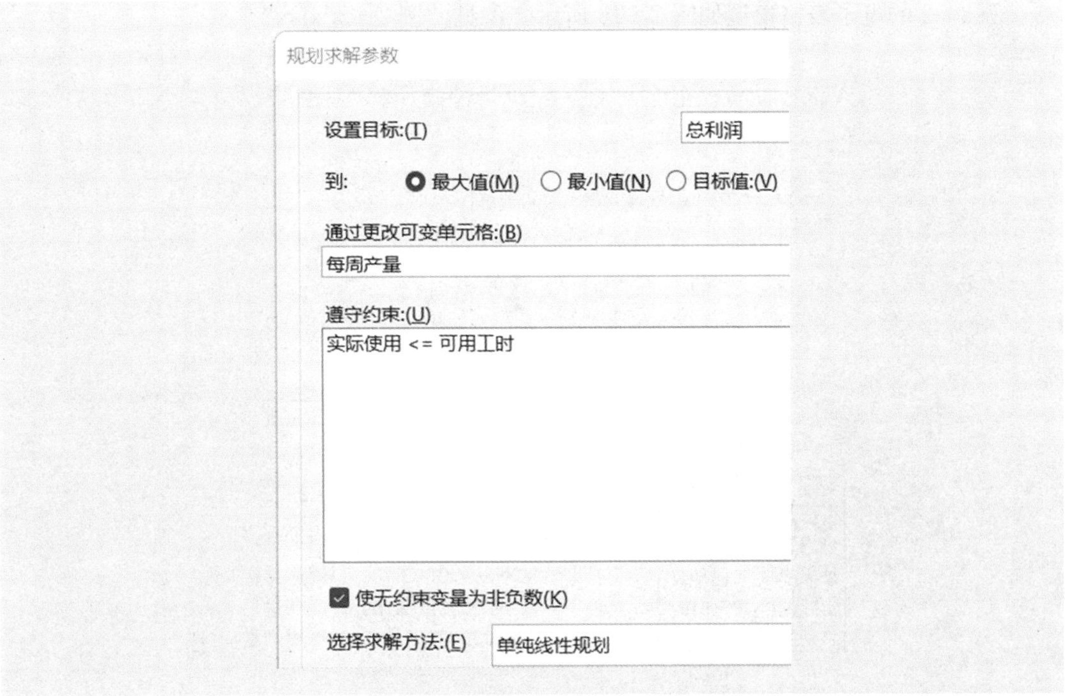

规划求解参数

设置目标:(T) 总利润

到: 最大值(M) 最小值(N) 目标值:(V)

通过更改可变单元格:(B)

每周产量

遵守约束:(U)

实际使用 <= 可用工时

使无约束变量为非负数(K)

选择求解方法:(E) 单纯线性规划

图 2－15（续）

2.8 增加一个约束条件

对例 1－1 的问题 7 进行分析。

如果模型中增加一个约束条件，比如增加电量供应限制，最优解是否会发生变化?

例 2－2

在例 1－1 中，假定生产一扇门和窗需要消耗的电量分别为 20kW·h 和 10kW·h，工厂可供电量最多为 90kW·h，请问在此情况下工厂的利润会发生何种变化?

【解】应在原有的模型中加入新的约束条件:

$$20x_1+10x_2\leqslant 90$$

则新模型一共有五个约束条件，它们是:

$$\begin{cases} x_1 \leqslant 4 & \text{（车间 1）} \\ 2x_2 \leqslant 12 & \text{（车间 2）} \\ 3x_1+2x_2 \leqslant 18 & \text{（车间 3）} \\ 20x_1+10x_2 \leqslant 90 & \text{（电量）} \\ x_1,x_2 \geqslant 0 & \text{（非负）} \end{cases}$$

例 2－2 的电子表格模型如图 2－16 所示，参见“例 2－2. xlsx”。

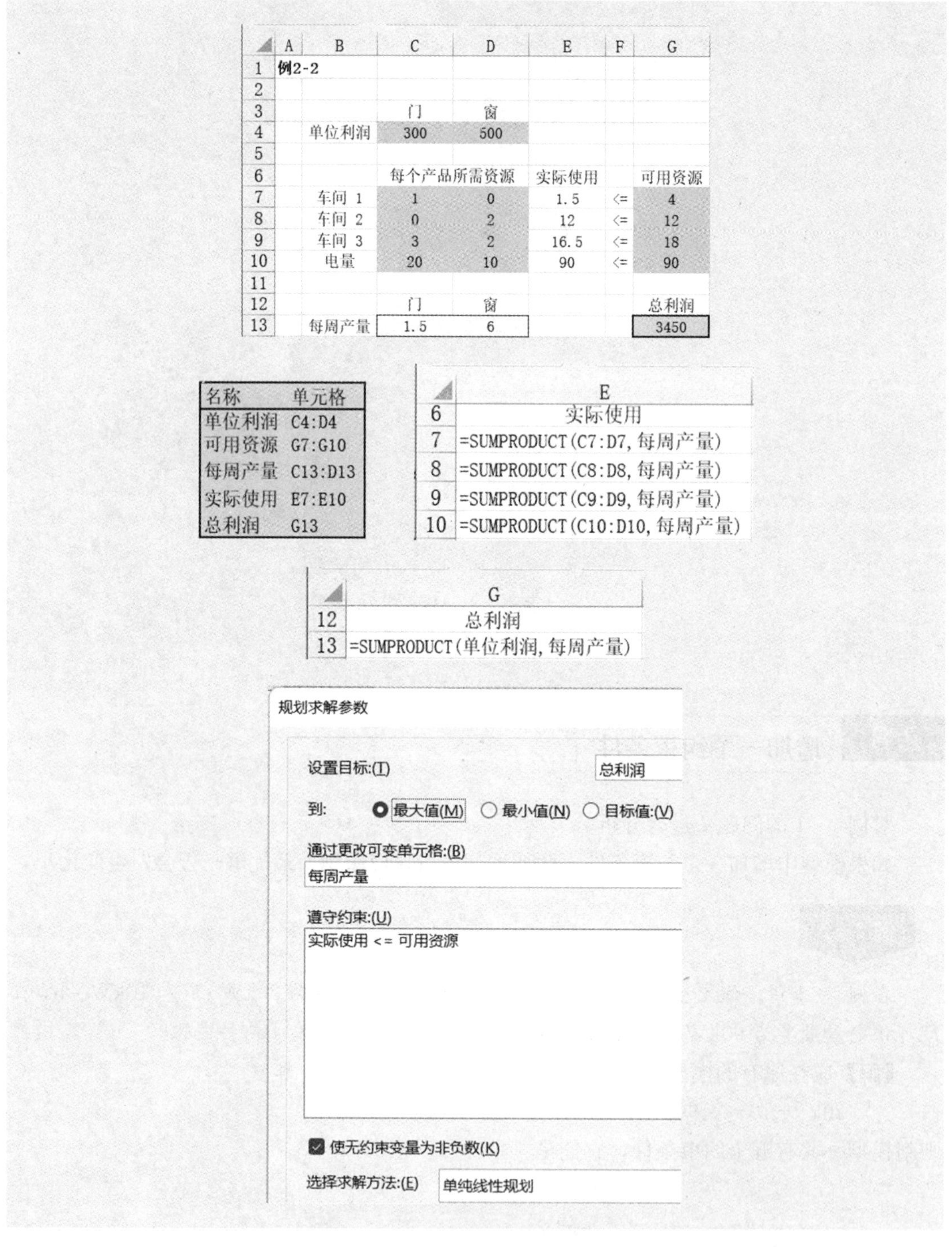

图 2－16　例 2－2 的电子表格模型（增加电量供应限制对最优解的影响）

可见，电量约束的确限制了门的每周产量（而窗的每周产量不变），最优解变成（1.5，6），总利润也相应地下降为 3 450 元。

2.9 敏感性分析的应用举例

例 2-3

力浦公司是一家生产外墙涂料的建材企业。目前生产甲、乙两种规格的产品，这两种产品在市场上的单位利润分别是 4 万元和 5 万元。甲、乙两种产品均需要同时消耗 A、B、C 三种化工材料。生产 1 单位产品甲需要消耗三种材料（资源）的情况是：1 单位材料 A、2 单位材料 B 和 1 单位材料 C；而生产 1 单位产品乙需要 1 单位材料 A、1 单位材料 B 和 3 单位材料 C。当前市场上甲、乙两种产品供不应求，但是在每个生产周期（假设一年）内，公司的 A、B、C 三种原材料的储备量分别是 45 单位、80 单位和 90 单位，年终剩余的资源必须无偿调回，而且近期也没有能筹集到额外资源的渠道。面对这种局面，力浦公司应如何制订生产计划，才能获得最大的市场利润?

该公司在运营了一年后，管理层对第二年的运营进行了如下预想（假设以下问题均单独出现）：

问题 1：由于资源市场受到其他竞争者活动的影响，公司市场营销部门预测当年的产品甲的价格将会产生变化，导致产品甲的单位利润在 3.8 万元～5.2 万元之间波动。应对这种情况，公司该如何提前对生产格局做好调整预案?

问题 2：由于供应链上游的化工原料价格不断上涨，给力浦公司带来资源购置上的压力。公司采购部门预测现有 45 单位限额的材料 A 将会出现 3 单位的资源缺口，但是也不排除通过其他渠道筹措来 1 单位材料 A 的可能。对于材料 A 的资源上限的增加或减少，力浦公司应如何进行新的规划?

问题 3：经过规划分析已经知道，材料 B 在最优生产格局中出现了 12.5 单位的剩余，那么公司应如何重新制订限额，做好节约工作?

【解】力浦公司的市场利润最大化问题是一个典型的总利润最大化的生产计划问题，可用表 2-2 表示。

表 2-2 力浦公司的生产数据

	产品甲	产品乙	储备量
资源 A	1	1	45
资源 B	2	1	80
资源 C	1	3	90
单位利润（万元）	4	5	

力浦公司的市场利润最大化问题的线性规划模型如下：

（1）决策变量。设产品甲的产量为 x_1，产品乙的产量为 x_2。

（2）目标函数。力浦公司的市场利润最大，即 $\max z=4x_1+5x_2$。

（3）约束条件：

$$\begin{cases} x_1 + x_2 \leqslant 45 & \text{（资源 A）} \\ 2x_1 + x_2 \leqslant 80 & \text{（资源 B）} \\ x_1 + 3x_2 \leqslant 90 & \text{（资源 C）} \\ x_1, x_2 \geqslant 0 & \text{（非负）} \end{cases}$$

于是，得到例 2－3 的线性规划模型：

$$\max z = 4x_1 + 5x_2$$

$$\text{s.t.} \begin{cases} x_1 + x_2 \leqslant 45 \\ 2x_1 + x_2 \leqslant 80 \\ x_1 + 3x_2 \leqslant 90 \\ x_1, x_2 \geqslant 0 \end{cases}$$

例 2－3 的电子表格模型如图 2－17 所示，参见“例 2－3. xlsx”。从图 2－17 可知，力浦公司在最大限度利用现有资源的前提下，可以获得的最大市场利润是 202.5 万元（最优值），甲、乙两种产品均要生产 22.5 单位（最优解，即最佳生产方案），三种资源（材料）的使用情况分别是：资源 A 使用了 45 单位，已消耗尽；资源 B 使用了 67.5 单位，剩余 12.5（80－67.5）单位；资源 C 使用了 90 单位，已消耗尽。

	A	B	C	D	E	F	G
1	例2-3						
2							
3			产品甲	产品乙			
4		单位利润	4	5			
5							
6			单位产品所需资源		实际使用		储备量
7		资源A	1	1	45	<=	45
8		资源B	2	1	67.5	<=	80
9		资源C	1	3	90	<=	90
10							
11			产品甲	产品乙			总利润
12		产量	22.5	22.5			202.5

名称	单元格
产量	C12:D12
储备量	G7:G9
单位利润	C4:D4
实际使用	E7:E9
总利润	G12

	E
6	实际使用
7	=SUMPRODUCT(C7:D7,产量)
8	=SUMPRODUCT(C8:D8,产量)
9	=SUMPRODUCT(C9:D9,产量)

	G
11	总利润
12	=SUMPRODUCT(单位利润,产量)

图 2－17　例 2－3 的电子表格模型

规划求解参数

设置目标:(T)　总利润

到:　● 最大值(M)　○ 最小值(N)　○ 目标值:(V)

通过更改可变单元格:(B)

产量

遵守约束:(U)

实际使用 <= 储备量

☑ 使无约束变量为非负数(K)

选择求解方法:(E)　单纯线性规划

图 2－17（续）

进一步的结果可通过如下步骤获得。在如图 2－2 所示的“规划求解结果”对话框中，可单击选择右边的“报告”列表框中的“敏感性报告”，生成的“敏感性报告”如图 2－18 所示，参见“例 2－3. xlsx”。

	A	B	C	D	E	F	G	H
5								
6	可变单元格							
7				终	递减	目标式	允许的	允许的
8		单元格	名称	值	成本	系数	增量	减量
9		$C$12	产量 产品甲	22.5	0	4	1	2.333
10		$D$12	产量 产品乙	22.5	0	5	7	1
11								
12	约束							
13				终	阴影	约束	允许的	允许的
14		单元格	名称	值	价格	限制值	增量	减量
15		$E$7	资源A 实际使用	45	3.5	45	5	15
16		$E$8	资源B 实际使用	67.5	0	80	1E+30	12.5
17		$E$9	资源C 实际使用	90	0.5	90	45	25

图 2－18　例 2－3 的敏感性报告（产品甲的单位利润为 4 万元）

从这个“敏感性报告”中，可以解读出很多重要的信息，基本能回答例 2－3（力浦公司的市场利润最大化）的问题 1 至问题 3。

（1）当产品甲的单位利润在 3.8 万元～5.2 万元之间变化时对规划（最优解和最优值）的影响（问题 1）。

从 Excel“规划求解”的“敏感性报告”（参见图 2－18 中的 B9：H9 区域）中可知，产品甲的单位利润允许的变化范围是：最多增加 1 单位（允许的增量）和最多减少 2.333 单位（允许的减量），即 [4－2.333，4＋1]＝[1.667，5]。

根据问题 1 所给的区间 [3.8，5.2]，显然当产品甲的单位利润在 [3.8，5] 范围内变化时，不会影响最优解（22.5，22.5）。但是最优值（总利润）显然会随着产品甲的单位利润的增加，逐渐从 198 万元（3.8×22.5＋5×22.5）增加到 225 万元（5×22.5＋5×22.5）。

当产品甲的单位利润在 [5，5.2] 范围内变化时，需要在电子表格模型中（参见图 2－17 和“例 2－3.xlsx”）修改产品甲的单位利润（将 C4 单元格的数值改为 5.2），然后重新运行 Excel“规划求解”功能，并生成新的“敏感性报告”（如图 2－19 所示）。新模型的求解结果是：最优解为（35，10）；产品甲的单位利润允许的变化范围是最多增加 4.8 单位（允许的增量）和最多减少 0.2 单位（允许的减量），即 [5.2－0.2，5.2＋4.8]＝[5，10]。因此，当产品甲的单位利润在 [5，5.2] 范围内变化时，最优解变为（35，10），最优值（总利润）同样随着产品甲的单位利润的增加，逐渐从 5×35＋5×10＝225（万元）增加到 5.2×35＋5×10＝232（万元）。

	A	B	C	D	E	F	G	H
5								
6	可变单元格							
7				终	递减	目标式	允许的	允许的
8		单元格	名称	值	成本	系数	增量	减量
9		$C$12	产量 产品甲	35	0	5.2	4.8	0.2
10		$D$12	产量 产品乙	10	0	5	0.2	2.4

图 2－19 例 2－3 的敏感性报告（产品甲的单位利润为 5.2 万元）

据此，应对产品甲的单位利润将会在 3.8 万元～5.2 万元之间波动的预测，力浦公司要制订两套预案：当单位利润在 3.8 万元～5.0 万元之间时，甲、乙两种产品的产量均为 22.5 单位；而单位利润在 5.0 万元～5.2 万元之间时，甲、乙两种产品分别生产 35 单位和 10 单位。可以看出，当产品甲的单位利润逐渐增加时，力浦公司一定会理性地将资源配置向产品甲倾斜。这个变化显然也是符合逻辑的。

（2）当资源 A 的限额（储备量）在 42～46 单位之间变化时对规划（最优解和最优值）的影响（问题 2）。

从 Excel“规划求解”的“敏感性报告”（参见图 2－18 中的 B15：H15 区域）中可知，资源 A 的储备量的允许变化范围是：最多增加 5 单位（允许的增量）和最多减少 15 单位（允许的减量），即 [45－15，45＋5]＝[30，50]。也就是说，当资源 A 的储备量在 [30，50] 范围内变化时，影子价格有效。

据此，如果资源 A 的储备量从 45 单位减少到 42 单位（出现 3 个单位的资源缺口），则可以方便地计算出最优值（总利润）为 202.5－3×3.5＝192（万元）。重新运行 Excel

“规划求解”功能后①，可知新的最优解是（18，24）。同理，如果资源A的储备量从45单位增加到46单位，则最优值（总利润）为 202.5＋1×3.5＝206（万元），重新运行Excel“规划求解”功能后②，可知新的最优解是（24，22）。

（3）对资源B的限额（储备量）的考察（问题3）。

资源B是力浦公司寻求市场收益活动中的一个有趣的约束。实质上，该约束在当前的最优规划的生产格局下，并没有真正起到约束的作用。正如实际的规划结果表明，资源B在取得最优值后，尚有12.5单位的剩余。

从Excel“规划求解”的“敏感性报告”（参见图2-18中的B16：H16区域）中可知，资源B的储备量的允许变化范围是：资源B的最小合理储备量是67.5单位，即可以在原有80单位储备量的基础上，最多增加 10^{30}（Excel中科学记数法1E＋30这一极大的正数值表示无穷大）单位（允许的增量）和最多减少12.5单位（允许的减量）。在这个范围内，影子价格为0。

习题

2.1 某厂利用A、B两种原料生产甲、乙、丙三种产品，已知生产每吨产品所需的原料、利润及两种原料的拥有量如表2-3所示。

表2-3 两种原料生产三种产品的有关数据

	产品甲	产品乙	产品丙	拥有量
原料A（吨）	6	3	5	45
原料B（吨）	3	4	5	30
利润（万元）	4	1	5	

请分别回答下列问题：

（1）求使该厂获利最大的生产计划。

（2）若产品乙、丙的单位利润不变，当产品甲的单位利润在什么范围内变化时，最优解不变？

（3）若原料A市场紧缺，除拥有量外一时无法购进，而原料B若数量不足可去市场购买，单价为0.5万元，该厂是否应该购买？若购买，以购进多少为宜？

2.2 某工厂利用三种原材料（甲、乙和丙）生产三种产品（A、B和C），有关数据如表2-4所示。

表2-4 三种原材料生产三种产品的有关数据

	产品A	产品B	产品C	每月可供量
原材料甲（吨）	2	1	1	200
原材料乙（吨）	1	2	3	500

① 需要先在如图2-17所示的电子表格模型中（可参见“例2-3.xlsx”），修改资源A的可用资源（将G7单元格的数值改为42）。

② 同样需要先在如图2-17所示的电子表格模型中（可参见“例2-3.xlsx”），修改资源A的可用资源（将G7单元格的数值改为46）。

续表

	产品 A	产品 B	产品 C	每月可供量
原材料丙（吨）	2	2	1	600
利润（万元）	4	1	3	

请分别回答下列问题：

(1) 怎样安排生产，才能使总利润最大？

(2) 若增加 1 吨原材料甲，总利润会增加多少？

(3) 产品的单位利润分别在什么范围内变化时，生产计划不变？

(4) 由于市场变化，产品 B、C 的单位利润变为 2 万元、4 万元，这时应该如何调整生产计划？

2.3 已知某工厂计划生产三种产品，各产品需要在设备 A、B、C 上加工，有关数据如表 2-5 所示。

表 2-5 生产三种产品的有关数据

	产品 1	产品 2	产品 3	设备可用台时
设备 A（台时）	8	2	10	300
设备 B（台时）	10	5	8	400
设备 C（台时）	2	13	10	420
单位利润（千元）	3	2	2.9	

请分别回答下列问题：

(1) 如何充分发挥设备价值，才能使生产盈利最大？

(2) 为了增加产量，可租用其他工厂的设备 B，若每月可租用 60 台时，租金为 1.8 万元，租用设备 B 是否划算？

(3) 若另有两种新产品（产品 4 和产品 5），其中生产每件产品 4 需用设备 A、B、C 分别 12、5、10 台时，单位盈利 2 100 元；生产每件产品 5 需用设备 A、B、C 分别 4、4、12 台时，单位盈利 1 870 元。如果设备 A、B、C 的可用台时不增加，分别回答这两种新产品的投产在经济上是否划算。

(4) 对产品工艺重新进行设计，改进构造。改进后生产每件产品 1 需用设备 A、B、C 分别 9、12、4 台时，单位盈利 4 500 元，这对原生产计划有何影响？

2.4 某公司为其冰激凌经营店提供三种口味的冰激凌：巧克力、香草和香蕉。因为天气炎热，顾客对冰激凌的需求大增，而公司库存的原料已经不够了。这些原料分别为牛奶、糖和奶油。公司无法完成接收的订单，但是，为了在原料有限的条件下，使利润最大化，公司需要确定各种口味冰激凌的最优组合。

巧克力、香草和香蕉三种口味的冰激凌的销售利润分别为每升 100 元、90 元和 95 元。公司现有 200 升牛奶、150 升糖和 60 升奶油的存货。

这一问题的线性规划模型如下：

假设 x_1，x_2，x_3 分别为三种口味（巧克力、香草、香蕉）冰激凌的产量（升）。

要使公司的总利润最大，即：

$$\max z = 100x_1 + 90x_2 + 95x_3$$

约束条件为：

$$\begin{cases} 0.45x_1 + 0.5x_2 + 0.4x_3 \leqslant 200 & \text{(牛奶)} \\ 0.5x_1 + 0.4x_2 + 0.4x_3 \leqslant 150 & \text{(糖)} \\ 0.1x_1 + 0.15x_2 + 0.2x_3 \leqslant 60 & \text{(奶油)} \\ x_1, x_2, x_3 \geqslant 0 & \text{(非负)} \end{cases}$$

利用 Excel 的“规划求解”功能后的电子表格模型和敏感性报告分别如图 2-20 和图 2-21 所示。

	A	B	C	D	E	F	G	H
1	习题2.4							
2								
3			巧克力	香草	香蕉			
4		单位利润	100	90	95			
5								
6			每升产品所需原料			实际使用		现有存货
7		牛奶	0.45	0.5	0.4	180	<=	200
8		糖	0.5	0.4	0.4	150	<=	150
9		奶油	0.1	0.15	0.2	60	<=	60
10								
11			巧克力	香草	香蕉			总利润
12		产量	0	300	75			34125

图 2-20　习题 2.4 的电子表格模型

	A	B	C	D	E	F	G	H
6	可变单元格							
7				终	递减	目标式	允许的	允许的
8		单元格	名称	值	成本	系数	增量	减量
9		$C$12	产量 巧克力	0	-3.75	100	3.75	1E+30
10		$D$12	产量 香草	300	0	90	5	1.25
11		$E$12	产量 香蕉	75	0	95	2.143	5
12								
13	约束							
14				终	阴影	约束	允许的	允许的
15		单元格	名称	值	价格	限制值	增量	减量
16		$F$7	牛奶 实际使用	180	0	200	1E+30	20
17		$F$8	糖 实际使用	150	187.5	150	10	30
18		$F$9	奶油 实际使用	60	100	60	15	3.75

图 2-21　习题 2.4 的敏感性报告

不利用 Excel 重新规划求解，请尽可能详细地回答下列问题（注意：各个问题互不干扰，相互独立）。

(1) 最优解和总利润分别是多少？

(2) 假设香蕉冰激凌每升的利润变为 100 元，最优解是否改变？对总利润又会产生怎样的影响？

(3) 假设香蕉冰激凌每升的利润变为 92 元，最优解是否改变？对总利润又会产生怎样的影响？

(4) 假设香草冰激凌和香蕉冰激凌每升的利润都变为 92 元，最优解是否改变？对总利润又会产生怎样的影响？

(5) 公司发现有 3 升的库存奶油已经变质，只能扔掉，最优解是否改变？对总利润又会产生怎样的影响？

(6) 假设公司有机会购得 15 升糖，总成本为 1 500 元，公司是否应该购买这批糖？为什么？

第3章 运输问题和指派问题

本章内容要点

- 运输问题的基本概念；
- 运输问题的数学模型；
- 运输问题的变形；
- 转运问题；
- 指派问题的基本概念；
- 指派问题的变形。

本章研究的重点是两个互相联系的特殊线性规划问题：运输问题和指派问题。

3.1 运输问题的基本概念

运输问题（transportation problem）源于在日常生活中人们把某些物品或人们自身从一些地方转移到另一些地方，要求所采用的运输路线或运输方案是最经济或成本最小的，这就成为一个运筹学问题。随着经济水平的不断提升，现代物流业蓬勃发展，如何充分利用时间、信息、仓储、配送和联运体系创造更多的价值，向运筹学提出了更高的挑战。这要求科学地组织货源、运输和配送，使运输问题变得日益复杂，但其基本思想仍然是实现现有资源的最优化配置。所以，运输问题并不仅仅限于物品的空间转移，凡是其数学模型符合“运输”问题特点的运筹学问题，都可以采用运输问题特有的方法加以解决。

运输问题涉及如何以最优的方式运输货物。在经济建设中，经常碰到大宗物资调运问题。例如煤、钢材、木材、粮食等物资，在全国有若干生产基地，根据已有的交通网络，应如何制订最佳的调运方案，将这些物资运到各消费地点，从而使总运费最小等问题。

一般的运输问题就是解决如何把某种产品从若干个产地调运到若干个销地的问题，并且在每个产地的供应量和每个销地的需求量以及各地之间的运输单价已知的前提下，确定一个使得总运输成本最小的方案。

平衡运输问题的条件如下：

（1）明确出发地（产地）、目的地（销地）、供应量（产量）、需求量（销量）和单位运输成本。

（2）需求假设：每一个出发地（产地）都有一个固定的供应量，所有的供应量都必须配送到目的地（销地）。与之类似，每一个目的地（销地）都有一个固定的需求量，所有的需求量都必须由出发地（产地）满足，即“总供应量=总需求量”。

（3）成本假设：从任何一个出发地（产地）到任何一个目的地（销地）的货物运输成本与所运送的货物数量呈线性关系。因此，货物运输成本就等于单位运输成本乘以所运送的货物数量（目标函数是线性的）。

3.2 运输问题的数学模型

运输问题是一类应用广泛的特殊的线性规划问题，可以很容易地用代数形式建立运输问题的数学模型。

运输问题的一般提法是：假设 A_1，A_2，…，A_m 表示物资（如煤、粮食、钢材、棉花等）的 m 个产地；B_1，B_2，…，B_n 表示物资的 n 个销地；a_i（$i=1, 2, \cdots, m$）表示产地 A_i 的产量（供应量）；b_j（$j=1, 2, \cdots, n$）表示销地 B_j 的销量（需求量）；c_{ij}（$i=1, 2, \cdots, m$；$j=1, 2, \cdots, n$）表示把物资从产地 A_i 运往销地 B_j 的单位运价。这些数据可汇总于表3-1。

表 3-1 运输问题数据表

产地	销地				产量（供应量）
	B_1	B_2	…	B_n	
A_1	c_{11}	c_{12}	…	c_{1n}	a_1
A_2	c_{21}	c_{22}	…	c_{2n}	a_2
⋮	⋮	⋮		⋮	⋮
A_m	c_{m1}	c_{m2}	…	c_{mn}	a_m
销量（需求量）	b_1	b_2	…	b_n	

如果运输问题的总产量（总供应量）等于总销量（总需求量），即有

$$\sum_{i=1}^{m} a_i = \sum_{j=1}^{n} b_j$$

则称该运输问题为产销平衡的运输问题；否则，称该运输问题为产销不平衡的运输问题。

3.2.1 产销平衡的运输问题

设从产地 A_i 运往销地 B_j 的物资数量为 x_{ij}（$i=1, 2, \cdots, m$；$j=1, 2, \cdots, n$），则产销平衡运输问题的数学模型为：

$$\min z = \sum_{i=1}^{m} \sum_{j=1}^{n} c_{ij} x_{ij} \quad (\text{总运费最小})$$

$$\text{s. t.} \begin{cases} \sum_{j=1}^{n} x_{ij} = a_i & (i=1,2,\cdots,m) \quad (\text{产量约束}) \\ \sum_{i=1}^{m} x_{ij} = b_j & (j=1,2,\cdots,n) \quad (\text{销量约束}) \\ x_{ij} \geqslant 0 & (i=1,2,\cdots,m;\ j=1,2,\cdots,n) \end{cases}$$

它包含 $m \times n$ 个变量和 $m+n$ 个确定需求（=）的函数约束。其中，m 个产量约束表示每个产地运往 n 个销地的物资总量等于该产地的产量（供应量），n 个销量约束表示从 m 个产地运往每个销地的物资总量等于该销地的销量（需求量）。

例 3-1

某公司有三个加工厂（A_1、A_2 和 A_3）生产某种产品，每日的产量分别为 7 吨、4 吨、9 吨。该公司把这些产品分别运往四个销售点（B_1、B_2、B_3 和 B_4），四个销售点每日的销量分别为 3 吨、6 吨、5 吨、6 吨。从三个加工厂（产地）到四个销售点（销地）的单位产品运价如表 3-2 所示。问该公司应如何调运产品，才能在满足四个销售点的销量的前提下，使总运费最小？

表3-2　三个加工厂到四个销售点的单位产品运价　　单位：千元/吨

	销售点 B_1	销售点 B_2	销售点 B_3	销售点 B_4
加工厂 A_1	3	11	3	10
加工厂 A_2	1	9	2	8
加工厂 A_3	7	4	10	5

【解】首先，三个加工厂 A_1、A_2、A_3 的总产量为 7+4+9=20（吨）；四个销售点 B_1、B_2、B_3、B_4 的总销量为 3+6+5+6=20（吨）。也就是说，总产量等于总销量，故该运输问题是一个产销平衡的运输问题。

（1）决策变量。设 x_{ij} 为从加工厂 A_i（$i=1, 2, 3$）运往销售点 B_j（$j=1, 2, 3, 4$）的运输量，得到如表3-3所示的决策变量表。

表3-3　例3-1运输问题的决策变量表（运输量）　　单位：吨

	销售点 B_1	销售点 B_2	销售点 B_3	销售点 B_4	产量
加工厂 A_1	x_{11}	x_{12}	x_{13}	x_{14}	7
加工厂 A_2	x_{21}	x_{22}	x_{23}	x_{24}	4
加工厂 A_3	x_{31}	x_{32}	x_{33}	x_{34}	9
销量	3	6	5	6	20（产销平衡）

（2）目标函数。本问题的目标是使公司的总运费最小，即：

$$\begin{aligned}\min z = & 3x_{11} + 11x_{12} + 3x_{13} + 10x_{14} \\ & + x_{21} + 9x_{22} + 2x_{23} + 8x_{24} \\ & + 7x_{31} + 4x_{32} + 10x_{33} + 5x_{34}\end{aligned}$$

（3）约束条件。根据表3-3，可写出该产销平衡运输问题的约束条件。

① 三个加工厂的产品全部都要运送出去（产量约束）：

加工厂 A_1：$x_{11}+x_{12}+x_{13}+x_{14}=7$

加工厂 A_2：$x_{21}+x_{22}+x_{23}+x_{24}=4$

加工厂 A_3：$x_{31}+x_{32}+x_{33}+x_{34}=9$

② 四个销售点的产品全部都要得到满足（销量约束）：

销售点 B_1：$x_{11}+x_{21}+x_{31}=3$

销售点 B_2：$x_{12}+x_{22}+x_{32}=6$

销售点 B_3：$x_{13}+x_{23}+x_{33}=5$

销售点 B_4：$x_{14}+x_{24}+x_{34}=6$

③ 非负：

$x_{ij} \geqslant 0 \quad (i=1,2,3;\ j=1,2,3,4)$

于是，得到例3-1产销平衡运输问题的线性规划模型：

$$\begin{aligned}\min z = & 3x_{11} + 11x_{12} + 3x_{13} + 10x_{14} + x_{21} + 9x_{22} \\ & + 2x_{23} + 8x_{24} + 7x_{31} + 4x_{32} + 10x_{33} + 5x_{34}\end{aligned}$$

$$
\text{s. t.}\begin{cases}
x_{11}+x_{12}+x_{13}+x_{14}=7\\
x_{21}+x_{22}+x_{23}+x_{24}=4\\
x_{31}+x_{32}+x_{33}+x_{34}=9\\
x_{11}+x_{21}+x_{31}=3\\
x_{12}+x_{22}+x_{32}=6\\
x_{13}+x_{23}+x_{33}=5\\
x_{14}+x_{24}+x_{34}=6\\
x_{ij}\geqslant 0\quad (i=1,2,3;\ j=1,2,3,4)
\end{cases}
$$

运输问题是一种特殊的线性规划问题，一般采用“表上作业法”求解，但 Excel 的“规划求解”功能还是采用“单纯形法”来求解。

例 3－1 的电子表格模型如图 3－1 所示，参见“例 3－1. xlsx”。为了查看方便，在最优解（运输量）C9：F11 区域中，利用 Excel 的“条件格式”功能①，将“0”值单元格的字体颜色设置成“黄色”，与填充颜色（背景色）相同。②

	A	B	C	D	E	F	G	H	I
1	例3-1								
2									
3		单位运价	B_1	B_2	B_3	B_4			
4		A_1	3	11	3	10			
5		A_2	1	9	2	8			
6		A_3	7	4	10	5			
7									
8		运输量	B_1	B_2	B_3	B_4	实际运出		产量
9		A_1	2		5		7	=	7
10		A_2	1			3	4	=	4
11		A_3		6		3	9	=	9
12		实际收到	3	6	5	6			
13			=	=	=	=			总运费
14		销量	3	6	5	6			85

名称	单元格
产量	I9:I11
单位运价	C4:F6
实际收到	C12:F12
实际运出	G9:G11
销量	C14:F14
运输量	C9:F11
总运费	I14

	G
8	实际运出
9	=SUM(C9:F9)
10	=SUM(C10:F10)
11	=SUM(C11:F11)

图 3－1　例 3－1 的电子表格模型

① 设置（或清除）条件格式的操作请参见本章附录。

② 将单元格的字体和背景颜色设置为相同颜色以实现“浑然一体”的效果，可以起到隐藏单元格内容的作用。当单元格被选中时，编辑栏中仍然会显示单元格的真实数据。本章所有例题的最优解（运输方案或指派方案）有一个共同特点，即“0”值较多，所以都使用了 Excel 的“条件格式”功能。

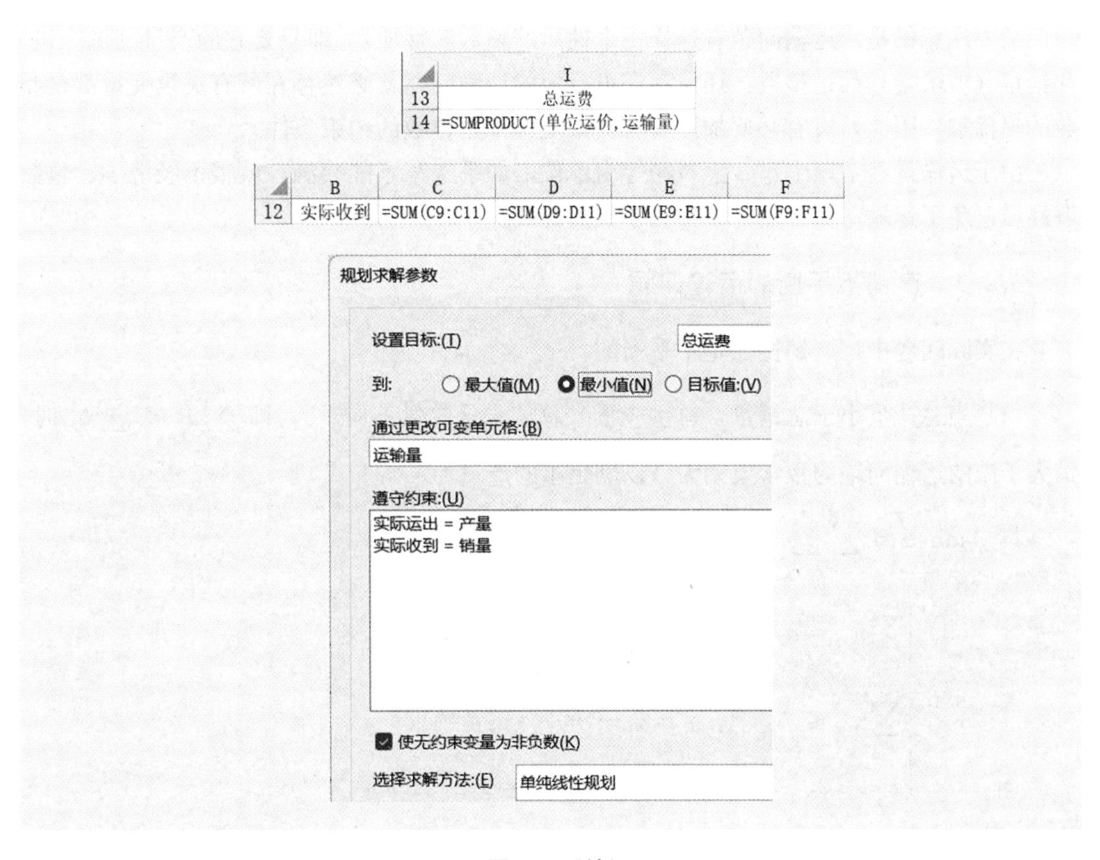

图 3-1（续）

整理图 3-1 中的 B8∶F11 区域，得到如图 3-2 所示的最优调运方案网络图，从中可以看出：加工厂 A_1 分别运往销售点 B_1 和 B_3 2 吨和 5 吨，加工厂 A_2 分别运往销售点 B_1 和 B_4 1 吨和 3 吨，加工厂 A_3 分别运往销售点 B_2 和 B_4 6 吨和 3 吨，此时的总运费最少，为每天 8.5 万元（85 千元）。

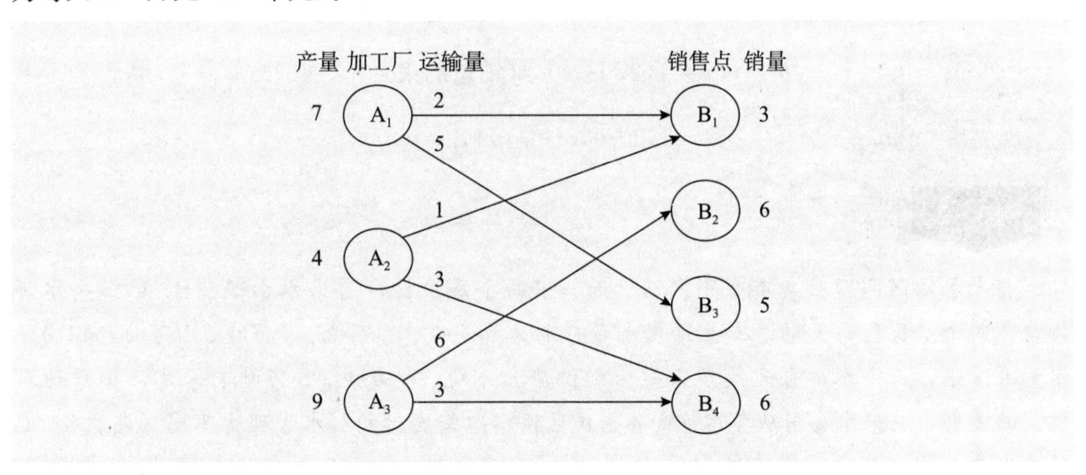

图 3-2　例 3-1 的最优调运方案网络图

需要注意的是：运输问题有这样一个性质（整数解性质），即只要它的产量（供应量）和销量（需求量）都是整数，任何存在可行解的运输问题就必然存在所有决策变量都是整数的最优解。因此，没有必要加上所有决策变量都是整数的约束条件。

由于运输量经常以卡车、集装箱等为单位，如果卡车不能装满，就很不经济了。整数解性质避免了运输量（运输方案）为小数的麻烦。

3.2.2 产销不平衡的运输问题

在实际问题中，产销往往是不平衡的。

（1）当总产量小于总销量（总供应量<总需求量，供不应求），即 $\sum_{i=1}^{m} a_i < \sum_{j=1}^{n} b_j$ 时，销大于产的运输问题的数学模型为（以满足小的产量为准）：

$$\min z = \sum_{i=1}^{m}\sum_{j=1}^{n} c_{ij}x_{ij}$$

$$\text{s.t.}\begin{cases} \sum_{j=1}^{n} x_{ij} = a_i & (i=1,2,\cdots,m) \quad \text{（产量约束）} \\ \sum_{i=1}^{m} x_{ij} \leqslant b_j & (j=1,2,\cdots,n) \quad \text{（销量约束）} \\ x_{ij} \geqslant 0 & (i=1,2,\cdots,m;\ j=1,2,\cdots,n) \end{cases}$$

（2）当总产量大于总销量（总供应量>总需求量，供过于求），即 $\sum_{i=1}^{m} a_i > \sum_{j=1}^{n} b_j$ 时，产大于销的运输问题的数学模型为（以满足小的销量为准）：

$$\min z = \sum_{i=1}^{m}\sum_{j=1}^{n} c_{ij}x_{ij}$$

$$\text{s.t.}\begin{cases} \sum_{j=1}^{n} x_{ij} \leqslant a_i & (i=1,2,\cdots,m) \quad \text{（产量约束）} \\ \sum_{i=1}^{m} x_{ij} = b_j & (j=1,2,\cdots,n) \quad \text{（销量约束）} \\ x_{ij} \geqslant 0 & (i=1,2,\cdots,m;\ j=1,2,\cdots,n) \end{cases}$$

例 3-2

自来水输送问题。某市有甲、乙、丙、丁四个居民区，自来水由 A、B、C 三个水库供应。四个居民区每天的基本生活用水量分别为 3 万吨、7 万吨、1 万吨、1 万吨，但由于水资源紧张，三个水库每天最多只能分别供应 5 万吨、6 万吨、5 万吨自来水。由于地理位置的差别，自来水公司从各水库向各居民区供水所需支付的引水管理费不同（见表 3-4，其中水库 C 与丁区之间没有输水管道），其他管理费都是 4 500 元/万吨。根据公司规定，各居民区用户按照统一标准 9 000 元/万吨收费。此外，四个居民区都向公司申请了额外

表3-4 从三个水库向四个居民区供水的引水管理费　单位：元/万吨

	甲	乙	丙	丁
水库A	1 600	1 300	2 200	1 700
水库B	1 400	1 300	1 900	1 500
水库C	1 900	2 000	2 300	—

用水量，分别为每天5万吨、7万吨、2万吨、4万吨。问：

（1）该公司应如何分配供水量，才能获利最大？

（2）为了增加供水量，自来水公司正在考虑进行水库改造，使三个水库每天的最大供水量都增加一倍，那时供水方案应如何改变？公司利润可增加到多少？

【解】 可以把“自来水输送问题”看作“运输问题”，也就是用“运输问题”的求解方法求解“自来水输送问题”。

（1）分配供水量就是安排从三个水库向四个居民区供水的方案，目标是自来水公司获利最大。

从题目给出的数据看，A、B、C三个水库的总供水量为5＋6＋5＝16（万吨），少于四个居民区的基本生活用水量与额外用水量之和（3＋7＋1＋1）＋(5＋7＋2＋4)＝30（万吨）(供不应求)，因而总能全部卖出并获利①，于是自来水公司每天的总收入为9 000×(5＋6＋5)＝144 000（元），与供水方案无关。同样，公司每天的其他管理费为4 500×(5＋6＋5)＝72 000（元），也与供水方案无关。所以，要使自来水公司的总利润最大，只需使引水管理费最小即可。另外，供水方案自然要受到三个水库的供水量（供应量）和四个居民区的用水量（需求量）的限制。

① 决策变量。本问题要做的决策是A、B、C三个水库向甲、乙、丙、丁四个居民区的供水量。设x_{ij}为水库i（i＝A，B，C）向居民区j（j＝1，2，3，4，分别表示甲、乙、丙、丁）的日供水量。由于水库C与居民区丁之间没有输水管道，即$x_{C4}=0$，因此只有11个变量。将这些决策变量列于表3-5中。

表3-5 例3-2的决策变量表（供水量）　单位：万吨

	甲	乙	丙	丁	最大供水量
水库A	x_{A1}	x_{A2}	x_{A3}	x_{A4}	5
水库B	x_{B1}	x_{B2}	x_{B3}	x_{B4}	6
水库C	x_{C1}	x_{C2}	x_{C3}	—	5
基本用水量	3	7	1	1	
额外用水量	5	7	2	4	
最大用水量	8	14	3	5	

① 前提是：A、B、C三个水库向甲、乙、丙、丁四个居民区供应每万吨水的利润都为正。每万吨水的利润计算公式为：从收入9 000元中减去其他管理费4 500元，再减去表3-4中的引水管理费。而每万吨水的利润最小值＝9 000－4 500－表3-4中引水管理费最大值（水库C向丙区供水）＝4 500－2 300＝2 200（元/万吨）。

② 目标函数。由上面的分析，问题的目标可以从获利最大转化为引水管理费最小，于是有

$$\min z = 1\,600x_{A1} + 1\,300x_{A2} + 2\,200x_{A3} + 1\,700x_{A4} + 1\,400x_{B1} + 1\,300x_{B2} + 1\,900x_{B3} + 1\,500x_{B4} + 1\,900x_{C1} + 2\,000x_{C2} + 2\,300x_{C3}$$

③ 约束条件。由于 A、B、C 三个水库的总供水量为 5+6+5=16 万吨，超过四个居民区的基本生活用水量之和 3+7+1+1=12 万吨（供过于求），但又少于四个居民区的基本生活用水量与额外用水量之和（3+7+1+1）+(5+7+2+4)=30 万吨（供不应求），所以本问题既是供过于求又是供不应求的不平衡运输问题。

- 由于水库的供水总能卖出并获利，产量（供应，供水）约束为：

$x_{A1} + x_{A2} + x_{A3} + x_{A4} = 5$　（水库 A）

$x_{B1} + x_{B2} + x_{B3} + x_{B4} = 6$　（水库 B）

$x_{C1} + x_{C2} + x_{C3} = 5$　（水库 C）

- 考虑各居民区的基本生活用水量与额外用水量，销量（需求，用水）约束为：

$3 \leqslant x_{A1} + x_{B1} + x_{C1} \leqslant 8$　（居民区甲）

$7 \leqslant x_{A2} + x_{B2} + x_{C2} \leqslant 14$　（居民区乙）

$1 \leqslant x_{A3} + x_{B3} + x_{C3} \leqslant 3$　（居民区丙）

$1 \leqslant x_{A4} + x_{B4} \leqslant 5$　（居民区丁）

- 非负：

$x_{ij} \geqslant 0 \quad (i = A,B,C;\ j = 1,2,3,4)$

于是，得到例 3－2 问题（1）的线性规划模型：

$$\min z = 1\,600x_{A1} + 1\,300x_{A2} + 2\,200x_{A3} + 1\,700x_{A4} + 1\,400x_{B1} + 1\,300x_{B2} + 1\,900x_{B3} + 1\,500x_{B4} + 1\,900x_{C1} + 2\,000x_{C2} + 2\,300x_{C3}$$

$$\text{s.t.}\begin{cases} x_{A1} + x_{A2} + x_{A3} + x_{A4} = 5 \\ x_{B1} + x_{B2} + x_{B3} + x_{B4} = 6 \\ x_{C1} + x_{C2} + x_{C3} = 5 \\ 3 \leqslant x_{A1} + x_{B1} + x_{C1} \leqslant 8 \\ 7 \leqslant x_{A2} + x_{B2} + x_{C2} \leqslant 14 \\ 1 \leqslant x_{A3} + x_{B3} + x_{C3} \leqslant 3 \\ 1 \leqslant x_{A4} + x_{B4} \leqslant 5 \\ x_{ij} \geqslant 0 \quad (i = A,B,C;\ j = 1,2,3,4) \end{cases}$$

例 3－2 问题（1）的电子表格模型如图 3－3 所示，参见“例 3－2（1）.xlsx”。

读者可能发现，电子表格模型中有 12 个变量（供水量，C9：F11 区域），可通过增加约束条件“$F$11=0”，实现“水库 C 与居民区丁之间没有输水管道”，即“$x_{C4}=0$”。随后的例 3－2 问题（2）的电子表格模型也是采用这种方法。

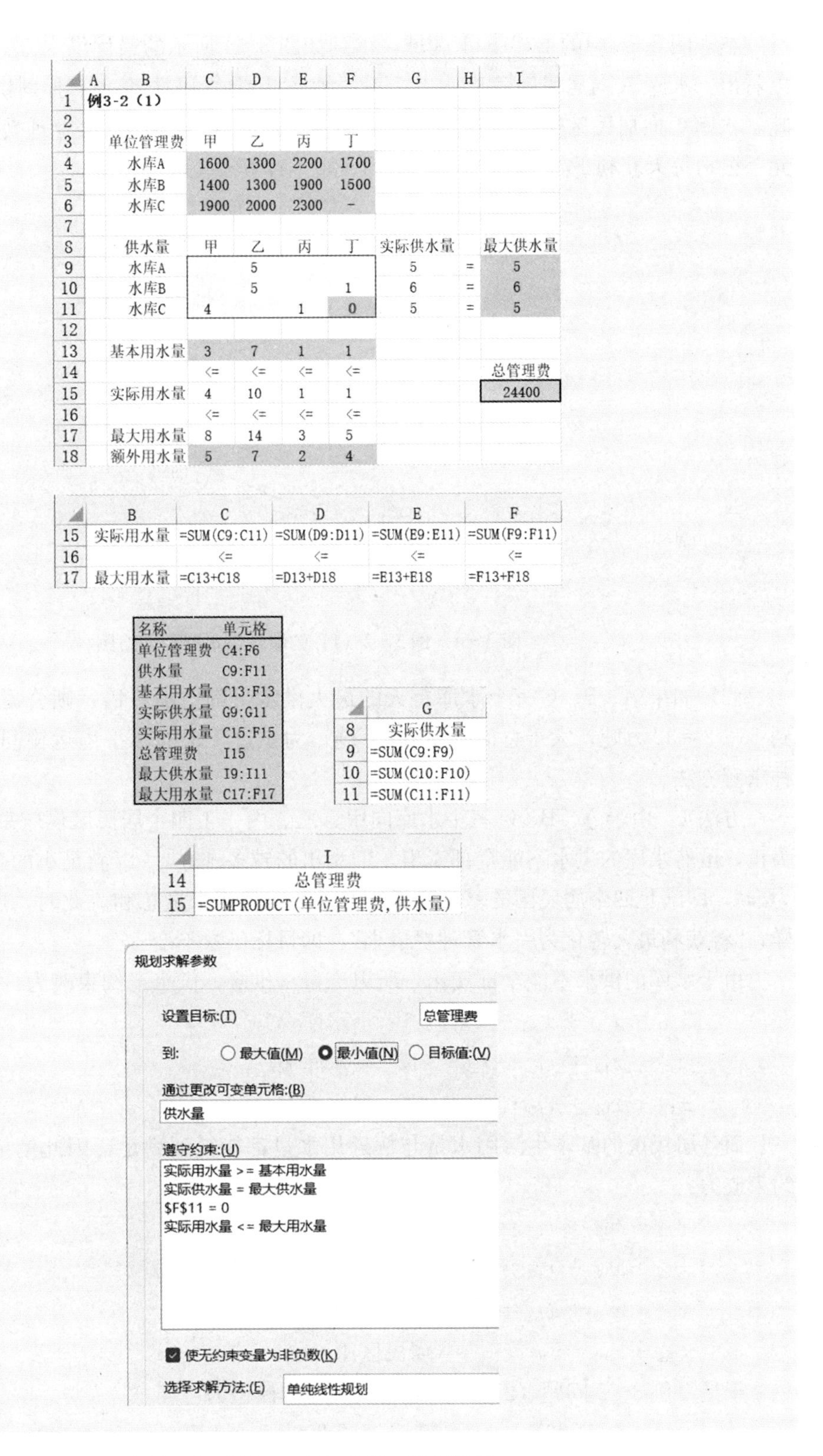

	A	B	C	D	E	F	G	H	I
1	例3-2（1）								
2									
3		单位管理费	甲	乙	丙	丁			
4		水库A	1600	1300	2200	1700			
5		水库B	1400	1300	1900	1500			
6		水库C	1900	2000	2300	-			
7									
8		供水量	甲	乙	丙	丁	实际供水量		最大供水量
9		水库A		5			5	=	5
10		水库B		5		1	6	=	6
11		水库C	4		1	0	5	=	5
12									
13		基本用水量	3	7	1	1			
14			<=	<=	<=	<=			总管理费
15		实际用水量	4	10	1	1			24400
16			<=	<=	<=	<=			
17		最大用水量	8	14	3	5			
18		额外用水量	5	7	2	4			

	B	C	D	E	F
15	实际用水量	=SUM(C9:C11)	=SUM(D9:D11)	=SUM(E9:E11)	=SUM(F9:F11)
16		<=	<=	<=	<=
17	最大用水量	=C13+C18	=D13+D18	=E13+E18	=F13+F18

名称	单元格
单位管理费	C4:F6
供水量	C9:F11
基本用水量	C13:F13
实际供水量	G9:G11
实际用水量	C15:F15
总管理费	I15
最大供水量	I9:I11
最大用水量	C17:F17

	G
8	实际供水量
9	=SUM(C9:F9)
10	=SUM(C10:F10)
11	=SUM(C11:F11)

	I
14	总管理费
15	=SUMPRODUCT(单位管理费,供水量)

图 3-3　例 3-2（1）的电子表格模型

整理图 3－3 中的 B8：F11 区域，得到如图 3－4 所示的最优供水方案网络图，从中可以看出：水库 A 向居民区乙供水 5 万吨，水库 B 向居民区乙、丁分别供水 5 万吨、1 万吨，水库 C 向居民区甲、丙分别供水 4 万吨、1 万吨。此时引水管理费最小，为 24 400 元，公司每天获利 144 000－72 000－24 400＝47 600（元）。

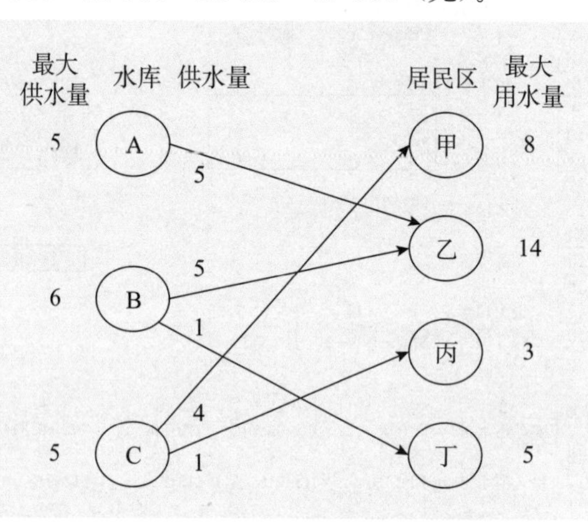

图 3－4　例 3－2（1）的最优供水方案网络图

（2）如果 A、B、C 三个水库每天的最大供水量都增加一倍，则公司总供水能力增加到 16×2＝32 万吨，大于总需求量 30 万吨，为供过于求的不平衡运输问题。这里介绍两种求解方法。

方法 1：由于 A、B、C 三个水库向甲、乙、丙、丁四个居民区供应每万吨水的利润都为正，虽然水库的供水不能全部卖出，但卖出的越多越好，“以满足小的总需求量 30 万吨为准”，即满足四个居民区的基本生活用水量与额外用水量总和。此时，还像问题（1）那样，“将获利最大转化为引水管理费最小”，即目标函数不变。

由于水库的供水不能全部卖出，所以产量（供应，供水）约束改为：

$x_{A1}+x_{A2}+x_{A3}+x_{A4}\leqslant 10$　（水库 A）

$x_{B1}+x_{B2}+x_{B3}+x_{B4}\leqslant 12$　（水库 B）

$x_{C1}+x_{C2}+x_{C3}\leqslant 10$　（水库 C）

而各居民区的基本生活用水量与额外用水量都能得到满足，因此销量（需求，用水）约束改为：

$x_{A1}+x_{B1}+x_{C1}=8$　（居民区甲）

$x_{A2}+x_{B2}+x_{C2}=14$　（居民区乙）

$x_{A3}+x_{B3}+x_{C3}=3$　（居民区丙）

$x_{A4}+x_{B4}=5$　（居民区丁）

于是，例 3－2 问题（2）方法 1 的线性规划模型为：

$$\min z=1\,600x_{A1}+1\,300x_{A2}+2\,200x_{A3}+1\,700x_{A4}+1\,400x_{B1}+1\,300x_{B2}$$
$$+1\,900x_{B3}+1\,500x_{B4}+1\,900x_{C1}+2\,000x_{C2}+2\,300x_{C3}$$

$$
\text{s. t.}\begin{cases}
x_{\mathrm{A1}}+x_{\mathrm{A2}}+x_{\mathrm{A3}}+x_{\mathrm{A4}}\leqslant 10\\
x_{\mathrm{B1}}+x_{\mathrm{B2}}+x_{\mathrm{B3}}+x_{\mathrm{B4}}\leqslant 12\\
x_{\mathrm{C1}}+x_{\mathrm{C2}}+x_{\mathrm{C3}}\leqslant 10\\
x_{\mathrm{A1}}+x_{\mathrm{B1}}+x_{\mathrm{C1}}=8\\
x_{\mathrm{A2}}+x_{\mathrm{B2}}+x_{\mathrm{C2}}=14\\
x_{\mathrm{A3}}+x_{\mathrm{B3}}+x_{\mathrm{C3}}=3\\
x_{\mathrm{A4}}+x_{\mathrm{B4}}=5\\
x_{ij}\geqslant 0\quad (i=\mathrm{A,B,C};\ j=1,2,3,4)
\end{cases}
$$

例 3－2 问题（2）方法 1 的电子表格模型如图 3－5 所示，参见“例 3－2（2）方法 1. xlsx”。

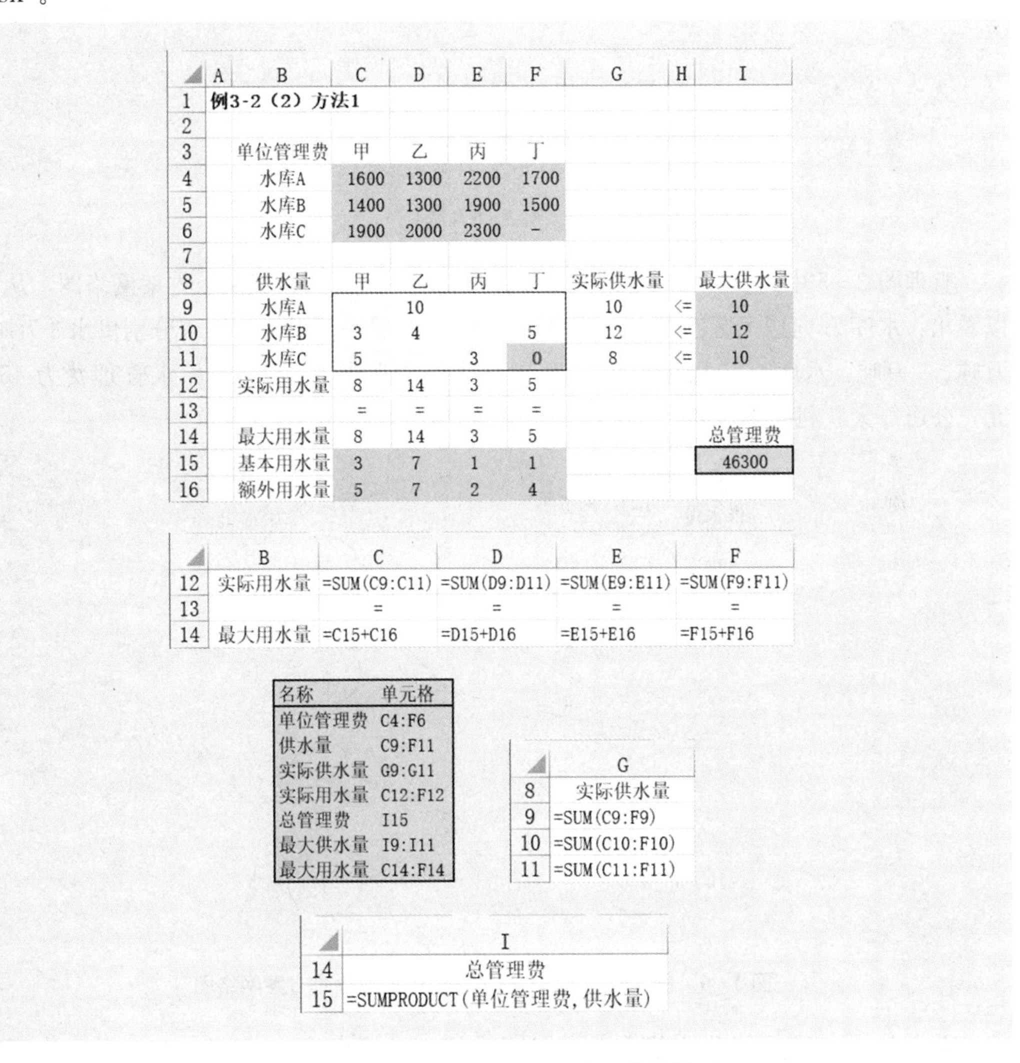

	A	B	C	D	E	F	G	H	I
1	例3-2（2）方法1								
2									
3		单位管理费	甲	乙	丙	丁			
4		水库A	1600	1300	2200	1700			
5		水库B	1400	1300	1900	1500			
6		水库C	1900	2000	2300	-			
7									
8		供水量	甲	乙	丙	丁	实际供水量		最大供水量
9		水库A		10			10	<=	10
10		水库B	3	4		5	12	<=	12
11		水库C	5		3	0	8	<=	10
12		实际用水量	8	14	3	5			
13			=	=	=	=			
14		最大用水量	8	14	3	5			总管理费
15		基本用水量	3	7	1	1			46300
16		额外用水量	5	7	2	4			

	B	C	D	E	F
12	实际用水量	=SUM(C9:C11)	=SUM(D9:D11)	=SUM(E9:E11)	=SUM(F9:F11)
13		=	=	=	=
14	最大用水量	=C15+C16	=D15+D16	=E15+E16	=F15+F16

名称	单元格
单位管理费	C4:F6
供水量	C9:F11
实际供水量	G9:G11
实际用水量	C12:F12
总管理费	I15
最大供水量	I9:I11
最大用水量	C14:F14

	G
8	实际供水量
9	=SUM(C9:F9)
10	=SUM(C10:F10)
11	=SUM(C11:F11)

	I
14	总管理费
15	=SUMPRODUCT(单位管理费,供水量)

图 3－5　例 3－2（2）方法 1 的电子表格模型

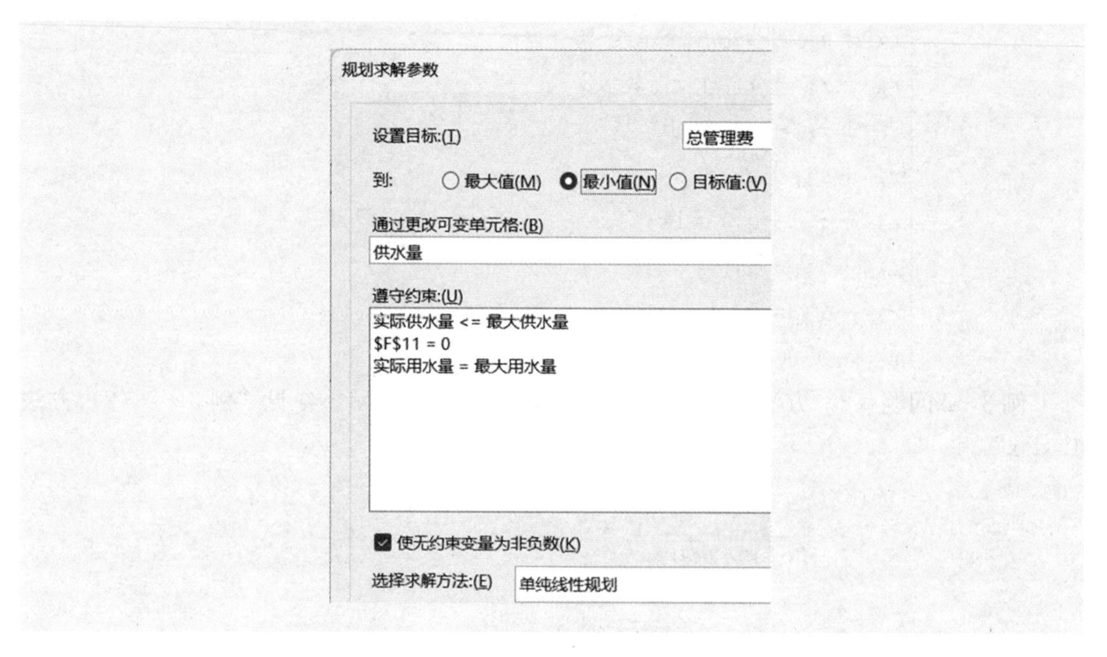

图 3-5（续）

整理图 3-5 中的 B8：F11 区域，得到如图 3-6 所示的最优供水方案网络图，从中可以看出：水库 A 向居民区乙供水 10 万吨，水库 B 向居民区甲、乙、丁分别供水 3 万吨、4 万吨、5 万吨，水库 C 向居民区甲、丙分别供水 5 万吨、3 万吨。引水管理费为 46 300 元，公司每天获利 30×9 000－30×4 500－46 300＝88 700（元）。

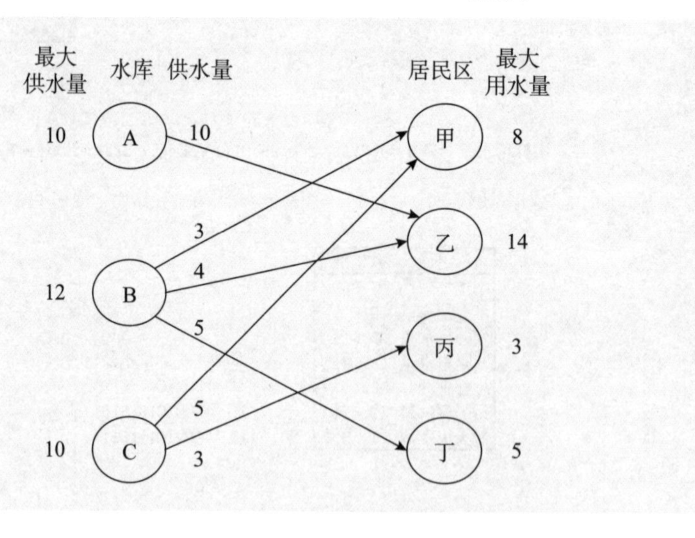

图 3-6　例 3-2（2）方法 1 求得的最优供水方案网络图

方法 2：由于公司总供水能力为 32 万吨，大于总需求量 30 万吨，水库的供水不能全部卖出，因而不能像前面那样，将获利最大转化为引水管理费最小。此时，首先需要计算 A、B、C 三个水库分别向甲、乙、丙、丁四个居民区供应每万吨水的利润，即从收入

9 000 元中减去其他管理费 4 500 元，再减去表 3 - 4 中的引水管理费，得到表 3 - 6。

表 3 - 6　从三个水库向四个居民区供水的利润　　单位：元/万吨

	甲	乙	丙	丁
水库 A	2 900	3 200	2 300	2 800
水库 B	3 100	3 200	2 600	3 000
水库 C	2 600	2 500	2 200	—

于是目标函数为

$$\begin{aligned}\max z =& 2\,900x_{A1}+3\,200x_{A2}+2\,300x_{A3}+2\,800x_{A4}\\&+3\,100x_{B1}+3\,200x_{B2}+2\,600x_{B3}+3\,000x_{B4}\\&+2\,600x_{C1}+2\,500x_{C2}+2\,200x_{C3}\end{aligned}$$

而水库供水的产量（供应）约束、各居民区用水（基本生活用水与额外用水）的销量（需求）约束，与方法 1 相同。

例 3 - 2 问题（2）方法 2 的电子表格模型如图 3 - 7 所示，参见“例 3 - 2（2）方法 2. xlsx”。

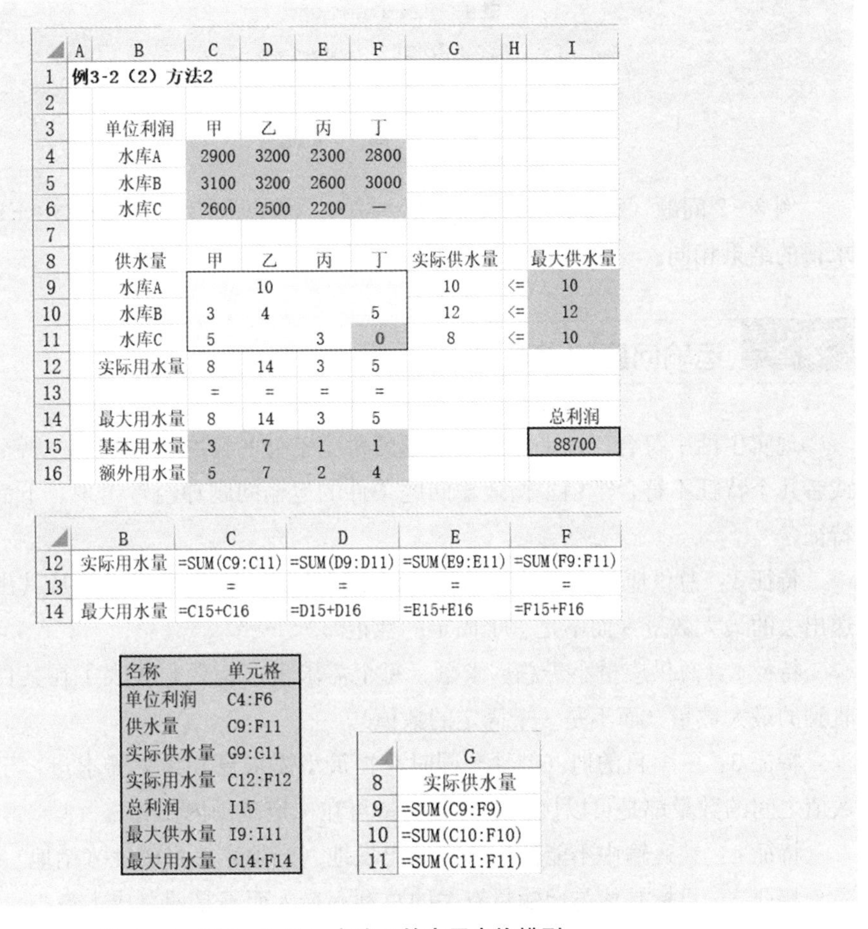

	A	B	C	D	E	F	G	H	I
1	例3-2（2）方法2								
2									
3		单位利润	甲	乙	丙	丁			
4		水库A	2900	3200	2300	2800			
5		水库B	3100	3200	2600	3000			
6		水库C	2600	2500	2200	—			
7									
8		供水量	甲	乙	丙	丁	实际供水量		最大供水量
9		水库A		10			10	<=	10
10		水库B	3	4		5	12	<=	12
11		水库C	5		3	0	8	<=	10
12		实际用水量	8	14	3	5			
13			=	=	=	=			
14		最大用水量	8	14	3	5			总利润
15		基本用水量	3	7	1	1			88700
16		额外用水量	5	7	2	4			

	B	C	D	E	F
12	实际用水量	=SUM(C9:C11)	=SUM(D9:D11)	=SUM(E9:E11)	=SUM(F9:F11)
13		=	=	=	=
14	最大用水量	=C15+C16	=D15+D16	=E15+E16	=F15+F16

名称	单元格
单位利润	C4:F6
供水量	C9:F11
实际供水量	G9:G11
实际用水量	C12:F12
总利润	I15
最大供水量	I9:I11
最大用水量	C14:F14

	G
8	实际供水量
9	=SUM(C9:F9)
10	=SUM(C10:F10)
11	=SUM(C11:F11)

图 3 - 7　例 3 - 2（2）方法 2 的电子表格模型

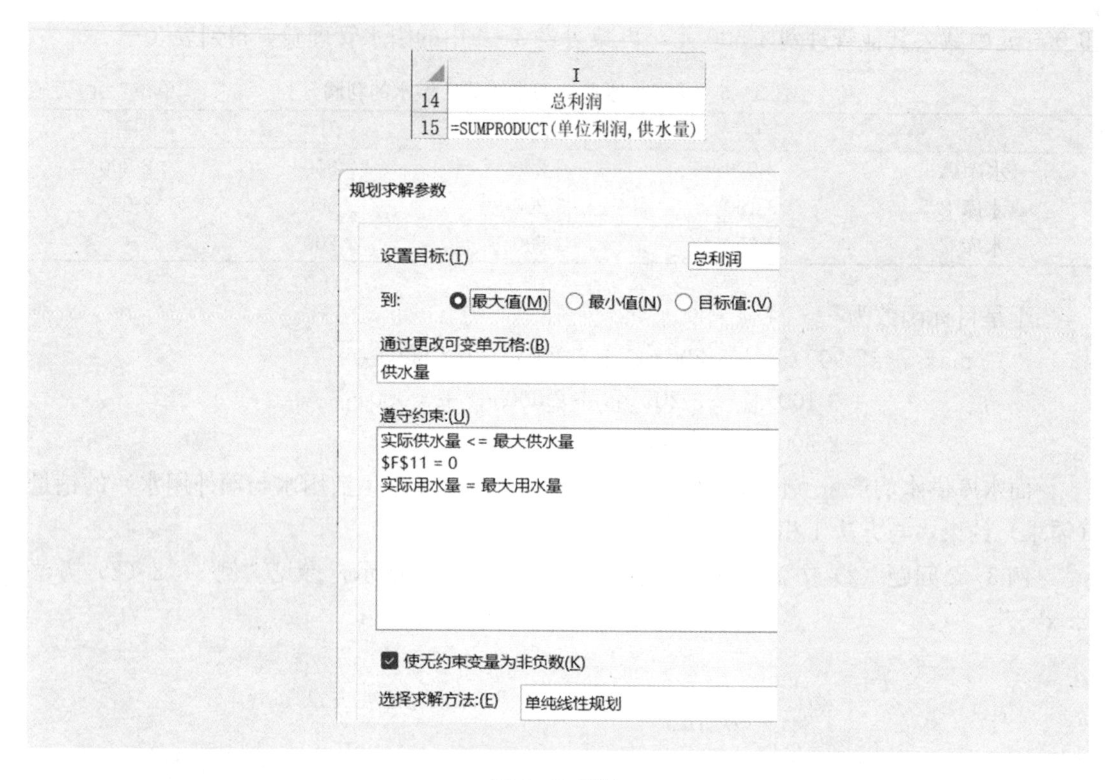

图 3－7（续）

例 3－2 问题（2）方法 2 求得的供水方案（参见图 3－7 中的 B8：F11 区域）与方法 1 求得的结果相同。

3.3 运输问题的变形

现实生活中符合产销平衡运输问题的每个条件的情况很少，一个特征近似但其他一个或者几个特征不符合产销平衡运输问题条件的运输问题却经常出现。下面是要讨论的一些特征。

特征 1：总供应量大于总需求量。每个供应量（产量）代表了从其出发地（产地）运送出去的最大数量（而不是一个固定的数值）。

特征 2：总供应量小于总需求量。每个需求量（销量）代表了在其目的地（销地）接收到的最大数量（而不是一个固定的数值）。

特征 3：一个目的地（销地）同时存在最小需求量和最大需求量，于是所有在这两个数值之间的数量都是可以接受的（需求量可在一定范围内变化）。

特征 4：在运输中不能使用特定的出发地（产地）—目的地（销地）组合。

特征 5：目标是使与运输量有关的总利润最大而不是使总成本最小。

上面的例 3－2 问题（1）包含了特征 3 和特征 4，例 3－2 问题（2）方法 1 包含了特征1和特征4，方法2还包含了特征5；而下面的例3-3包含了特征1和特征4，例3-4包含了特征3和特征5。

例3-3

某公司决定使用三个有生产余力的工厂进行四种产品的生产。生产每单位产品需要等量的工作，所以工厂的有效生产能力以每天生产的任意种产品的数量来衡量（见表3-7的最右列）。而每种产品每天有一定的需求量（见表3-7的最后一行）。除了工厂2不能生产产品3以外，每个工厂都可以生产这些产品。然而，每种产品在不同工厂中的单位成本（元）是有差异的（如表3-7所示）。

表3-7　三个工厂生产四种产品的有关数据

	单位成本				生产能力
	产品1	产品2	产品3	产品4	
工厂1	41	27	28	24	75
工厂2	40	29	—	23	75
工厂3	37	30	27	21	45
需求量	20	30	30	40	

现在需要决定的是在哪个工厂生产哪种产品，可使总成本最小。

【解】 可以把“指定工厂生产产品问题”看作“运输问题”，也就是用“运输问题”的求解方法求解“指定工厂生产产品问题”。

本问题中，工厂2不能生产产品3，这样可以增加约束条件 $x_{23}=0$；并且总供应量（75+75+45=195）>总需求量（20+30+30+40=120），是供大于求的运输问题。

例3-3的线性规划模型如下：

设 x_{ij} 为工厂 i（$i=1, 2, 3$）生产产品 j（$j=1, 2, 3, 4$）的数量。

$$\begin{aligned}\min z = & 41x_{11}+27x_{12}+28x_{13}+24x_{14}\\ & +40x_{21}+29x_{22}+23x_{24}\\ & +37x_{31}+30x_{32}+27x_{33}+21x_{34}\end{aligned}$$

$$\text{s. t.}\begin{cases} x_{11}+x_{21}+x_{31}=20 & (\text{产品 }1)\\ x_{12}+x_{22}+x_{32}=30 & (\text{产品 }2)\\ x_{13}+x_{23}+x_{33}=30 & (\text{产品 }3)\\ x_{14}+x_{24}+x_{34}=40 & (\text{产品 }4)\\ x_{11}+x_{12}+x_{13}+x_{14}\leqslant 75 & (\text{工厂 }1)\\ x_{21}+x_{22}+x_{23}+x_{24}\leqslant 75 & (\text{工厂 }2)\\ x_{31}+x_{32}+x_{33}+x_{34}\leqslant 45 & (\text{工厂 }3)\\ x_{23}=0 & (\text{工厂 2 不生产产品 }3)\\ x_{ij}\geqslant 0\quad (i=1,2,3;\ j=1,2,3,4) & \end{cases}$$

例 3-3 的电子表格模型如图 3-8 所示，参见“例 3-3. xlsx”。

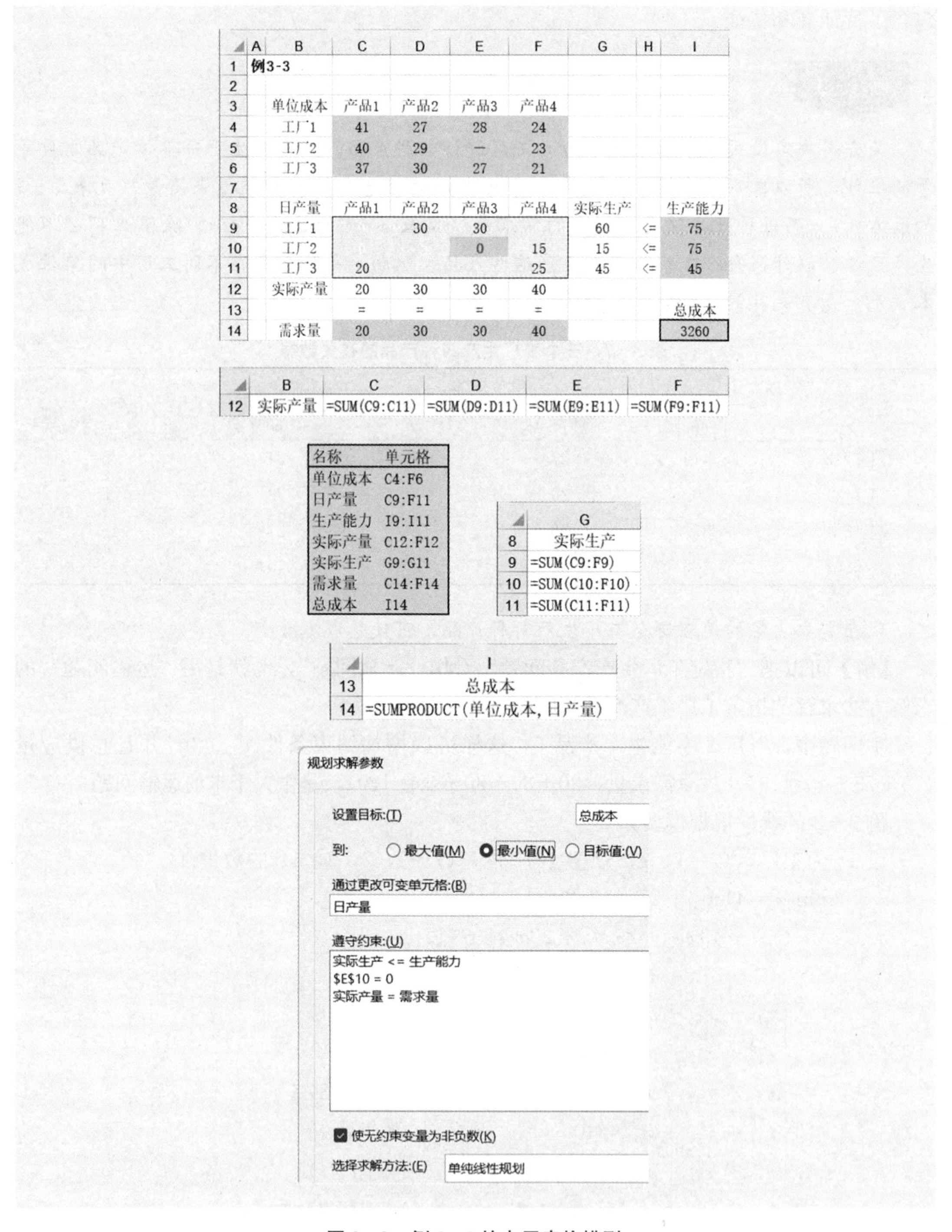

	A	B	C	D	E	F	G	H	I
1	例3-3								
2									
3		单位成本	产品1	产品2	产品3	产品4			
4		工厂1	41	27	28	24			
5		工厂2	40	29	—	23			
6		工厂3	37	30	27	21			
7									
8		日产量	产品1	产品2	产品3	产品4	实际生产		生产能力
9		工厂1		30	30		60	<=	75
10		工厂2			0	15	15	<=	75
11		工厂3	20			25	45	<=	45
12		实际产量	20	30	30	40			
13			=	=	=	=			总成本
14		需求量	20	30	30	40			3260

	B	C	D	E	F
12	实际产量	=SUM(C9:C11)	=SUM(D9:D11)	=SUM(E9:E11)	=SUM(F9:F11)

名称	单元格
单位成本	C4:F6
日产量	C9:F11
生产能力	I9:I11
实际产量	C12:F12
实际生产	G9:G11
需求量	C14:F14
总成本	I14

	G
8	实际生产
9	=SUM(C9:F9)
10	=SUM(C10:F10)
11	=SUM(C11:F11)

	I
13	总成本
14	=SUMPRODUCT(单位成本, 日产量)

图 3-8　例 3-3 的电子表格模型

整理图 3-8 中的 B8：F11 区域，得到如图 3-9 所示的最优生产方案网络图，从中可以看出：工厂 1 生产产品 2 和产品 3，工厂 2 生产产品 4 的一部分，工厂 3 生产产品 1 和

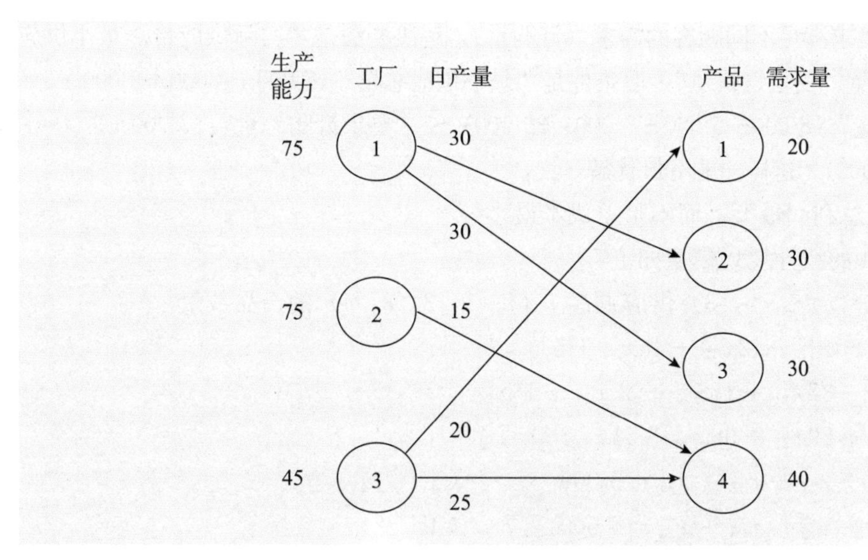

图3-9 例3-3的最优生产方案网络图

产品4的剩余部分，此时的总成本最小，为每天3 260元。

在最优生产方案中，出现了产品4生产分解的情况，即产品4分在两个工厂（工厂2和工厂3）生产。例3-7将继续讨论这个例子，但不允许出现产品生产分解的情况。当然，这种情况需要使用一种不同的描述：指派问题。

例3-4

需求量存在最小需求量和最大需求量（需求量可在一定范围内变化）的问题。某公司在三个工厂中专门生产一种产品。在未来的四个月中，四个处于国内不同区域的潜在顾客（批发商）很可能大量订购该产品。顾客1是公司最重要的顾客，所以他的订单要全部满足；顾客2和顾客3也是公司很重要的顾客，所以营销经理认为至少要满足他们订单的1/3；对于顾客4，营销经理认为并不需要特别考虑。由于运输成本的差异，单位利润也不同，利润很大程度上取决于哪个工厂供应哪个顾客（见表3-8）。问应向每个顾客供应多少产品，才能使公司的总利润最大？

表3-8 三个工厂供应四个顾客的相关数据

	单位利润（元）				产量（件）
	顾客1	顾客2	顾客3	顾客4	
工厂1	55	42	46	53	8 000
工厂2	37	18	32	48	5 000
工厂3	29	59	51	35	7 000
最少供应量（件）	7 000	3 000	2 000	0	
要求订购量（件）	7 000	9 000	6 000	8 000	

【解】 该问题要求满足不同顾客的需求（订购量），解决办法是“实际供应量≥最小供应量”和“实际供应量≤要求订购量”，但条件是“最小供应总量”（7 000+3 000+2 000+0=12 000）≤“总产量”（8 000+5 000+7 000=20 000）≤“要求订购总量”（7 000+9 000+6 000+8 000=30 000），这样才能有最优解。

另外，目标是总利润最大，而不是总成本最小。

据此，例 3－4 的线性规划模型如下：

设 x_{ij} 为工厂 i（$i=1,2,3$）供应顾客 j（$j=1,2,3,4$）的产品数量。

$$
\begin{aligned}
\max z = & 55x_{11}+42x_{12}+46x_{13}+53x_{14} \\
& +37x_{21}+18x_{22}+32x_{23}+48x_{24} \\
& +29x_{31}+59x_{32}+51x_{33}+35x_{34}
\end{aligned}
$$

$$
\text{s.t.}\begin{cases}
x_{11}+x_{12}+x_{13}+x_{14}=8\,000 & （工厂 1）\\
x_{21}+x_{22}+x_{23}+x_{24}=5\,000 & （工厂 2）\\
x_{31}+x_{32}+x_{33}+x_{34}=7\,000 & （工厂 3）\\
x_{11}+x_{21}+x_{31}=7\,000 & （顾客 1）\\
3\,000 \leqslant x_{12}+x_{22}+x_{32} \leqslant 9\,000 & （顾客 2）\\
2\,000 \leqslant x_{13}+x_{23}+x_{33} \leqslant 6\,000 & （顾客 3）\\
x_{14}+x_{24}+x_{34} \leqslant 8\,000 & （顾客 4）\\
x_{ij} \geqslant 0 \quad (i=1,2,3;\ j=1,2,3,4)
\end{cases}
$$

例 3－4 的电子表格模型如图 3－10 所示，参见“例 3－4. xlsx”。

	A	B	C	D	E	F	G	H	I
1	例3-4								
2									
3		单位利润	顾客1	顾客2	顾客3	顾客4			
4		工厂1	55	42	46	53			
5		工厂2	37	18	32	48			
6		工厂3	29	59	51	35			
7									
8		供应量	顾客1	顾客2	顾客3	顾客4	实际运出量		产量
9		工厂1	7000		1000		8000	=	8000
10		工厂2				5000	5000	=	5000
11		工厂3		6000	1000		7000	=	7000
12									
13		最少供应量	7000	3000	2000	0			
14			<=	<=	<=	<=			总利润
15		实际供应量	7000	6000	2000	5000			1076000
16			<=	<=	<=	<=			
17		要求订购量	7000	9000	6000	8000			

	B	C	D	E	F
15	实际供应量	=SUM(C9:C11)	=SUM(D9:D11)	=SUM(E9:E11)	=SUM(F9:F11)

图 3－10　例 3－4 的电子表格模型

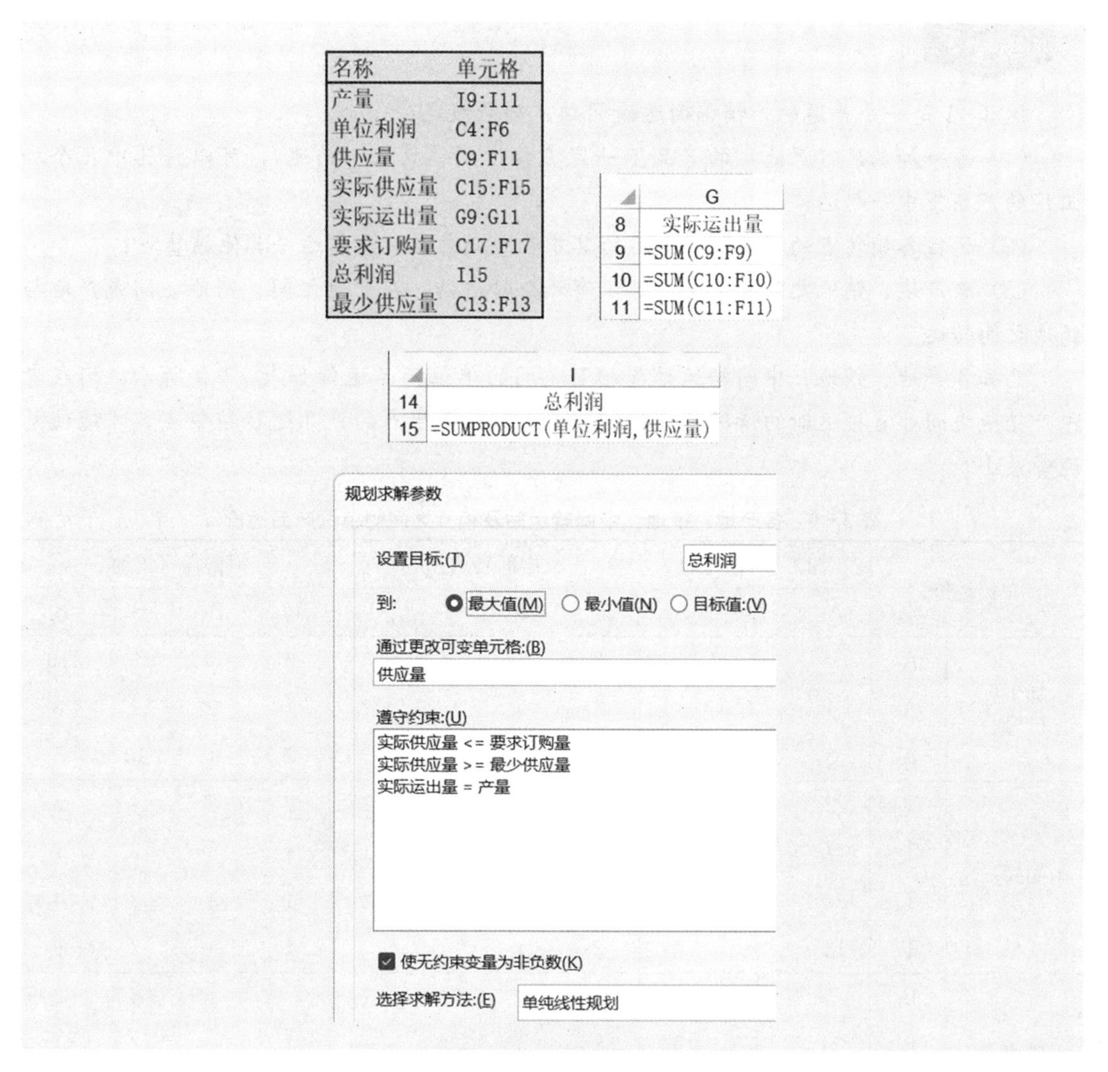

图 3－10（续）

例 3－4 的最优供应方案（参见图 3－10 中的 B8：F11 区域）为：公司向顾客 1 供应 7 000 件，向顾客 2 供应 6 000 件，向顾客 3 供应 2 000 件，向顾客 4 供应 5 000 件。具体而言（参见 B8：F11 区域），工厂 1 分别向顾客 1 和顾客 3 供应 7 000 件和 1 000 件，工厂 2 向顾客 4 供应 5 000 件，工厂 3 分别向顾客 2 和顾客 3 供应 6 000 件和 1 000 件，此时公司的总利润最大，为 107.6 万元（1 076 000 元）。

3.4 转运问题

在实际工作中，有一类问题是需要先将物品由产地运到某个中间转运地，这个转运地可以是产地、销地或中间转运仓库，然后再运到销售目的地，这类问题称为转运问题(transshipment problem)，可以通过建模转化为运输问题。

例 3－5

例 3－1 是一个普通的产销平衡运输问题，如果假定：

(1) 每个加工厂（产地）的产品不一定直接运到销售点（销地），可以将其中几个加工厂的产品集中一起运；

(2) 运往各销售点的产品可以先运给其中几个销售点，再转运给其他销售点；

(3) 除产地、销地之外，中间还可以有几个转运站，在产地之间、销地之间或产地与销地之间转运。

已知各产地、销地、中间转运站及相互之间的单位产品运价如表 3－9 所示，问在考虑产销地之间非直接运输的情况下，如何将三个加工厂生产的产品运往销售点，才能使总运费最小？

表 3－9　各产地、销地、中间转运站及相互之间的单位产品运价　　单位：千元/吨

单位运价		加工厂（产地）			中间转运站				销售点（销地）			
		A_1	A_2	A_3	T_1	T_2	T_3	T_4	B_1	B_2	B_3	B_4
加工厂（产地）	A_1		1	3	2	1	4	3	3	11	3	10
	A_2	1		—	3	5	—	2	1	9	2	8
	A_3	3	—		1	—	2	3	7	4	10	5
中间转运站	T_1	2	3	1		1	3	2	2	8	4	6
	T_2	1	5	—	1		1	1	4	5	2	7
	T_3	4	—	2	3	1		2	1	8	2	4
	T_4	3	2	3	2	1	2		1	—	2	6
销售点（销地）	B_1	3	1	7	2	4	1	1		1	4	2
	B_2	11	9	4	8	5	8	—	1		2	1
	B_3	3	2	10	4	2	2	2	4	2		3
	B_4	10	8	5	6	7	4	6	2	1	3	

【解】 从表 3－9 可以看出，从 A_1 直接到 B_2 的运费单价为 11，但从 A_1 经 A_3 到 B_2，运价仅为 3＋4＝7；从 A_1 经 T_2 到 B_2 只需 1＋5＝6；而从 A_1 到 B_2 的最佳途径为 $A_1 \to A_2 \to B_1 \to B_2$，运价仅为 1＋1＋1＝3，可见转运问题比一般运输问题复杂。[①] 现在把该转运问题转化成一般运输问题，要做如下处理：

(1) 由于问题中的所有加工厂、中间转运站、销售点都可以看作产地，也可以看作销地，因此把整个问题当作有 11 个产地和 11 个销地的扩大的运输问题。

(2) 对扩大的运输问题建立单位运价表。方法是将不可能的运输方案的运价用任意大

① 温馨提示：有些运价是可以不对称的，如 A→B 运价是 2，而 B→A 运价是 3。这一点可以得到实际解释，比如 B→A 是爬坡上山或逆水航运等。

的正数（相对极大值）M 代替，其余运价 c_{ij} 不变。

（3）所有中间转运站的产量等于销量，即流入量等于流出量。由于运费最少时不可能出现一批产品来回倒运的现象，所以每个中间转运站的转运量不会超过 $t=\min(7+4+9, 3+6+5+6)=20$（吨）。可以规定 T_1、T_2、T_3、T_4 的产量和销量均为 $t=20$ 吨。由于实际的转运量满足

$$\sum_{j=1}^{11} x_{ij}=s_i,\ \sum_{i=1}^{11} x_{ij}=d_j$$

这里 s_i 表示节点 i 的流出量，d_j 表示节点 j 的流入量，因此对中间转运站来说，按上面的规定有

$$s_i=d_j=t=20$$

可以在每个约束条件中增加一个虚拟运量（辅助变量）x_{ii}，x_{ii} 相当于一个虚构的中间转运站，表示自己运给自己。$(20-x_{ii})$ 即为每个中间转运站的实际转运量，x_{ii} 的对应运价 $c_{ii}=0$。

（4）扩大的运输问题中原来的产地（加工厂）与销地（销售点），因为也有中间转运站的作用，所以同样在原来的产量与销量上加 $t=20$ 吨。即三个加工厂的每日产量分别改为 27 吨、24 吨和 29 吨，销量均为 20 吨；四个销售点的每日销量分别改为 23 吨、26 吨、25 吨和 26 吨，产量均为 20 吨。同时引进 x_{ii} 为辅助变量（虚拟运量）。表 3-10 为扩大的运输问题产销平衡表与单位运价（千元/吨）表。

表 3-10　扩大的运输问题产销平衡表与单位运价表

单位运价	A_1	A_2	A_3	T_1	T_2	T_3	T_4	B_1	B_2	B_3	B_4	产量（吨）
A_1	0	1	3	2	1	4	3	3	11	3	10	27
A_2	1	0	M	3	5	M	2	1	9	2	8	24
A_3	3	M	0	1	M	2	3	7	4	10	5	29
T_1	2	3	1	0	1	3	2	2	8	4	6	20
T_2	1	5	M	1	0	1	1	4	5	2	7	20
T_3	4	M	2	3	1	0	2	1	8	2	4	20
T_4	3	2	3	2	1	2	0	1	M	2	6	20
B_1	3	1	7	2	4	1	1	0	1	4	2	20
B_2	11	9	4	8	5	8	M	1	0	2	1	20
B_3	3	2	10	4	2	2	2	4	2	0	3	20
B_4	10	8	5	6	7	4	6	2	1	3	0	20
销量（吨）	20	20	20	20	20	20	20	23	26	25	26	240

例 3-5 的电子表格模型如图 3-11 所示，参见“例 3-5. xlsx”。

需要说明的是：

（1）这里用“999”替代任意大的正数（相对极大值）M。

（2）为了查看方便，在最优解（运输量）C17 : M27 区域中，利用 Excel 的“条件格式”功能，将“0”值单元格的字体颜色设置成“黄色”，与填充颜色（背景色）相同。

（3）有多组最优解。该组最优解是在决策变量（C17 : M27 区域）被清空的基础上求得的。

	A	B	C	D	E	F	G	H	I	J	K	L	M	N	O	P
1	例3-5															
2																
3		单位运价	A_1	A_2	A_3	T_1	T_2	T_3	T_4	B_1	B_2	B_3	B_4			
4		A_1	0	1	3	2	1	4	3	3	11	3	10			
5		A_2	1	0	999	3	5	999	2	1	9	2	8			
6		A_3	3	999	0	1	999	2	3	7	4	10	5			
7		T_1	2	3	1	0	1	3	2	2	8	4	6			
8		T_2	1	5	999	1	0	1	1	4	5	2	7			
9		T_3	4	999	2	3	1	0	2	1	8	2	4			
10		T_4	3	2	3	2	1	2	0	1	999	2	6			
11		B_1	3	1	7	2	4	1	1	0	1	4	2			
12		B_2	11	9	4	8	5	8	999	1	0	2	1			
13		B_3	3	2	10	4	2	2	2	4	2	0	3			
14		B_4	10	8	5	6	7	4	6	2	1	3	0			
15																
16		运输量	A_1	A_2	A_3	T_1	T_2	T_3	T_4	B_1	B_2	B_3	B_4	实际运出		产量
17		A_1	20	7										27	=	27
18		A_2		13						6		5		24	=	24
19		A_3			20						9			29	=	29
20		T_1				20								20	=	20
21		T_2					20							20	=	20
22		T_3						20						20	=	20
23		T_4							20					20	=	20
24		B_1								17	3			20	=	20
25		B_2									14		6	20	=	20
26		B_3										20		20	=	20
27		B_4											20	20	=	20
28		实际收到	20	20	20	20	20	20	20	23	26	25	26			
29			=	=	=	=	=	=	=	=	=	=	=			总运费
30		销量	20	20	20	20	20	20	20	23	26	25	26			68

	N
16	实际运出
17	=SUM(C17:M17)
18	=SUM(C18:M18)
19	=SUM(C19:M19)
20	=SUM(C20:M20)
21	=SUM(C21:M21)
22	=SUM(C22:M22)
23	=SUM(C23:M23)
24	=SUM(C24:M24)
25	=SUM(C25:M25)
26	=SUM(C26:M26)
27	=SUM(C27:M27)

名称	单元格
产量	P17:P27
单位运价	C4:M14
实际收到	C28:M28
实际运出	N17:N27
销量	C30:M30
运输量	C17:M27
总运费	P30

	B	C	D	E
28	实际收到	=SUM(C17:C27)	=SUM(D17:D27)	=SUM(E17:E27)

图 3-11　例 3-5 的电子表格模型

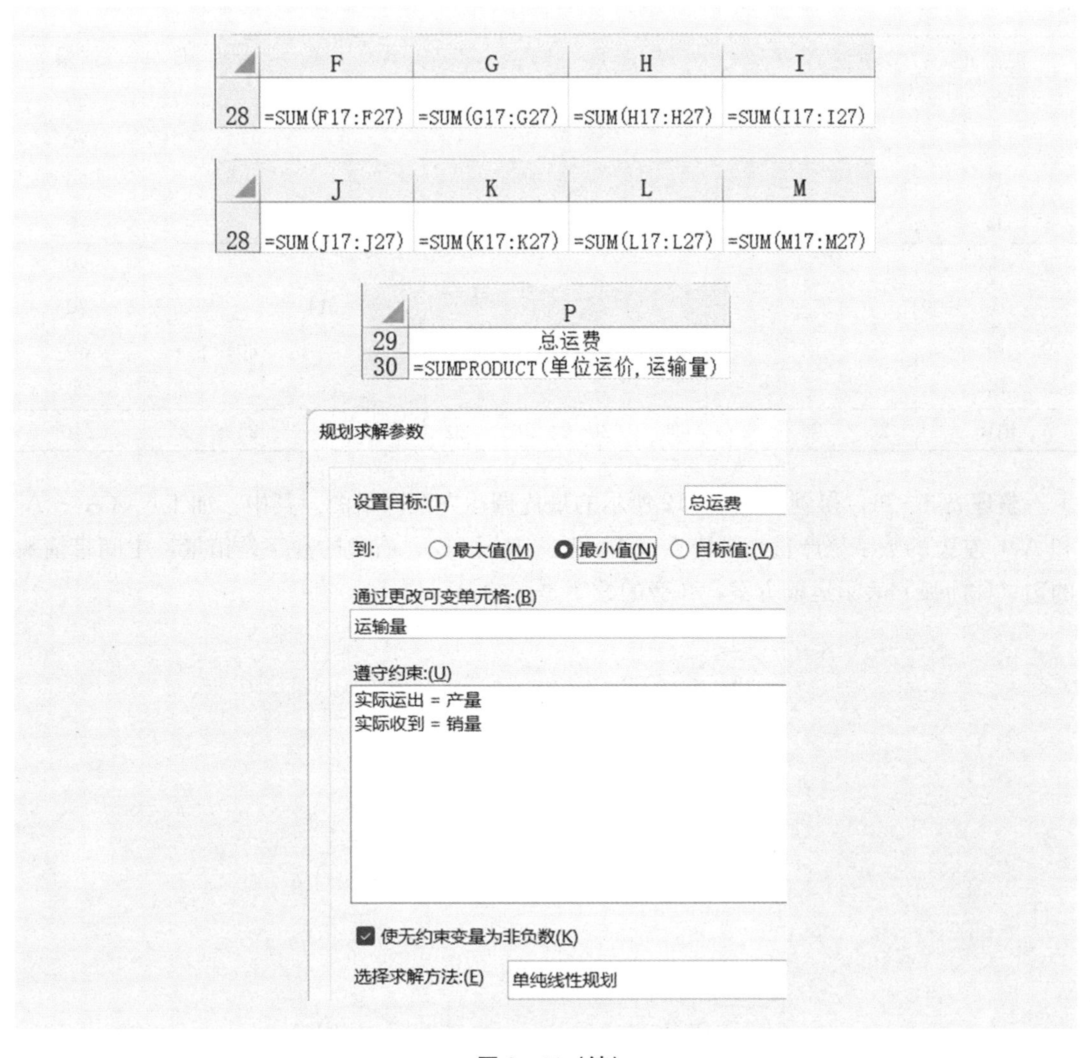

图 3 - 11（续）

利用 Excel 的“规划求解”功能进行求解，例 3 - 5 的最优调运方案如表 3 - 11 所示。注意表中对角线上的数字为虚拟运量 x_{ii} 的值，可弃之不用，而其余数字给出了本例的实际最优调运方案。

注意，该模型有多组最优解，例如下面几种情况。

（1）最优调运方案 1：无需中间转运站，如表 3 - 11 和图 3 - 12 所示。

表 3 - 11　例 3 - 5 的最优调运方案 1（有转运，但无需中间转运站）　单位：吨

运输量	A_1	A_2	A_3	T_1	T_2	T_3	T_4	B_1	B_2	B_3	B_4	产量
A_1	20	7										27
A_2		13						6		5		24
A_3			20						9			29

续表

运输量	A_1	A_2	A_3	T_1	T_2	T_3	T_4	B_1	B_2	B_3	B_4	产量
T_1				20								20
T_2					20							20
T_3						20						20
T_4							20					20
B_1								17	3			20
B_2									14		6	20
B_3										20		20
B_4											20	20
销量	20	20	20	20	20	20	20	23	26	25	26	240

整理表 3-11，得到如图 3-12 所示的最优调运方案网络图。其中：加工厂（A_1、A_2 和 A_3）左边的数字是产量，销售点（B_1、B_2、B_3 和 B_4）右边的数字是销量，中间带箭头的边（称为弧）表示运输方案，弧旁的数字是运输量。

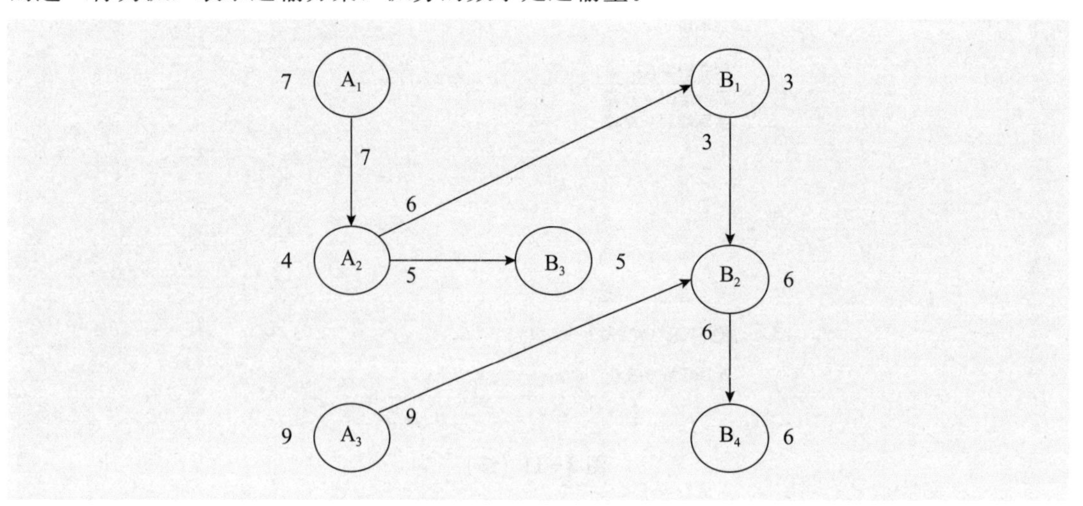

图 3-12　例 3-5 的最优调运方案 1 网络图（有转运，但无需中间转运站）

从图 3-12 中可以看出：A_1 把 7 吨产品先运给 A_2，然后与 A_2 的 4 吨产品一起共有 11 吨，其中 6 吨产品运给 B_1，5 吨产品运给 B_3；A_3 把 9 吨产品运给 B_2。这样 B_1 收到 6 吨产品，其多余的 3 吨产品转运给 B_2；B_2 收到 12 吨产品，其多余的 6 吨产品转运给 B_4，该最优调运方案的总运费只有 6.8 万元（68 千元）。在该调运方案中，加工厂 A_2、销售点 B_1 和 B_2 起到了中间转运站的作用，而真正的中间转运站 T_1～T_4 并没有用到。

（2）最优调运方案 2：有转运，需中间转运站 $T_1$①，如表 3-12 和图 3-13 所示。

① 叶向. 实用运筹学：运用 Excel 2010 建模和求解. 2 版. 北京：中国人民大学出版社，2013：138-142.

表 3－12　例 3－5 的最优调运方案 2（有转运，需中间转运站 T_1）　　单位：吨

运输量	A_1	A_2	A_3	T_1	T_2	T_3	T_4	B_1	B_2	B_3	B_4	产量
A_1	20	7										27
A_2		13						6		5		24
A_3			20	9								29
T_1				11				9				20
T_2					20							20
T_3						20						20
T_4							20					20
B_1								8	6		6	20
B_2									20			20
B_3										20		20
B_4											20	20
销量	20	20	20	20	20	20	20	23	26	25	26	240

整理表 3－12，得到如图 3－13 所示的最优调运方案网络图。

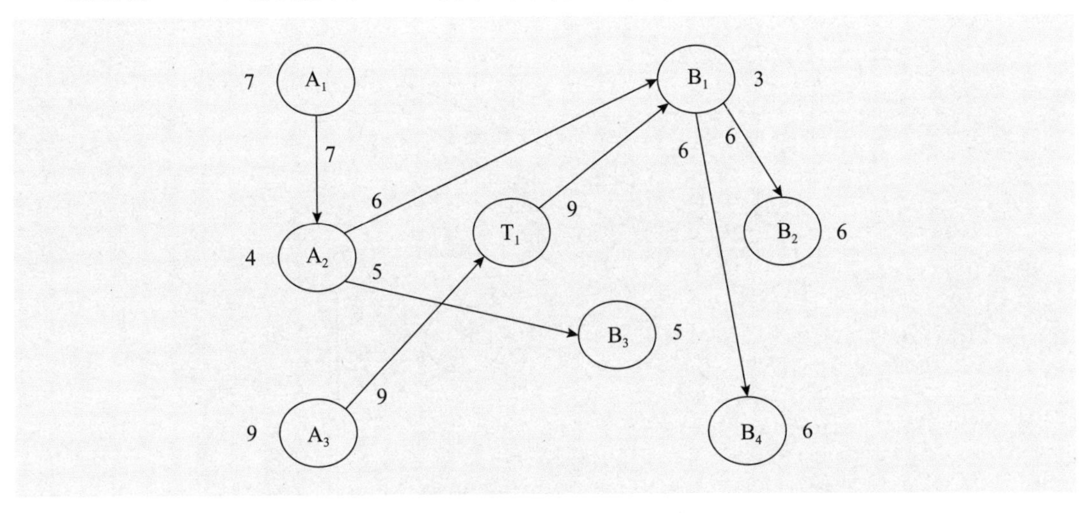

图 3－13　例 3－5 的最优调运方案 2 网络图（有转运，需中间转运站 T_1）

从图 3－13 中可以看出：A_1 把 7 吨产品先运给 A_2，然后与 A_2 的 4 吨产品一起共有 11 吨，其中 6 吨产品运给 B_1，5 吨产品运给 B_3；A_3 把 9 吨产品通过中间转运站 T_1 运给 B_1。这样 B_1 一共收到 15 吨产品，其多余的 12 吨产品转运给 B_2 和 B_4（各 6 吨），该最优调运方案的总运费只有 6.8 万元（68 千元）。在该调运方案中，需中间转运站 T_1，同时加工厂 A_2、销售点 B_1 起到了中间转运站的作用。

（3）最优调运方案 3：有转运，需中间转运站 $T_3$①，用表上作业法解得最小运费为 6.8 万元（68 千元），最优解如表 3－13 和图 3－14 所示。

① 《运筹学》教材编写组. 运筹学：本科版. 5 版. 北京：清华大学出版社，2022：115－117.

表 3 - 13　例 3 - 5 的最优调运方案 3（有转运，需中间转运站 T_3）　　单位：吨

运输量	A_1	A_2	A_3	T_1	T_2	T_3	T_4	B_1	B_2	B_3	B_4	产量
A_1	20	7										27
A_2		13						6		5		24
A_3			20			9						29
T_1				20								20
T_2					20							20
T_3						11		9				20
T_4							20					20
B_1								8	12			20
B_2									14		6	20
B_3										20		20
B_4											20	20
销量	20	20	20	20	20	20	20	23	26	25	26	240

整理表 3 - 13，得到如图 3 - 14 所示的最优调运方案网络图。

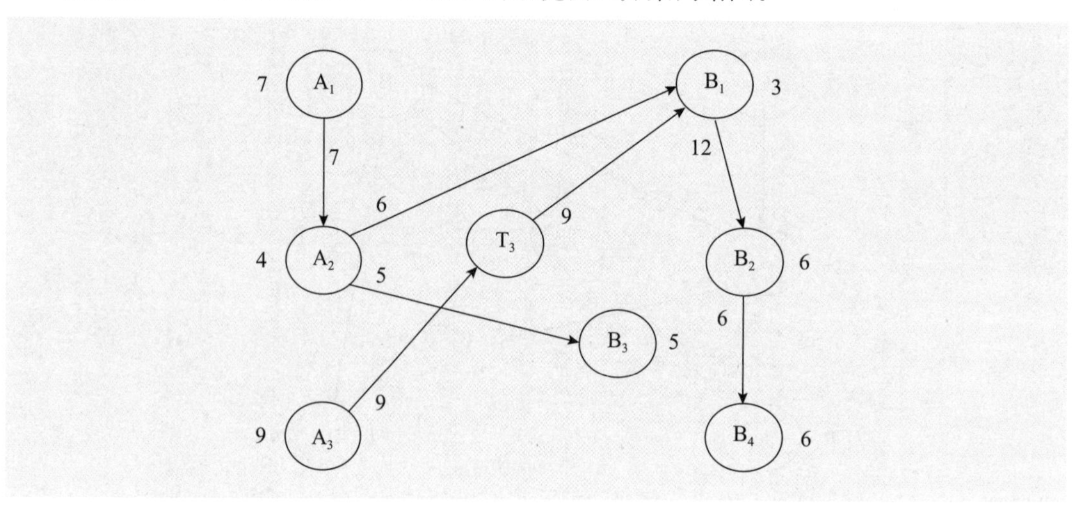

图 3 - 14　例 3 - 5 的最优调运方案 3 网络图（有转运，需中间转运站 T_3）

从图 3 - 14 中可以看出：A_1 把 7 吨产品先运给 A_2，然后与 A_2 的 4 吨产品一起共有 11 吨，其中 6 吨产品运给 B_1，5 吨产品运给 B_3；A_3 把 9 吨产品通过中间转运站 T_3 运给 B_1。这样 B_1 一共收到 15 吨产品，其多余的 12 吨产品转运给 B_2，B_2 再把多余的 6 吨产品运给 B_4，该最优调运方案的总运费只有 6.8 万元（68 千元）。在该调运方案中，需中间转运站 T_3，同时加工厂 A_2、销售点 B_1 和 B_2 起到了中间转运站的作用。

因此，例 3 - 5 的最小成本（总运费）相对于没有转运的例 3 - 1，每天总计节省 85－68＝17（千元）。

通常来讲，在原始运输价格不变的情况下，在运输网络上增加转运节点，重新规划求解后的运输总成本不会超过原总成本。原因是增加了转运节点和转运条件，实际上不

是“加强”而是“放松”了对原运输问题的整体约束，因此带来了系统“优化”的可能。

3.5 指派问题的基本概念

在生活中经常会遇到这样的问题：某单位需完成 n 项任务，恰好有 n 个人可以承担这些任务。由于每个人的专长不同，各人完成的任务不同，所需的时间（或效率）也不同。于是产生了应指派哪个人去完成哪项任务，使完成 n 项任务所需的总时间最短（或总效率最高）的问题。这类问题称为指派问题（assignment problem）或分派问题。

平衡指派问题的假设如下：

（1）人的数量和任务的数量相等；

（2）每个人只能完成一项任务；

（3）每项任务只能由一个人完成；

（4）每个人和每项任务的组合都会有一个相关的成本（单位成本）；

（5）目标是要确定如何指派才能使总成本最小。

设 x_{ij} 为是否指派第 i 个人去完成第 j 项任务（1 表示指派，0 表示不指派），目标函数系数 c_{ij} 为第 i 个人完成第 j 项任务所需的单位成本。

平衡指派问题的线性规划模型如下：

$$\min z = \sum_{i=1}^{n} \sum_{j=1}^{n} c_{ij} x_{ij}$$

$$\text{s. t.} \begin{cases} \sum_{j=1}^{n} x_{ij} = 1 & (i = 1, 2, \cdots, n) \text{（每个人只能完成一项任务）} \\ \sum_{i=1}^{n} x_{ij} = 1 & (j = 1, 2, \cdots, n) \text{（每项任务只能由一个人完成）} \\ x_{ij} \geqslant 0 & (i, j = 1, 2, \cdots, n) \text{（非负）} \end{cases}$$

需要说明的是：指派问题实际上是一种特殊的运输问题。其中出发地是“人”，目的地是“任务”。只不过，每个出发地的供应量都为 1（因为每个人都要完成一项任务），每个目的地的需求量也都为 1（因为每项任务都要完成）。由于运输问题有整数解性质，因此，指派问题没有必要加上所有决策变量都是 0－1 变量的约束条件。

指派问题是一种特殊的线性规划问题，有一种简便的求解方法：匈牙利方法（Hungarian method），但 Excel 的“规划求解”功能还是采用单纯形法来求解。

指派问题的许多应用是帮助管理人员解决如何为一项即将开展的工作指派人员的问题。如何根据每个职工的素质和能力、公司整体利益及个人需求来最优地安排工作，尽可能做到各显其能、各尽其职，是人力资源管理部门的核心工作。此外，还包括其他一些应用，如为任务指派机器、设备或工厂等。

例 3－6

某公司的营销经理将要主持召开一年一度的由营销区域经理以及营销人员参加的营销协商会议。为了更好地召开这次会议，他安排小张、小王、小李、小刘四个人，每个人负责完成一项任务：A、B、C 和 D。

由于每个人完成每项任务的时间和工资不同（如表 3－14 所示），问公司应指派哪个人去完成哪项任务，才能使总成本最小？

表 3－14　四个人完成每项任务的时间和工资

	完成每项任务的时间（小时）				每小时工资（元）
	任务 A	任务 B	任务 C	任务 D	
小张	35	41	27	40	14
小王	47	45	32	51	12
小李	39	56	36	43	13
小刘	32	51	25	46	15

【解】 该问题是一个典型的平衡指派问题。单位成本为每个人完成每项任务的总工资；目标是要确定哪个人去完成哪项任务，可使总成本最小；供应量为 1 表示每个人都只能完成一项任务；需求量为 1 表示每项任务也只能由一个人完成；总人数（4 人）和总任务数（4 项）相等。

其线性规划模型如下：

设 x_{ij} 为是否指派人员 i（$i=1$，2，3，4 分别代表小张、小王、小李、小刘）去完成任务 j（$j=$A，B，C，D）。

$$
\begin{aligned}
\min z = & 35\times 14x_{1A}+41\times 14x_{1B}+27\times 14x_{1C}+40\times 14x_{1D}\\
&+47\times 12x_{2A}+45\times 12x_{2B}+32\times 12x_{2C}+51\times 12x_{2D}\\
&+39\times 13x_{3A}+56\times 13x_{3B}+36\times 13x_{3C}+43\times 13x_{3D}\\
&+32\times 15x_{4A}+51\times 15x_{4B}+25\times 15x_{4C}+46\times 15x_{4D}
\end{aligned}
$$

$$
\text{s. t.}\begin{cases}
x_{1A}+x_{1B}+x_{1C}+x_{1D}=1 & \text{（小张要完成一项任务）}\\
x_{2A}+x_{2B}+x_{2C}+x_{2D}=1 & \text{（小王要完成一项任务）}\\
x_{3A}+x_{3B}+x_{3C}+x_{3D}=1 & \text{（小李要完成一项任务）}\\
x_{4A}+x_{4B}+x_{4C}+x_{4D}=1 & \text{（小刘要完成一项任务）}\\
x_{1A}+x_{2A}+x_{3A}+x_{4A}=1 & \text{（任务 A 要由一人完成）}\\
x_{1B}+x_{2B}+x_{3B}+x_{4B}=1 & \text{（任务 B 要由一人完成）}\\
x_{1C}+x_{2C}+x_{3C}+x_{4C}=1 & \text{（任务 C 要由一人完成）}\\
x_{1D}+x_{2D}+x_{3D}+x_{4D}=1 & \text{（任务 D 要由一人完成）}\\
x_{ij}\geqslant 0\quad (i=1,2,3,4;\ j=A,B,C,D) & \text{（非负）}
\end{cases}
$$

例 3－6 的电子表格模型如图 3－15 所示，参见“例 3－6. xlsx”。

	A	B	C	D	E	F	G	H	I
1	例3-6								
2									
3		时间	任务A	任务B	任务C	任务D			每小时工资
4		小张	35	41	27	40			14
5		小王	47	45	32	51			12
6		小李	39	56	36	43			13
7		小刘	32	51	25	46			15
8									
9		单位成本	任务A	任务B	任务C	任务D			
10		小张	490	574	378	560			
11		小王	564	540	384	612			
12		小李	507	728	468	559			
13		小刘	480	765	375	690			
14									
15		指派	任务A	任务B	任务C	任务D	实际指派		供应量
16		小张			1		1	=	1
17		小王		1			1	=	1
18		小李				1	1	=	1
19		小刘	1				1	=	1
20		实际分派	1	1	1	1			
21			=	=	=	=			总成本
22		需求量	1	1	1	1			1957

	B	C	D	E	F
9	单位成本	任务A	任务B	任务C	任务D
10	小张	=C4*$I4	=D4*$I4	=E4*$I4	=F4*$I4
11	小王	=C5*$I5	=D5*$I5	=E5*$I5	=F5*$I5
12	小李	=C6*$I6	=D6*$I6	=E6*$I6	=F6*$I6
13	小刘	=C7*$I7	=D7*$I7	=E7*$I7	=F7*$I7

名称	单元格
单位成本	C10:F13
供应量	I16:I19
实际分派	C20:F20
实际指派	G16:G19
需求量	C22:F22
指派	C16:F19
总成本	I22

	G
15	实际指派
16	=SUM(C16:F16)
17	=SUM(C17:F17)
18	=SUM(C18:F18)
19	=SUM(C19:F19)

	B	C	D	E	F
20	实际分派	=SUM(C16:C19)	=SUM(D16:D19)	=SUM(E16:E19)	=SUM(F16:F19)

	I
21	总成本
22	=SUMPRODUCT(单位成本, 指派)

图 3-15　例 3-6 的电子表格模型

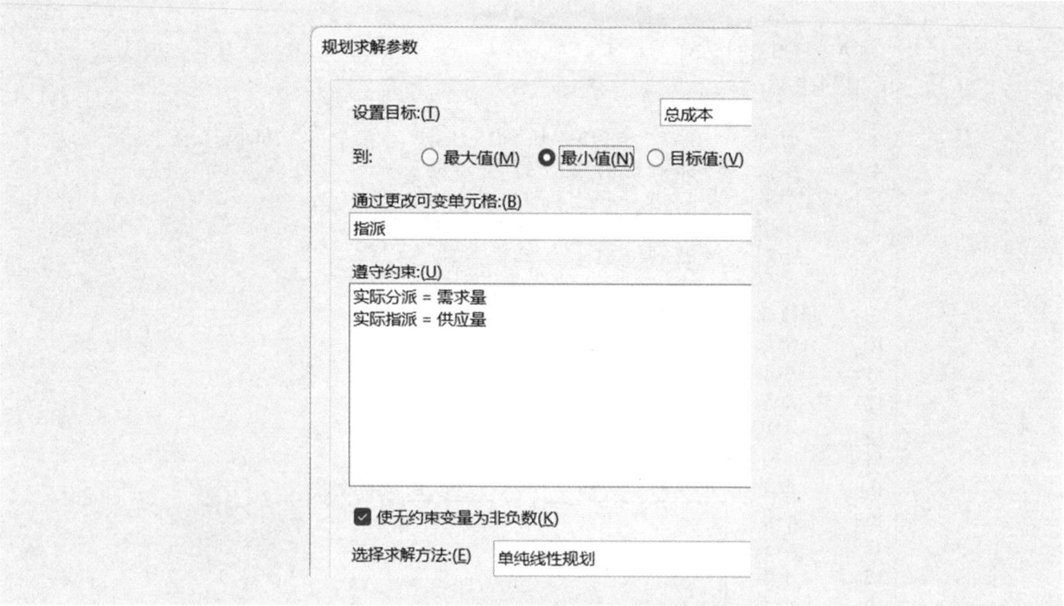

规划求解参数

设置目标:(T) 总成本

到: ○最大值(M) ●最小值(N) ○目标值:(V)

通过更改可变单元格:(B)

指派

遵守约束:(U)

实际分派 = 需求量

实际指派 = 供应量

☑ 使无约束变量为非负数(K)

选择求解方法:(E) 单纯线性规划

图 3-15（续）

整理图 3-15 中的 B15∶F19 区域，得到如图 3-16 所示的最优指派方案网络图，从中可以看出：安排小张去完成任务 C（小张→任务 C），小王去完成任务 B（小王→任务 B），小李去完成任务 D（小李→任务 D），小刘去完成任务 A（小刘→任务 A）。此时公司的总成本（总工资）最小，为 1 957 元。

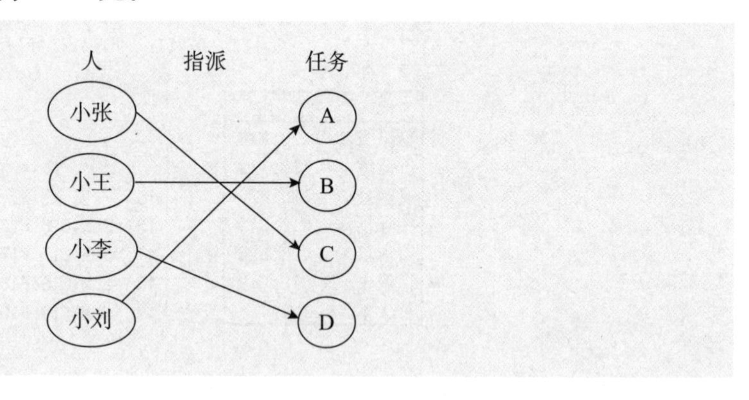

图 3-16 例 3-6 的最优指派方案网络图

3.6 指派问题的变形

经常会遇到指派问题的变形，之所以称它们为变形，是因为它们都不满足平衡指派问题所有假设中的一个或者多个。

一般考虑下面的一些特征：

特征 1：某人不能完成某项任务（某事一定不能由某人做，无法接受的指派）。

由于能力或其他原因，经常会碰到某人不能做某事的情况。处理方法有三种：第一种是将该“人—事”组合所对应的 x_{ij} 从变量中删去；第二种是将相应的费用系数 c_{ij} 取足够大的正整数 M（即相对极大值）；第三种是增加一个约束条件，即相应的 $x_{ij}=0$。本书采用第三种方法。

特征 2：每个人只能完成一项任务，但是任务数比人数多（人少事多，任务数多于人数）。因此其中有些任务会没人做（不能完成）。

当人较少而事较多时，就会出现人少事多的情况（类似于运输问题的供不应求的情况）。对此有两种处理方法：一种是添上一些虚拟的“人”，使人数与任务数相等，这些虚拟的“人”完成各任务的费用系数 $c_{ij}=0$（理解为这些费用实际上不会发生）；另一种是将任务的需求约束由原来的“$=$”改为“$\leqslant$”（表示有些事会没人做，不能完成）。本书采用后一种方法。

特征 3：每项任务只由一个人完成，但是人数比任务数多（人多事少，人数多于任务数）。因此其中有些人会没事做。

当人较多而事较少时，就会出现人多事少的情况（类似于运输问题的供过于求的情况）。对此有两种处理方法：一种是添上一些虚拟的“事”，使任务数与人数相等，这些虚拟的“事”被各人完成的费用系数 $c_{ij}=0$（理解为这些费用实际上不会发生）；另一种是将人的供应约束由原来的“$=$”改为“$\leqslant$”（表示有些人会没事做，不被指派）。本书采用后一种方法。

特征 4：某人可以同时被指派多项任务（一人可做多事）。

现在的人通常有多项技能，可同时完成多项任务。对此有两种处理方法：一种是若某个人可做多件事，则可将该人化作相同的多个“人”来指派，这多个“人”做同一件事的费用系数当然都一样；另一种是将这个人的供应量由原来的“1”改为“k”（表示这个人可同时做 k 件事，k 为已知的正整数）。本书采用后一种方法。

特征 5：某事需要由多人共同完成（一事需多人做）。

在非常需要团队合作的今天，很多事情需要由多人共同完成。对于这种情况，处理方法是将该任务的需求量由原来的“1”改为“k”（表示这件事需要 k 个人共同完成，k 为已知的正整数）。

特征 6：目标是与指派有关的总利润最大而不是总成本最小（最大化目标函数）。

对有些指派问题而言，它们的目标是找到将利润或收益最大化的方法。在目标函数中以单位利润或收益值为系数，求指派问题的最大利润而不是最小成本。

特征 7：受某些限制，实际能够完成的任务数小于总人数，也小于总任务数。

处理方法是：第一，将人的供应约束由原来的“$=$”改为“$\leqslant$”，表示有些人会没事做（不被指派）；第二，将任务的需求约束由原来的“$=$”改为“$\leqslant$”，表示有些事会没人做（不能完成）；第三，增加一个约束条件：实际总指派人数＝需要完成的任务数 k（k 为已知正整数，$k<\min$（总人数，总任务数））。

需要说明的是：需要完成的任务数 k，用“<”而不是“≤”，是为了区别于特征 2 和特征 3。如有五个人和五项任务，每人只能完成一项任务，每项任务只能由一个人完成，但受资金限制，只能完成三项任务（从五项任务中选三项，$k=3<5$）。

下面的例 3－7 是特征 3 和特征 4 的组合，或者说包含了特征 3 和特征 4。

例 3－7

指派工厂生产产品问题。题目见例 3－3，即某公司需要安排三个工厂来生产四种产品，相关数据见表 3－7。在例 3－3 中，允许产品生产分解，但这将产生与产品生产分解相关的隐性成本（包括额外的设置、配送和管理成本等）。因此，管理人员决定在禁止产品生产分解发生的情况下对问题进行分析。

新问题描述为：已知如表 3－7 所示的数据，问如何把每个工厂指派给至少一种产品（每种产品只能在一个工厂生产），才能使总成本最小？

【解】 该问题可视为指派工厂生产产品问题，工厂可以看作指派问题中的人，产品则可以看作需要完成的任务。由于有三个工厂和四种产品，所以就需要有一个工厂生产两种产品，只有工厂 1 和工厂 2 有生产两种产品的能力，这是因为工厂 1 和工厂 2 的生产能力都是 75，而工厂 3 的生产能力是 45。

这里涉及如何把运输问题转化为指派问题，关键之处在于数据转化。

（1）单位指派成本：原来的单位成本转化为整批成本（整批成本＝单位成本×需求量），即单位指派成本为每个工厂生产每种产品的成本（见图 3－17 中的“日成本”C11∶F13 区域）。

（2）供应量和需求量：三个工厂生产四种产品，但一种产品只能在一个工厂生产。根据生产能力，工厂 3 只能生产一种产品（供应量为 1），而工厂 1 和工厂 2 可以生产两种产品（供应量为 2），而四种产品的需求量都为 1。还有“总供应量”（2＋2＋1＝5）＞“总需求量”（1＋1＋1＋1＝4），即“人多事少”的指派问题。

例 3－7 的线性规划数学模型如下：

设 x_{ij} 为指派工厂 i（$i=1, 2, 3$）生产产品 j（$j=1, 2, 3, 4$）。

$$\min z=41\times 20x_{11}+27\times 30x_{12}+28\times 30x_{13}+24\times 40x_{14}+40\times 20x_{21}+29\times 30x_{22}+23\times 40x_{24}+37\times 20x_{31}+30\times 30x_{32}+27\times 30x_{33}+21\times 40x_{34}$$

$$\text{s.t.}\begin{cases}x_{11}+x_{12}+x_{13}+x_{14}\leqslant 2 & \text{（工厂 1）}\\ x_{21}+x_{22}+x_{23}+x_{24}\leqslant 2 & \text{（工厂 2）}\\ x_{31}+x_{32}+x_{33}+x_{34}=1 & \text{（工厂 3）}\\ x_{11}+x_{21}+x_{31}=1 & \text{（产品 1）}\\ x_{12}+x_{22}+x_{32}=1 & \text{（产品 2）}\\ x_{13}+x_{23}+x_{33}=1 & \text{（产品 3）}\\ x_{14}+x_{24}+x_{34}=1 & \text{（产品 4）}\\ x_{23}=0 & \text{（工厂 2 不能生产产品 3）}\\ x_{ij}\geqslant 0\quad (i=1,2,3;\ j=1,2,3,4) & \text{（非负）}\end{cases}$$

例 3－7 的电子表格模型如图 3－17 所示，参见“例 3－7. xlsx”。需要说明的是：为了在 Excel“规划求解参数”对话框中添加约束条件方便，在电子表格模型中，将工厂 3 的约束由“＝”改为“≤”（见图 3－17 中的 H18 单元格）。这里的求解结果刚好满足数学模型中工厂 3 的约束“＝1”，如果不能刚好满足“＝1”，就不能在电子表格模型中随意修改约束条件。

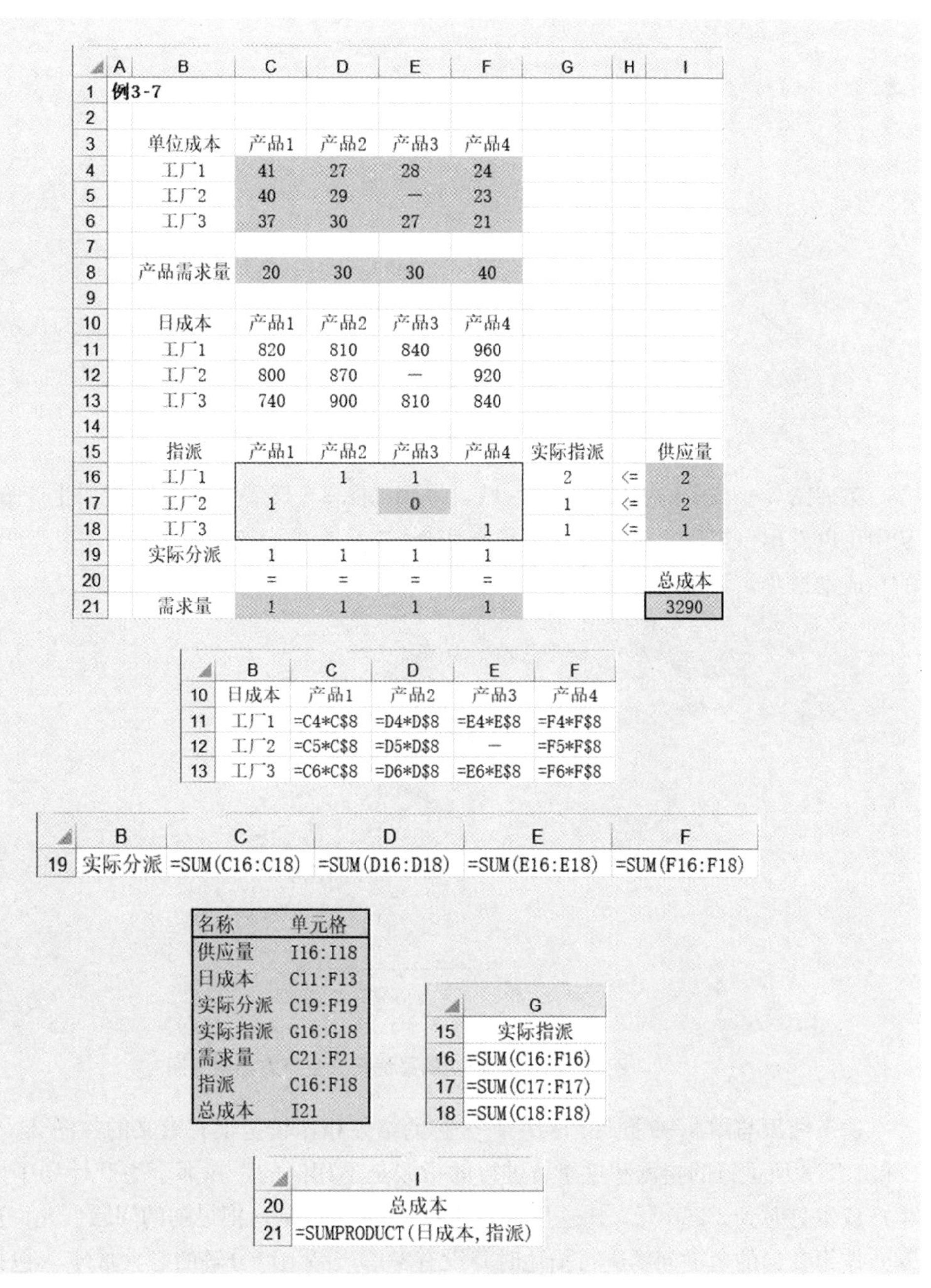

	A	B	C	D	E	F	G	H	I
1	例3-7								
2									
3		单位成本	产品1	产品2	产品3	产品4			
4		工厂1	41	27	28	24			
5		工厂2	40	29	—	23			
6		工厂3	37	30	27	21			
7									
8		产品需求量	20	30	30	40			
9									
10		日成本	产品1	产品2	产品3	产品4			
11		工厂1	820	810	840	960			
12		工厂2	800	870	—	920			
13		工厂3	740	900	810	840			
14									
15		指派	产品1	产品2	产品3	产品4	实际指派		供应量
16		工厂1		1	1		2	<=	2
17		工厂2	1		0		1	<=	2
18		工厂3				1	1	<=	1
19		实际分派	1	1	1	1			
20			=	=	=	=			总成本
21		需求量	1	1	1	1			3290

	B	C	D	E	F
10	日成本	产品1	产品2	产品3	产品4
11	工厂1	=C4*C$8	=D4*D$8	=E4*E$8	=F4*F$8
12	工厂2	=C5*C$8	=D5*D$8	—	=F5*F$8
13	工厂3	=C6*C$8	=D6*D$8	=E6*E$8	=F6*F$8

	B	C	D	E	F
19	实际分派	=SUM(C16:C18)	=SUM(D16:D18)	=SUM(E16:E18)	=SUM(F16:F18)

名称	单元格
供应量	I16:I18
日成本	C11:F13
实际分派	C19:F19
实际指派	G16:G18
需求量	C21:F21
指派	C16:F18
总成本	I21

	G
15	实际指派
16	=SUM(C16:F16)
17	=SUM(C17:F17)
18	=SUM(C18:F18)

	I
20	总成本
21	=SUMPRODUCT(日成本, 指派)

图 3－17　例 3－7 的电子表格模型

规划求解参数

设置目标:(T) 总成本

到: ○最大值(M) ◉最小值(N) ○目标值:(V)

通过更改可变单元格:(B)

指派

遵守约束:(U)

$E$17 = 0
实际分派 = 需求量
实际指派 <= 供应量

☑ 使无约束变量为非负数(K)

选择求解方法:(E) 单纯线性规划

图 3－17（续）

整理图 3－17 中的 B15：F18 区域，得到如图 3－18 所示的最优指派生产方案网络图，从中可以看出：工厂 1 生产产品 2 和产品 3，工厂 2 生产产品 1，工厂 3 生产产品 4，此时的总成本最小，为每天 3 290 元。

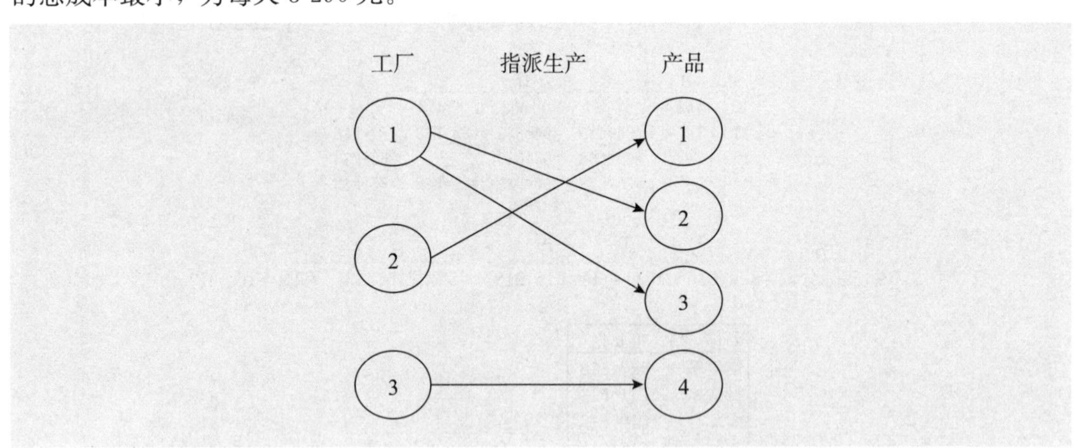

图 3－18　例 3－7 的最优指派生产方案网络图

这个结果与图 3－9 允许产品生产分解的结果相比较是很有意义的：图 3－9 中为工厂 2 和工厂 3 所进行的指派和这里所进行的指派是不相同的，在那个生产计划中所需要的总生产成本是每天 3 260 元，比这里要少花费 30 元。但是，把最初的问题（允许产品生产分解）作为变形的运输问题进行描述时并没有考虑产品生产分解的隐性成本（包括额外的设置、配送和管理成本等）。这些成本显然远高于每天 30 元。因此，管理人员把基于这种新约束的生产计划（不允许产品生产分解）作为变形的指派问题。

需要说明的是：指派问题的求解结果有时还需要验证。这里需要验证是否仍然满足原来的运输问题要求：工厂生产能力限制。工厂 1 生产产品 2 和产品 3，即每天需要生产 30＋30＝60，小于其生产能力 75。而工厂 2 和工厂 3 分别只生产一种产品，也都在其生产能力范围内。

习题

3.1　某农民承包了五块土地共 206 亩，打算种植小麦、玉米和蔬菜三种农作物，每块土地的面积（亩）、各种农作物的计划播种面积（亩）以及每块土地种植各种农作物的亩产（千克）见表 3-15，问如何安排种植计划，可使总产量达到最高？

表 3-15　五块土地种植三种农作物的有关数据

	土地 1	土地 2	土地 3	土地 4	土地 5	计划播种面积
小麦	500	600	650	1 050	800	86
玉米	850	800	700	900	950	70
蔬菜	1 000	950	850	550	700	50
土地面积	36	48	44	32	46	

3.2　甲、乙、丙三个城市每年分别需要煤炭 320 万吨、250 万吨、350 万吨，由 A、B 两个煤矿负责供应。已知煤矿 A 和煤矿 B 的煤炭年供应量分别为 400 万吨和 450 万吨。两个煤矿至三个城市的单位运价见表 3-16。由于需大于供（供不应求），经研究平衡决定，城市甲供应量可减少 0～30 万吨，城市乙需求量应全部满足，城市丙供应量不少于 270 万吨。试求将供应量分配完又使总运费最小的调运方案。

表 3-16　两个煤矿至三个城市的单位运价　　单位：万元/万吨

	城市甲	城市乙	城市丙
煤矿 A	15	18	22
煤矿 B	21	25	16

3.3　某电子公司生产四种不同型号的电子计算器 C_1、C_2、C_3、C_4。这四种计算器可以分别由五个不同车间（D_1、D_2、D_3、D_4、D_5）生产，但这五个车间生产四种计算器所需的时间不同，如表 3-17 所示。

表 3-17　四种计算器在五个车间生产所需的时间　　单位：分钟/个

	车间 D_1	车间 D_2	车间 D_3	车间 D_4	车间 D_5
计算器 C_1	5	6	4	3	2
计算器 C_2	7	—	3	2	4
计算器 C_3	6	3	—	4	5
计算器 C_4	5	3	—	2	—

该公司销售人员要求：

（1）C_1 的产量不能多于 1 400 个；

（2）C_2 的产量至少为 300 个，但不能超过 800 个；

（3）C_3 的产量不能超过 8 000 个；

（4）C_4 的产量至少为 700 个，而且 C_4 在市场上畅销，根据该公司的生产能力，无论生产多少都能卖出去。

该公司财会人员报告称：

(1) C_1 的单位利润为 25 元；

(2) C_2 的单位利润为 20 元；

(3) C_3 的单位利润为 17 元；

(4) C_4 的单位利润为 11 元。

这五个车间可用于生产的时间如表 3－18 所示。

表 3－18　五个车间可用于生产的时间　　单位：分钟

车间	D_1	D_2	D_3	D_4	D_5
时间	18 000	15 000	14 000	12 000	10 000

请制订一个生产方案，使得该公司总利润最大。

3.4　设有某种原料的三个产地 A_1、A_2 和 A_3，把这种原料经过加工制成成品，再运往销售地。假设用 4 吨原料可制成 1 吨成品。产地 A_1 年产原料 30 万吨，同时需要成品 7 万吨；产地 A_2 年产原料 26 万吨，同时需要成品 13 万吨；产地 A_3 年产原料 24 万吨，不需要成品。又知 A_1 与 A_2 的距离为 150 千米，A_1 与 A_3 的距离为 100 千米，A_2 与 A_3 的距离为 200 千米。原料运费为 3 000 元/万吨·千米，成品运费为 2 500 元/万吨·千米。已知把 4 万吨原料制成 1 万吨成品的加工费在产地 A_1 为 5 500 元，在产地 A_2 为 4 000 元，在产地 A_3 为 3 000 元，见表 3－19。因条件限制，产地 A_2 的生产规模不能超过年产成品 5 万吨，而产地 A_1 和产地 A_3 没有限制。问应在何地设厂，生产多少成品，才能使总费用（包括原料运费、成品运费、加工费等）最小？

表 3－19　原料加工与运输的有关数据

	A_1	A_2	A_3	年产原料	加工费
A_1	0	150	100	30	5 500
A_2	150	0	200	26	4 000
A_3	100	200	0	24	3 000
成品需求量	7	13	0		

3.5　某房地产公司计划在某住宅小区建设五栋不同类型的楼房（B_1、B_2、B_3、B_4 和 B_5）。由三家建筑公司（A_1、A_2 和 A_3）进行投标，允许每家建筑公司承建 1～2 栋楼。经过投标，得知三家建筑公司对五栋新楼的预算费用如表 3－20 所示，求使总费用最小的分派方案。

表 3－20　三家建筑公司对五栋新楼的预算费用　　单位：百万元

	楼房 B_1	楼房 B_2	楼房 B_3	楼房 B_4	楼房 B_5
建筑公司 A_1	3	8	7	15	11
建筑公司 A_2	7	9	10	14	12
建筑公司 A_3	6	9	13	12	17

3.6　安排四个人去完成四项不同的任务，每个人完成各项任务所需要的时间如表 3－21 所示。

表 3－21　每个人完成各项任务所需要的时间　　单位：分钟

	任务 A	任务 B	任务 C	任务 D
甲	20	19	20	28
乙	18	24	27	20
丙	26	16	15	18
丁	17	20	24	19

(1) 应指派哪个人去完成哪项任务，以使需要的总时间最少？

(2) 如果把问题 (1) 中的时间看作利润，那么应如何指派，以使获得的总利润最大?

(3) 如果在问题 (1) 中增加一项任务E，甲、乙、丙、丁完成任务E所需的时间分别为17分钟、20分钟、15分钟、16分钟，那么应指派这四个人去完成哪四项任务，可使得这四个人完成四项任务所需的总时间最少?

(4) 如果在问题 (1) 中再增加一个人戊，他完成任务A、B、C、D所需的时间分别为16分钟、17分钟、20分钟、21分钟，这时应指派哪四个人去完成这四项任务，可使得四个人完成四项任务所需的总时间最少?

3.7 某系有四位教师甲、乙、丙和丁，均有能力讲授课程A、B、C和D。由于经验原因，各位教师每周所需的备课时间如表3-22所示。

表3-22 各位教师每周所需的备课时间 单位：小时

备课时间	课程A	课程B	课程C	课程D
甲	4	17	15	6
乙	12	6	16	7
丙	11	16	18	15
丁	9	10	13	11

教务部门的要求是：每门课程由一位教师任教，同时每位教师只担任一门课程的教学任务。针对以下不同情况，请给出教师整体备课时间最少的排课方案。

(1) 首先按照教务部门的要求排课，暂时没有咨询各位教师的意见。

(2) 随后教师丙提出不担任课程A教学任务的要求。

(3) 在情况 (2) 的基础上，该系研究决定由教师乙担任课程A的教学任务。

(4) 教师丁将外出进修。在情况 (3) 的条件下，暂时停开一门课。

(5) 教师丁将外出进修。在情况 (3) 的条件下，教务部门放宽课程与教师一一对应的要求，同意由甲、乙、丙三名教师中的一名（注意仅一名）同时担任两门课程的教学任务，从而避免课程停开。

本章附录 在Excel中设置“条件格式”

利用Excel的“条件格式”功能，用户可以预先设置一种单元格格式，并在指定的某种条件被满足时自动应用于目标单元格。可预先设置的单元格格式包括边框、底纹、字体颜色等。

此功能根据用户的要求，快速地对特定单元格进行必要的标识，使数据更加直观易读，表现力大为增强。

1. 设置“条件格式”

这里以例3-1的电子表格模型（如图3-1所示）为例，说明如何在最优解C9：F11区域中，利用Excel的“条件格式”功能，将“0”值单元格的字体颜色设置成“黄色”，与填充颜色（背景色）相同。

操作步骤如下：

(1) 在“例3-1.xlsx”中，选中需要设置条件格式的最优解（运输量）C9：F11单元格区域。

（2）在“开始”选项卡的“样式”组中，单击“条件格式”，在展开的列表中，选择“突出显示单元格规则”，单击“小于”，打开“小于”对话框。

（3）在如图 3－19 所示的“小于”对话框中，在“为小于以下值的单元格设置格式”下方的左框中输入“0.1”①，单击“设置为”右边的下拉按钮，在展开的列表中选择“自定义格式”，打开“设置单元格格式”对话框。

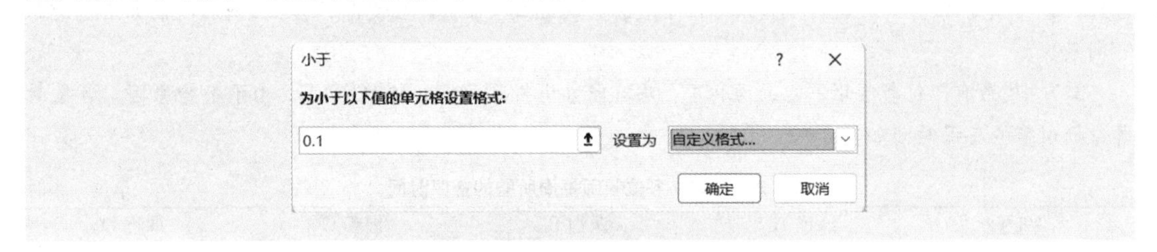

图 3－19　设置条件格式的“小于”对话框

（4）在如图 3－20 所示的“设置单元格格式”对话框中，在“字体”选项卡中，单击“颜色”下拉按钮，在“标准色”中单击“黄色”。

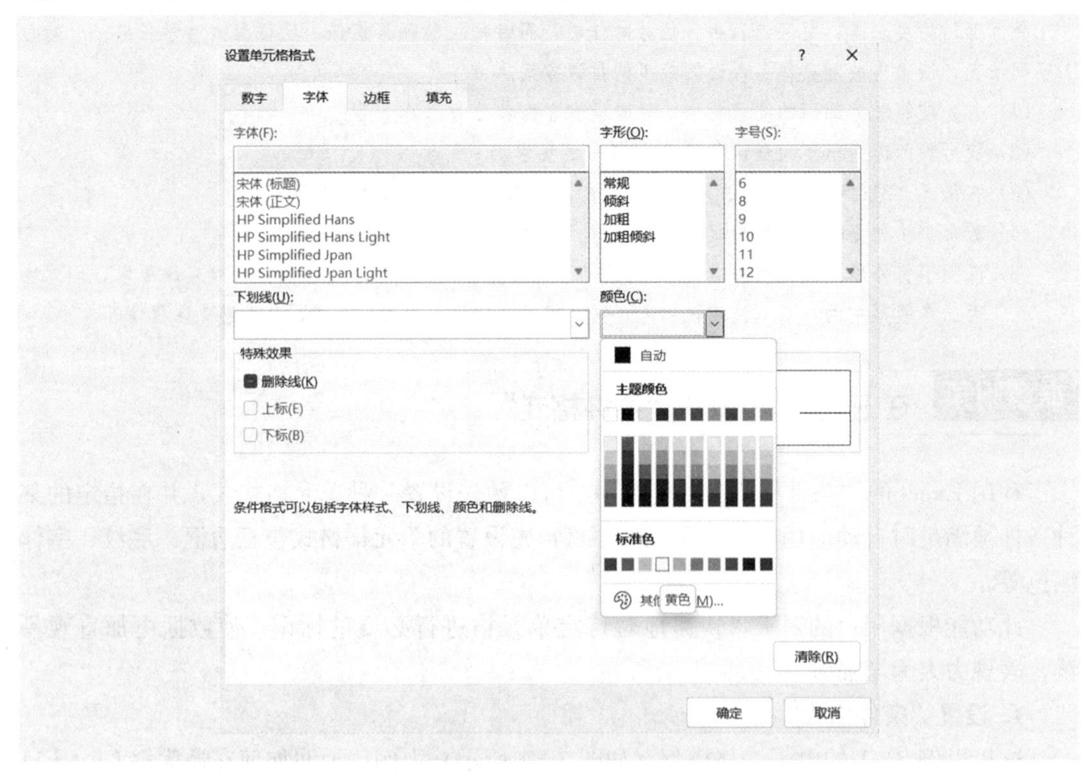

图 3－20　“设置单元格格式”对话框（字体，黄色）

① 取数值“0.1”的原因是：从理论上讲，本章的规划求解结果一般都是整数（具有整数解的性质），但“规划求解”采用迭代逼近方法进行求解，因此求解结果中经常带有小数位（不能避免变量返回非整数，一般采用近似判断原则进行修正）。也就是说，理论上应该为“0”，但 Excel 规划求解结果可能类似“0.000 000 1”。在计算机的数值比较运算中，“0.000 000 1”大于“0”，但不等于“0”。

（5）单击“确定”，返回“小于”对话框。

（6）再单击“确定”，即可将所选定的最优解 C9：F11 区域中的“0”值单元格的字体颜色设置成“黄色”，与填充颜色（背景色）相同，起到隐藏单元格内容（不显示“0”）的作用。

将单元格的字体和背景颜色设置为相同颜色以达到“浑然一体”的效果，可以起到隐藏单元格内容的作用。当单元格被选中时，编辑栏中仍然会显示单元格的真实数据。

2. 复制“条件格式”

复制“条件格式”可以通过“格式刷”来实现。

3. 清除“条件格式”

如果需要清除单元格区域的条件格式，可以按以下步骤操作。

（1）如果要清除所选单元格的条件格式，可以先选中相关单元格区域（如最优解 C9：F11 区域）；如果要清除整个工作表中所有单元格区域的条件格式，可以任意选中一个单元格。

（2）在“开始”选项卡的“样式”组中，单击“条件格式”，在展开的列表中，单击“清除规则”。

（3）如果单击“清除所选单元格的规则”选项，则清除所选单元格的条件格式；如果单击“清除整个工作表的规则”选项，则清除当前工作表所有单元格区域中的条件格式。

4. 查找有条件格式的单元格

如果工作表的一个或多个单元格具有条件格式，可以快速找到它们以便复制、更改或清除条件格式。可以使用“定位条件”命令只查找具有特定条件格式的单元格，或查找所有具有条件格式的单元格。

（1）查找所有具有条件格式的单元格。

① 单击任何没有条件格式的单元格。

② 在“开始”选项卡的“编辑”组中，单击“查找和选择”，在展开的列表中，单击“条件格式”。

（2）只查找具有相同条件格式的单元格。

① 单击具有要查找的条件格式的单元格。

② 在“开始”选项卡的“编辑”组中，单击“查找和选择”，在展开的列表中，单击“定位条件”。

③ 在打开的“定位条件”对话框中，单击“条件格式”。

5. 对所选单元格区域的条件格式规则的有关操作

可以查看、新建、编辑（更改）、清除所选单元格区域的条件格式规则。

（1）选中单元格区域。

（2）在“开始”选项卡的“样式”组中，单击“条件格式”，在展开的列表中，单击“管理规则”。

（3）在打开的“条件格式规则管理器”对话框中，可以查看、创建、编辑（更改）和删除（清除）条件格式规则。

网络最优化问题

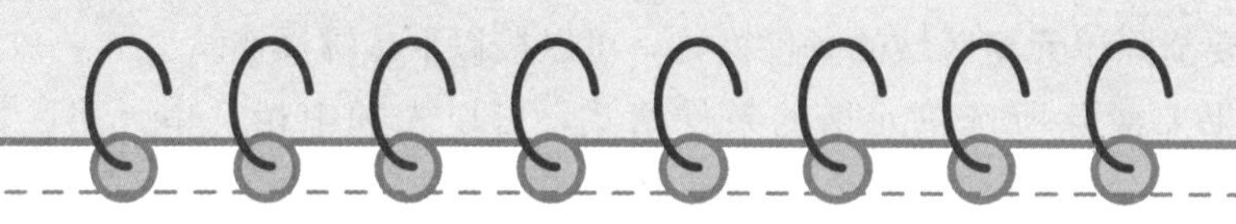

本章内容要点

- 网络最优化问题的基本概念；
- 最小费用流问题；
- 最大流问题；
- 最小费用最大流问题；
- 最短路问题；
- 最小支撑树问题；
- 货郎担问题和中国邮路问题。

网络在各种实际背景问题中以各种各样的形式存在。交通、电子和通信网络遍及人们日常生活的各个方面，网络规划也广泛应用于不同领域来解决各种问题，如生产、分派（指派）、项目计划、厂址选择、资源管理和财务策划等。

网络规划为描述系统各组成部分之间的关系提供了非常有效的直观和概念上的帮助，广泛应用于科学、社会和经济活动的各个领域。

近年来，运筹学（管理科学）中一个振奋人心的、不同寻常的发展体现在解决网络最优化问题的方法论及其应用方面。

4.1　网络最优化问题的基本概念

许多研究对象往往可以用一个图来表示，研究目的归结为图的极值问题，如第 3 章的运输问题和指派问题。本章将继续讨论其他几种图的极值问题的网络模型。

运筹学中研究的图具有下列特征：

（1）用点（圆圈）表示研究对象，用连线（不带箭头的边或带箭头的弧）表示对象之间的某种关系。

（2）强调点与点之间的关联关系，不讲究图的比例大小与形状。

（3）每条边（或弧）都赋有一个权，其图称为赋权图。实际应用中，权可以表示两点之间的距离、费用、利润、时间、容量等不同的含义。

（4）建立一个网络模型，求最大值或最小值。

如图 4－1 所示，点的集合记为 $V=\{V_1, V_2, \cdots, V_6\}$，边用 $[V_i, V_j]$ 表示或简记为 $[i, j]$，边的集合记为 $E=\{[1, 2], [1, 3], \cdots, [5, 6]\}$，边上的数字称为权，记为 $w[V_i, V_j]$、$w[i, j]$ 或 w_{ij}，权的集合记为 $W=\{w_{12}, w_{13}, w_{14}, \cdots, w_{56}\}$。连通的赋权图称为网络图，记为

$$G=\{V, E, W\}$$

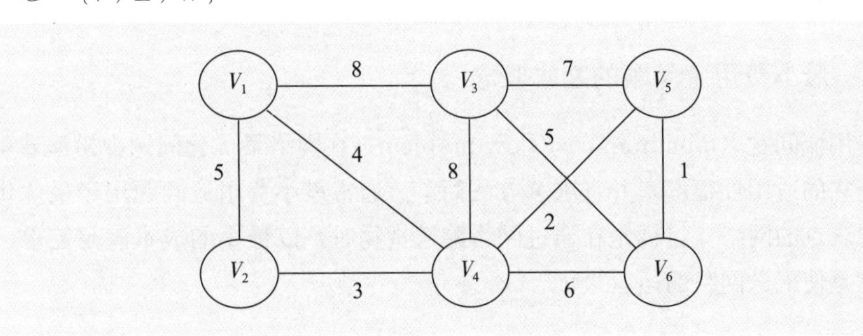

图 4－1　一个网络图

对于如图 4－1 所示的网络图，可以提出许多极值问题。

（1）将某个点 V_i 的物资或信息送到另一个点 V_j，使得运送总费用最小。这属于最小费用流问题。

（2）将某个点 V_i 的物资或信息送到另一个点 V_j，使得总流量最大。这属于最大流问题。

（3）从某个点 V_i 出发，到达另一个点 V_j，如何安排路线，使得总距离最短或总费用最小。这属于最短路问题。

（4）点 V_i 表示自来水厂及用户，V_i 与 V_j 间的边表示两点间可以铺设管道，权为 V_i 与 V_j 间铺设管道的距离或费用，如何铺设管道，使得将自来水送到 5 个用户家中的总费用最小。这属于最小支撑树问题。

（5）售货员从某个点 V_i 出发，经过其他所有点，最后回到原点 V_i，如何安排路线，使得他行走的总路程最短。这属于货郎担问题（旅行售货员问题）。

（6）邮递员从邮局 V_i 出发，经过每一条边（街道），将邮件送到客户手中，最后回到邮局 V_i，如何安排路线，使得他行走的总路程最短。这属于中国邮路问题（中国邮递员问题）。

因此，网络最优化问题的类型主要包括：

（1）最小费用流问题；

（2）最大流问题；

（3）最短路问题；

（4）最小支撑树问题；

（5）货郎担问题；

（6）中国邮路问题。

本章将对这些类型的问题进行介绍，并通过例子阐述如何利用电子表格进行建模和求解，从而做出决策。

4.2 最小费用流问题

本节将介绍最小费用流问题的基本概念、数学模型和电子表格模型，以及最小费用流问题中的五种重要的特殊类型。

4.2.1 最小费用流问题的基本概念

最小费用流问题（minimum cost flow problem）在网络最优化问题中扮演着重要的角色，原因是它的适用性很广，并且求解方法简单。通常最小费用流问题用于最优化货物从供应点到需求点的网络。目标是在通过网络配送货物时，以最小的成本满足需求。一种典型的应用就是使配送网络的运营最优。

例 4-1

某公司有两个工厂生产产品，这些产品需要运送到两个仓库中。其配送网络图如图 4-2 所示。目标是确定一个配送方案（即在每条线路上运送多少单位产品），使得通过配送网络的总运输成本最小。

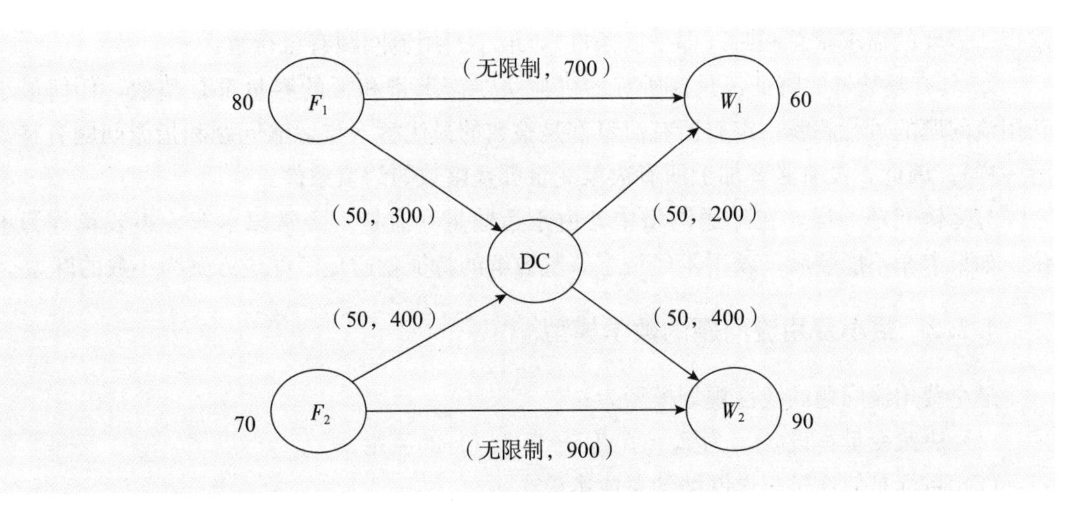

图 4－2　某公司的配送网络图

在图 4－2 中，F_1 和 F_2 表示两个工厂，为供应点；W_1 和 W_2 表示两个仓库，为需求点；DC 表示配送中心，为转运点。工厂 1 生产 80 单位（供应量为 80），工厂 2 生产 70 单位（供应量为 70），仓库 1 需要 60 单位（需求量为 60），仓库 2 需要 90 单位（需求量为 90）。F_1 到 DC、F_2 到 DC、DC 到 W_1、DC 到 W_2 的最大运输能力为 50 单位（弧的容量为 50）。单位运输成本：F_1 到 DC 为 300，F_2 到 DC 为 400，DC 到 W_1 为 200，DC 到 W_2 为 400，F_1 到 W_1 为 700，F_2 到 W_2 为 900。也就是说，弧旁括号内的数字为（容量，单位运输成本）。

最小费用流问题的三个基本概念如下：

（1）最小费用流问题的构成（网络表示）。

① 节点：包括供应点、需求点和转运点。

② 弧：可行的运输线路（节点 $i \rightarrow$ 节点 j），经常有最大运输能力（容量）的限制。

（2）最小费用流问题的假设。

① 至少有一个供应点。

② 至少有一个需求点。

③ 可以有转运点。

④ 通过弧的流，只允许沿着箭头方向流动，通过弧的最大流量取决于该弧的容量。

⑤ 网络中有足够的弧提供足够的容量，使得所有在供应点中产生的流都能够到达需求点（有可行解）。

⑥ 在流的单位成本已知的前提下，通过每条弧的流的成本与流量成正比（目标函数是线性的）。

⑦ 最小费用流问题的目标是在满足给定需求的条件下，使得通过配送网络的总成本最小（或总利润最大）。

（3）最小费用流问题的解的特征。

① 具有可行解的特征：在以上假设下，当且仅当供应点所提供的供应量总和等于需

求点所需要的需求量总和时（即平衡条件），最小费用流问题有可行解。

② 具有整数解的特征：只要所有的供应量、需求量和弧的容量都是整数，任何最小费用流问题的可行解就一定有所有流量都是整数的最优解（与运输问题和指派问题有整数解一样）。因此，没有必要加上所有决策变量都是整数的约束条件。

与运输问题一样，在配送网络中，由于运输量（流量）经常以卡车、集装箱等为单位，如果卡车不能装满，就很不经济了。整数解的特征就避免了配送方案为小数的麻烦。

4.2.2 最小费用流问题的数学模型

最小费用流问题的线性规划模型为：

（1）决策变量：设 $f_{i\to j}$ 为弧（节点 $i\to$节点 j）的流量。

（2）目标是使通过配送网络的总成本最小。

（3）约束条件：

① 所有供应点的净流量（总流出减去总流入）为正；

② 所有转运点的净流量为零；

③ 所有需求点的净流量为负；

④ 所有弧的流量 $f_{i\to j}$ 受到弧的容量限制；

⑤ 所有弧的流量 $f_{i\to j}$ 非负。

具体而言，对于例 4-1 的最小费用流问题，其线性规划模型如下：

（1）决策变量。设 $f_{i\to j}$ 为弧（节点 $i\to$节点 j）的流量。

（2）目标函数。本问题的目标是使通过配送网络的总运输成本最小，即：

$$\begin{aligned}\min z = & 700f_{F_1\to W_1} + 300f_{F_1\to DC} + 200f_{DC\to W_1} \\ & + 400f_{F_2\to DC} + 900f_{F_2\to W_2} + 400f_{DC\to W_2}\end{aligned}$$

（3）约束条件（节点净流量、弧的容量限制、非负）。

① 供应点：

$$F_1: f_{F_1\to W_1} + f_{F_1\to DC} = 80$$

$$F_2: f_{F_2\to DC} + f_{F_2\to W_2} = 70$$

② 转运点：

$$DC: f_{DC\to W_1} + f_{DC\to W_2} - (f_{F_1\to DC} + f_{F_2\to DC}) = 0$$

③ 需求点：

$$W_1: 0-(f_{F_1\to W_1} + f_{DC\to W_1}) = -60 \quad 或 \quad f_{F_1\to W_1} + f_{DC\to W_1} = 60$$

$$W_2: 0-(f_{DC\to W_2} + f_{F_2\to W_2}) = -90 \quad 或 \quad f_{DC\to W_2} + f_{F_2\to W_2} = 90$$

④ 弧的容量限制：

$$f_{F_1\to DC}, f_{F_2\to DC}, f_{DC\to W_1}, f_{DC\to W_2} \leqslant 50$$

⑤ 非负：

$$f_{F_1\to W_1}, f_{F_1\to DC}, f_{DC\to W_1}, f_{F_2\to DC}, f_{F_2\to W_2}, f_{DC\to W_2} \geqslant 0$$

于是，得到例 4-1 的线性规划模型：

$$
\min z = 700 f_{F_1 \to W_1} + 300 f_{F_1 \to DC} + 200 f_{DC \to W_1} + 400 f_{F_2 \to DC} + 900 f_{F_2 \to W_2} + 400 f_{DC \to W_2}
$$

$$
\text{s. t.} \begin{cases}
f_{F_1 \to W_1} + f_{F_1 \to DC} = 80 \\
f_{F_2 \to DC} + f_{F_2 \to W_2} = 70 \\
f_{DC \to W_1} + f_{DC \to W_2} - (f_{F_1 \to DC} + f_{F_2 \to DC}) = 0 \\
f_{F_1 \to W_1} + f_{DC \to W_1} = 60 \\
f_{DC \to W_2} + f_{F_2 \to W_2} = 90 \\
f_{F_1 \to DC}, f_{F_2 \to DC}, f_{DC \to W_1}, f_{DC \to W_2} \leqslant 50 \\
f_{F_1 \to W_1}, f_{F_1 \to DC}, f_{DC \to W_1}, f_{F_2 \to DC}, f_{F_2 \to W_2}, f_{DC \to W_2} \geqslant 0
\end{cases}
$$

4.2.3　最小费用流问题的电子表格模型

可以利用 Excel 来描述和求解最小费用流问题。

例 4 - 1 的电子表格模型如图 4 - 3 所示，参见“例 4 - 1. xlsx”。图中列出了配送网络中的弧和各弧所对应的容量①、单位成本。决策变量（可变单元格，D4∶D9 区域）为通过各弧的流量。目标（目标单元格，G12 单元格）是计算流量的总（运输）成本。每个节点的净流量（J4∶J8 区域）为约束条件。供应点的净流量为正（L4∶L5 区域），需求点的净流量为负（L7∶L8 区域），而转运点的净流量为 0（L6 单元格）。

	A	B	C	D	E	F	G	H	I	J	K	L
1	例4-1											
2												
3		从	到	流量		容量	单位成本		节点	净流量		供应/需求
4		F_1	W_1	30	<=	999	700		F_1	80	=	80
5		F_1	DC	50	<=	50	300		F_2	70	=	70
6		DC	W_1	30	<=	50	200		DC	0	=	0
7		DC	W_2	50	<=	50	400		W_1	-60	=	-60
8		F_2	DC	30	<=	50	400		W_2	-90	=	-90
9		F_2	W_2	40	<=	999	900					
10												
11							总成本					
12							110000					

	I	J
3	节点	净流量
4	F_1	=SUMIF(从, I4, 流量)-SUMIF(到, I4, 流量)
5	F_2	=SUMIF(从, I5, 流量)-SUMIF(到, I5, 流量)
6	DC	=SUMIF(从, I6, 流量)-SUMIF(到, I6, 流量)
7	W_1	=SUMIF(从, I7, 流量)-SUMIF(到, I7, 流量)
8	W_2	=SUMIF(从, I8, 流量)-SUMIF(到, I8, 流量)

图 4 - 3　例 4 - 1 的电子表格模型

① 对于没有容量限制的弧，其容量可以用极大值 M 来代替。在 Excel 中，极大值 M 需要数值化，所以只要 M 的取值大于要配送产品的供应量总和（80+70=150）即可，这里取 $M=999$。

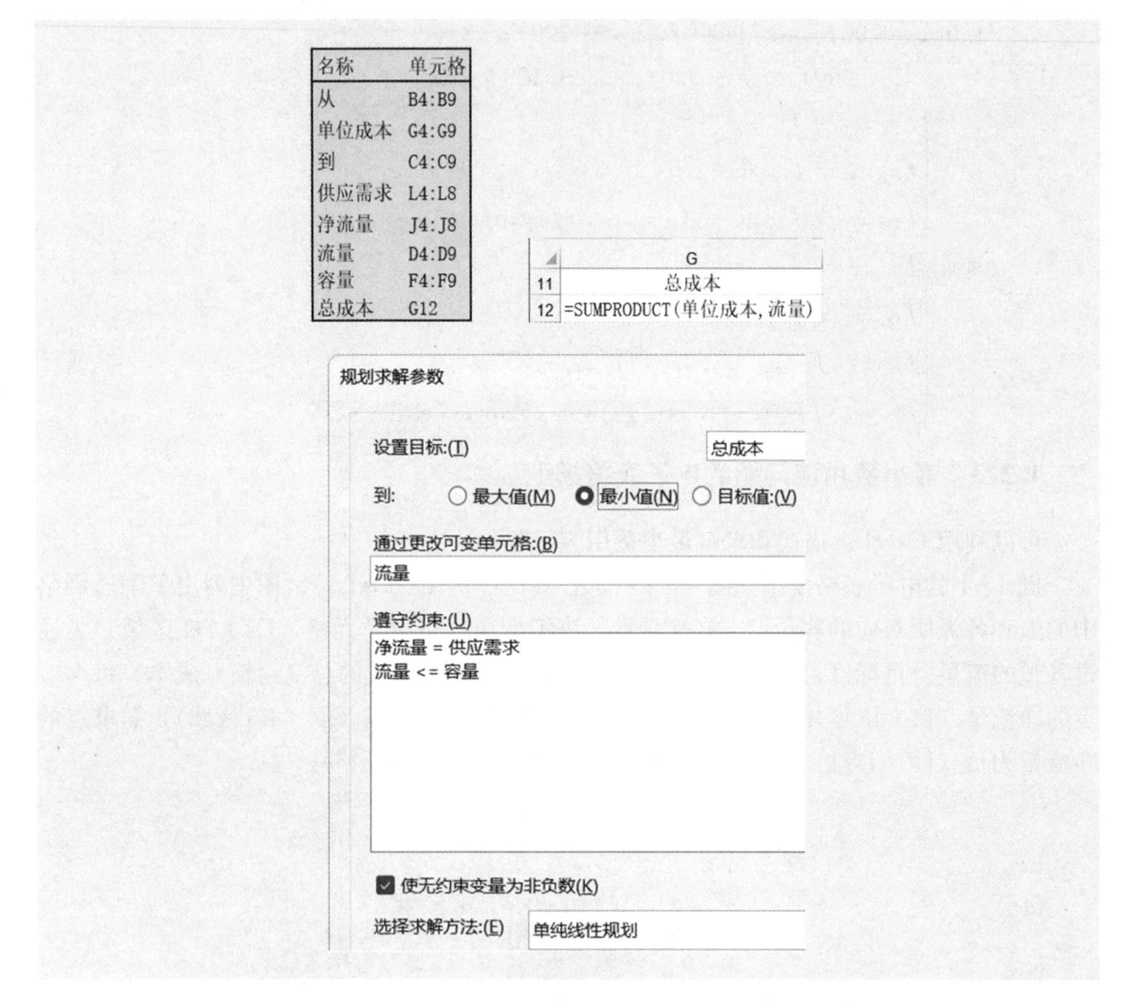

图 4-3（续）

这里使用了一个技巧：用两个 SUMIF 函数的差来计算每个节点的净流量，这样快捷方便且不容易犯错。

SUMIF 函数的语法：SUMIF(查找区域，给定条件，数据求和区域)。

SUMIF 函数的功能：根据“给定条件”在“查找区域”中进行查找，并返回“查找区域”所对应的“数据求和区域”中数值的总和。换句话说，根据“给定条件”对若干个单元格求和，只有在“查找区域”中相应的单元格符合条件的情况下，“数据求和区域”中的单元格才会求和。

Excel 求解结果（最优运输方案）如图 4-3 中的 D4：D9 区域所示，此时的总运输成本最小，为 110 000。

大规模的最小费用流问题的求解一般采用网络单纯法（network simplex method）。现在，许多公司都使用网络单纯法来求解最小费用流问题。有些问题有数万个节点和弧，是非常庞大的。有时弧的数量甚至可能还会多得多，达到几百万条。大家在 Excel 中使用的这个简化版本的规划求解中没有网络单纯法，但其他的线性规划商业软件包中通常都有这种方法。

4.2.4　最小费用流问题的五种重要的特殊类型

第 3 章介绍过的运输问题和指派问题是最小费用流问题的两种重要的特殊类型，后面将要介绍的最大流问题和最短路问题也是最小费用流问题的另外两种重要的特殊类型。

最小费用流问题有五种重要的特殊类型，分别是：

（1）运输问题。有出发地（供应点：供应量）和目的地（需求点：需求量），没有转运点和弧的容量限制，目标是总运输成本最小（或总利润最大）。

（2）指派问题。出发地（供应点：供应量为 1）是人，目的地（需求点：需求量为 1）是任务，没有转运点和弧的容量限制，目标是总指派成本最小（或总利润最大）。

（3）转运问题。有出发地（供应点：供应量）和目的地（需求点：需求量），有转运点，但没有弧的容量限制（或有容量限制），目标是流量的总费用最小（或总利润最大）。

（4）最大流问题。有出发地（供应点）、目的地（需求点）、转运点、弧的容量限制，但没有供应量和需求量的限制，目标是使通过配送网络到达目的地的总流量最大。

（5）最短路问题。有出发地（供应点：供应量为 1）、目的地（需求点：需求量为 1）、转运点，没有弧的容量限制，目标是使通过配送网络到达目的地的总距离最短。

4.3　最大流问题

“流”的概念在生产管理实践中往往可以表示为资金流、物资流、交通流，供应系统中的水流、管道石油，甚至是不可见的信息流、电流、控制流，等等。最大流问题（maximum flow problem）也是网络最优化中的另一个基本问题，是在满足容量限制前提下的另一角度的规划问题。

研究网络能通过的最大流量是生产和管理工作中常遇到的现实问题。例如：交通网络中车辆的最大通行能力；生产流水线上产品的最大加工能力；供水网络中水的最大流量；信息网络中的信息传送能力等。这类网络的组成弧一般具有确定的最大通行能力（容量），而实际通过弧的流量则因网络各弧容量的配置关系，有些常常达不到额定容量值，因此，研究实际能通过的最大流量问题，可以充分发挥网络中设备的能力，并且能明确为使最大流量增大应如何改造网络。

4.3.1　最大流问题的基本概念

最大流问题也与网络中的流量有关，但目标不是使得流量的总费用最小，而是寻找一个流量方案，使得通过网络的总流量最大。除了目标（流量最大化和费用最小化）不一样外，最大流问题的特征与最小费用流问题的特征非常相似。

例 4-2

某公司要从起点 VS（供应点）运送货物到目的地 VT（需求点），其网络图如图 4-4 所示。图中每条弧（节点 i→节点 j）旁的权 $c_{i\to j}$ 表示这条运输线路的最大运输能力（容量）。要求制订一个运输方案，使得从 VS 到 VT 的货运量达到最大。这个问题就是寻求网络系统的最大流问题。

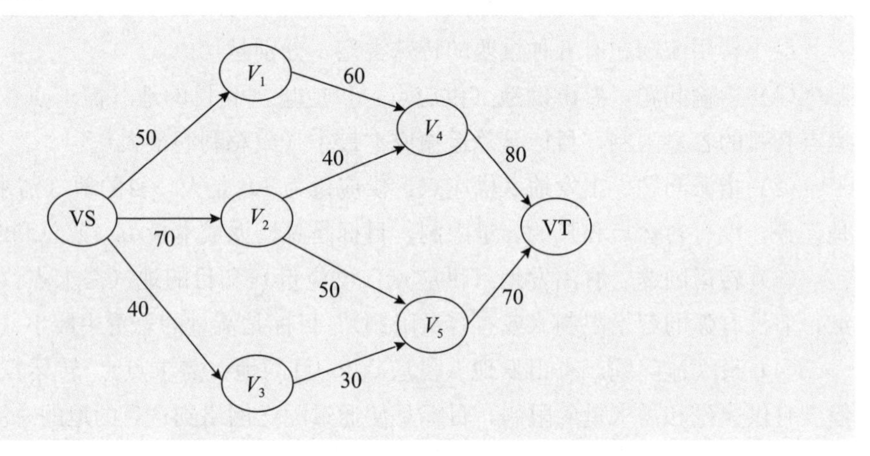

图 4-4　某公司运送货物的网络图（1 个供应点，1 个需求点）

最大流问题的假设如下：

（1）网络中所有流都源于一个叫作源（source）的节点（供应点），所有的流都终止于另一个叫作汇（sink）的节点（需求点）；

（2）其余节点叫作转运点；

（3）通过每条弧的流只允许沿着弧的箭头方向流动；

（4）目标是使得从供应点（源）到需求点（汇）的总流量最大。

4.3.2　最大流问题的数学模型

最大流问题的线性规划模型为：

（1）决策变量。设 $f_{i\to j}$ 为弧（节点 i→节点 j）的流量。

（2）目标是使通过网络的总流量最大，即从供应点流出的总流量最大。

（3）约束条件。

① 所有转运点（中间节点）的净流量为零；

② 所有弧的流量 $f_{i\to j}$ 受到弧的容量的限制；

③ 所有弧的流量 $f_{i\to j}$ 非负。

具体而言，对于例 4-2 的最大流问题，其线性规划模型为：

（1）决策变量。设 $f_{i\to j}$ 为弧（节点 i→节点 j）的流量。

（2）目标函数。本问题的目标是使从供应点 VS 流出的总流量最大，即：

$$\max F = f_{VS\to V_1} + f_{VS\to V_2} + f_{VS\to V_3}$$

（3）约束条件。

① 转运点的净流量为 0：

转运点 V_1：$f_{V_1 \to V_4} - f_{VS \to V_1} = 0$

转运点 V_2：$(f_{V_2 \to V_4} + f_{V_2 \to V_5}) - f_{VS \to V_2} = 0$

转运点 V_3：$f_{V_3 \to V_5} - f_{VS \to V_3} = 0$

转运点 V_4：$f_{V_4 \to VT} - (f_{V_1 \to V_4} + f_{V_2 \to V_4}) = 0$

转运点 V_5：$f_{V_5 \to VT} - (f_{V_2 \to V_5} + f_{V_3 \to V_5}) = 0$

② 弧的容量限制：

$$f_{i \to j} \leqslant c_{i \to j}$$

③ 非负：

$$f_{i \to j} \geqslant 0$$

于是，得到例 4-2 的线性规划模型：

$$\max F = f_{VS \to V_1} + f_{VS \to V_2} + f_{VS \to V_3}$$

$$\text{s. t.} \begin{cases} f_{V_1 \to V_4} - f_{VS \to V_1} = 0 \\ (f_{V_2 \to V_4} + f_{V_2 \to V_5}) - f_{VS \to V_2} = 0 \\ f_{V_3 \to V_5} - f_{VS \to V_3} = 0 \\ f_{V_4 \to VT} - (f_{V_1 \to V_4} + f_{V_2 \to V_4}) = 0 \\ f_{V_5 \to VT} - (f_{V_2 \to V_5} + f_{V_3 \to V_5}) = 0 \\ 0 \leqslant f_{i \to j} \leqslant c_{i \to j} \end{cases}$$

4.3.3　最大流问题的电子表格模型

可以利用 Excel 来描述和求解最大流问题。

对于例 4-2 的最大流问题，其电子表格模型如图 4-5 所示，参见“例 4-2.xlsx”。

	A	B	C	D	E	F	G	H	I	J	K
1	例4-2										
2											
3		从	到	流量		容量		节点	净流量		供应/需求
4		VS	V_1	50	<=	50		VS	150		供应点
5		VS	V_2	70	<=	70		V_1	0	=	0
6		VS	V_3	30	<=	40		V_2	0	=	0
7		V_1	V_4	50	<=	60		V_3	0	=	0
8		V_2	V_4	30	<=	40		V_4	0	=	0
9		V_2	V_5	40	<=	50		V_5	0	=	0
10		V_3	V_5	30	<=	30		VT	-150		需求点
11		V_4	VT	80	<=	80					
12		V_5	VT	70	<=	70					
13											
14			最大流	150							

图 4-5　例 4-2 的电子表格模型

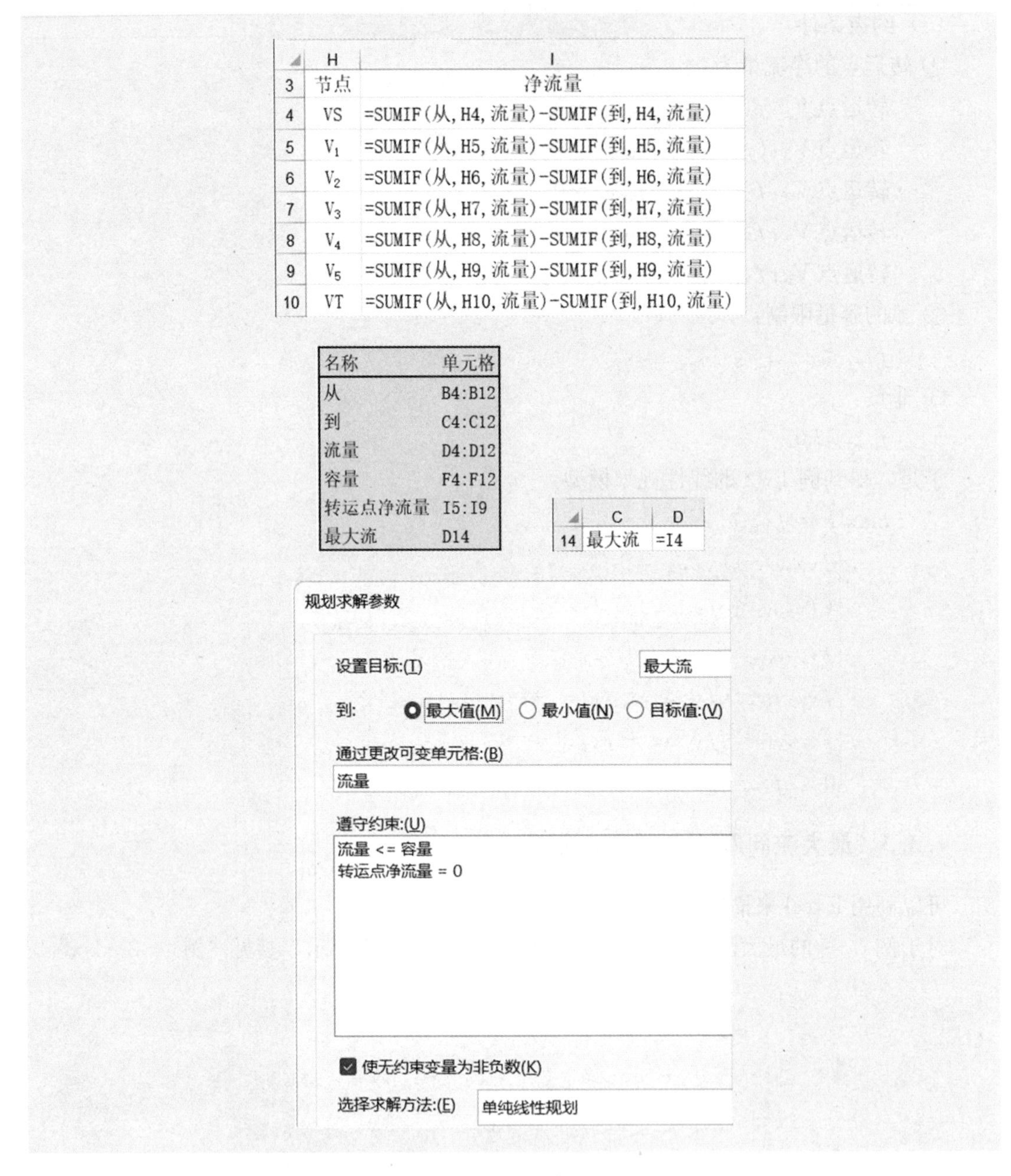

	H	I
3	节点	净流量
4	VS	=SUMIF(从,H4,流量)-SUMIF(到,H4,流量)
5	V_1	=SUMIF(从,H5,流量)-SUMIF(到,H5,流量)
6	V_2	=SUMIF(从,H6,流量)-SUMIF(到,H6,流量)
7	V_3	=SUMIF(从,H7,流量)-SUMIF(到,H7,流量)
8	V_4	=SUMIF(从,H8,流量)-SUMIF(到,H8,流量)
9	V_5	=SUMIF(从,H9,流量)-SUMIF(到,H9,流量)
10	VT	=SUMIF(从,H10,流量)-SUMIF(到,H10,流量)

名称	单元格
从	B4:B12
到	C4:C12
流量	D4:D12
容量	F4:F12
转运点净流量	I5:I9
最大流	D14

	C	D
14	最大流	=I4

图 4-5（续）

Excel 求解结果（最优运输方案）如图 4-5 中的 D4：D12 区域所示，此时的最大流为 150。

4.3.4　最大流问题的变形

最大流问题的变形主要在于：有多个供应点和（或）有多个需求点。

例 4－3

在例 4－2 的基础上，增加了一个供应点 PS、一个需求点 PT、两个转运点 P_1 和 P_2，以及与之相连的 7 条弧，如图 4－6 所示。目标是从 2 个供应点 VS 和 PS 运出的货物量最大。本问题是一个有 2 个供应点和 2 个需求点的最大流问题。

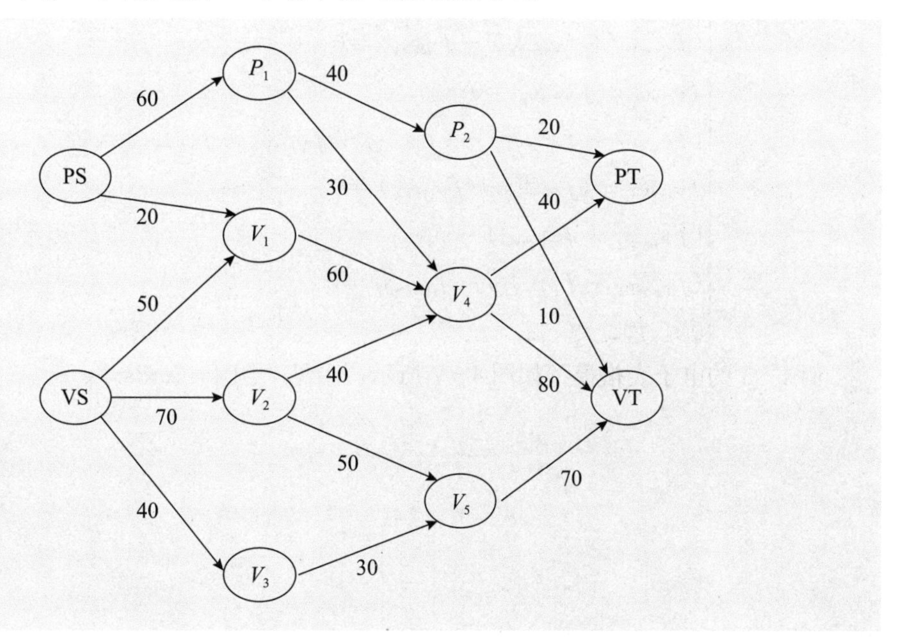

图 4－6　例 4－3 的网络图（2 个供应点，2 个需求点）

【解】

（1）决策变量。设 $f_{i\to j}$ 为弧（节点 $i\to$节点 j）的流量。

（2）目标函数。本问题的目标是使从 2 个供应点 VS 和 PS 运出的货物量最大，即：

$$\max F=f_{\mathrm{PS}\to P_1}+f_{\mathrm{PS}\to V_1}+f_{\mathrm{VS}\to V_1}+f_{\mathrm{VS}\to V_2}+f_{\mathrm{VS}\to V_3}$$

（3）约束条件。

① 转运点的净流量为 0：

转运点 V_1：$f_{V_1\to V_4}-(f_{\mathrm{VS}\to V_1}+f_{\mathrm{PS}\to V_1})=0$

转运点 V_2：$(f_{V_2\to V_4}+f_{V_2\to V_5})-f_{\mathrm{VS}\to V_2}=0$

转运点 V_3：$f_{V_3\to V_5}-f_{\mathrm{VS}\to V_3}=0$

转运点 V_4：$(f_{V_4\to \mathrm{PT}}+f_{V_4\to \mathrm{VT}})-(f_{P_1\to V_4}+f_{V_1\to V_4}+f_{V_2\to V_4})=0$

转运点 V_5：$f_{V_5\to \mathrm{VT}}-(f_{V_2\to V_5}+f_{V_3\to V_5})=0$

转运点 P_1：$(f_{P_1\to P_2}+f_{P_1\to V_4})-f_{\mathrm{PS}\to P_1}=0$

转运点 P_2：$(f_{P_2\to \mathrm{PT}}+f_{P_2\to \mathrm{VT}})-f_{P_1\to P_2}=0$

② 弧的容量限制：

$f_{i\to j}\leqslant c_{i\to j}$

③ 非负：

$$f_{i\to j}\geqslant 0$$

于是，得到例 4－3 的线性规划模型：

$$\max F=f_{PS\to P_1}+f_{PS\to V_1}+f_{VS\to V_1}+f_{VS\to V_2}+f_{VS\to V_3}$$

$$\text{s.t.}\begin{cases}f_{V_1\to V_4}-(f_{VS\to V_1}+f_{PS\to V_1})=0\\(f_{V_2\to V_4}+f_{V_2\to V_5})-f_{VS\to V_2}=0\\f_{V_3\to V_5}-f_{VS\to V_3}=0\\(f_{V_4\to PT}+f_{V_4\to VT})-(f_{P_1\to V_4}+f_{V_1\to V_4}+f_{V_2\to V_4})=0\\f_{V_5\to VT}-(f_{V_2\to V_5}+f_{V_3\to V_5})=0\\(f_{P_1\to P_2}+f_{P_1\to V_4})-f_{PS\to P_1}=0\\(f_{P_2\to PT}+f_{P_2\to VT})-f_{P_1\to P_2}=0\\0\leqslant f_{i\to j}\leqslant c_{i\to j}\end{cases}$$

例 4－3 的电子表格模型如图 4－7 所示，参见“例 4－3. xlsx”。

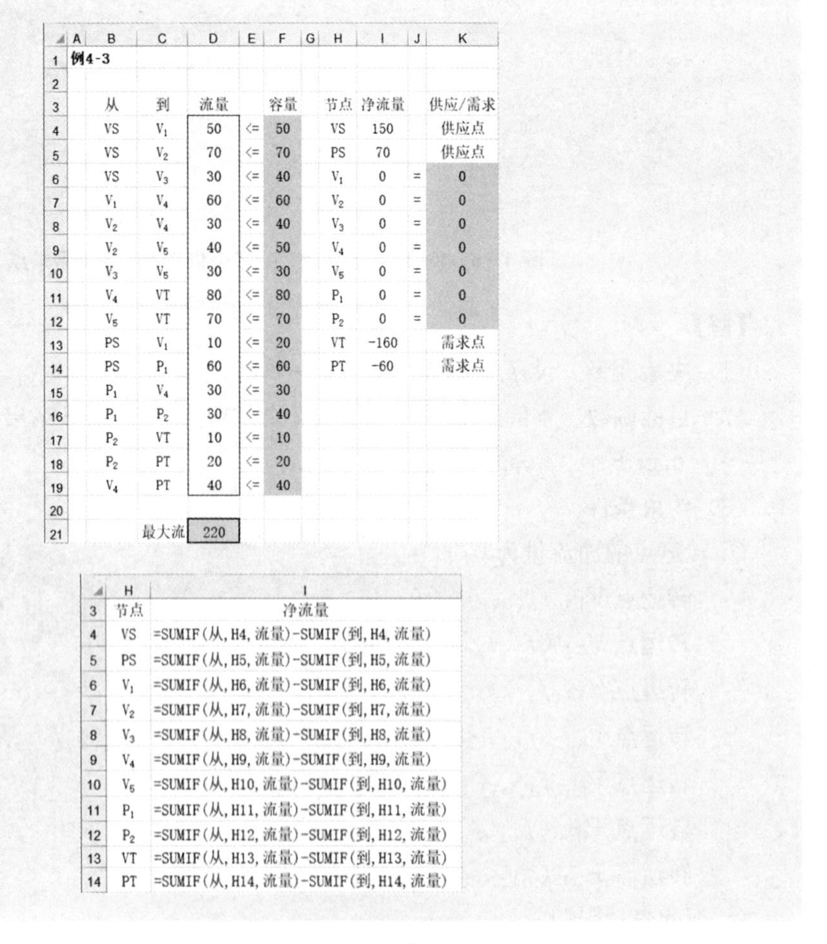

例4-3

从	到	流量		容量	节点	净流量		供应/需求
VS	V_1	50	<=	50	VS	150		供应点
VS	V_2	70	<=	70	PS	70		供应点
VS	V_3	30	<=	40	V_1	0	=	0
V_1	V_4	60	<=	60	V_2	0	=	0
V_2	V_4	30	<=	40	V_3	0	=	0
V_2	V_5	40	<=	50	V_4	0	=	0
V_3	V_5	30	<=	30	V_5	0	=	0
V_4	VT	80	<=	80	P_1	0	=	0
V_5	VT	70	<=	70	P_2	0	=	0
PS	V_1	10	<=	20	VT	-160		需求点
PS	P_1	60	<=	60	PT	-60		需求点
P_1	V_4	30	<=	30				
P_1	P_2	30	<=	40				
P_2	VT	10	<=	10				
P_2	PT	20	<=	20				
V_4	PT	40	<=	40				
	最大流	220						

节点	净流量
VS	=SUMIF(从,H4,流量)-SUMIF(到,H4,流量)
PS	=SUMIF(从,H5,流量)-SUMIF(到,H5,流量)
V_1	=SUMIF(从,H6,流量)-SUMIF(到,H6,流量)
V_2	=SUMIF(从,H7,流量)-SUMIF(到,H7,流量)
V_3	=SUMIF(从,H8,流量)-SUMIF(到,H8,流量)
V_4	=SUMIF(从,H9,流量)-SUMIF(到,H9,流量)
V_5	=SUMIF(从,H10,流量)-SUMIF(到,H10,流量)
P_1	=SUMIF(从,H11,流量)-SUMIF(到,H11,流量)
P_2	=SUMIF(从,H12,流量)-SUMIF(到,H12,流量)
VT	=SUMIF(从,H13,流量)-SUMIF(到,H13,流量)
PT	=SUMIF(从,H14,流量)-SUMIF(到,H14,流量)

图 4－7　例 4－3 的电子表格模型

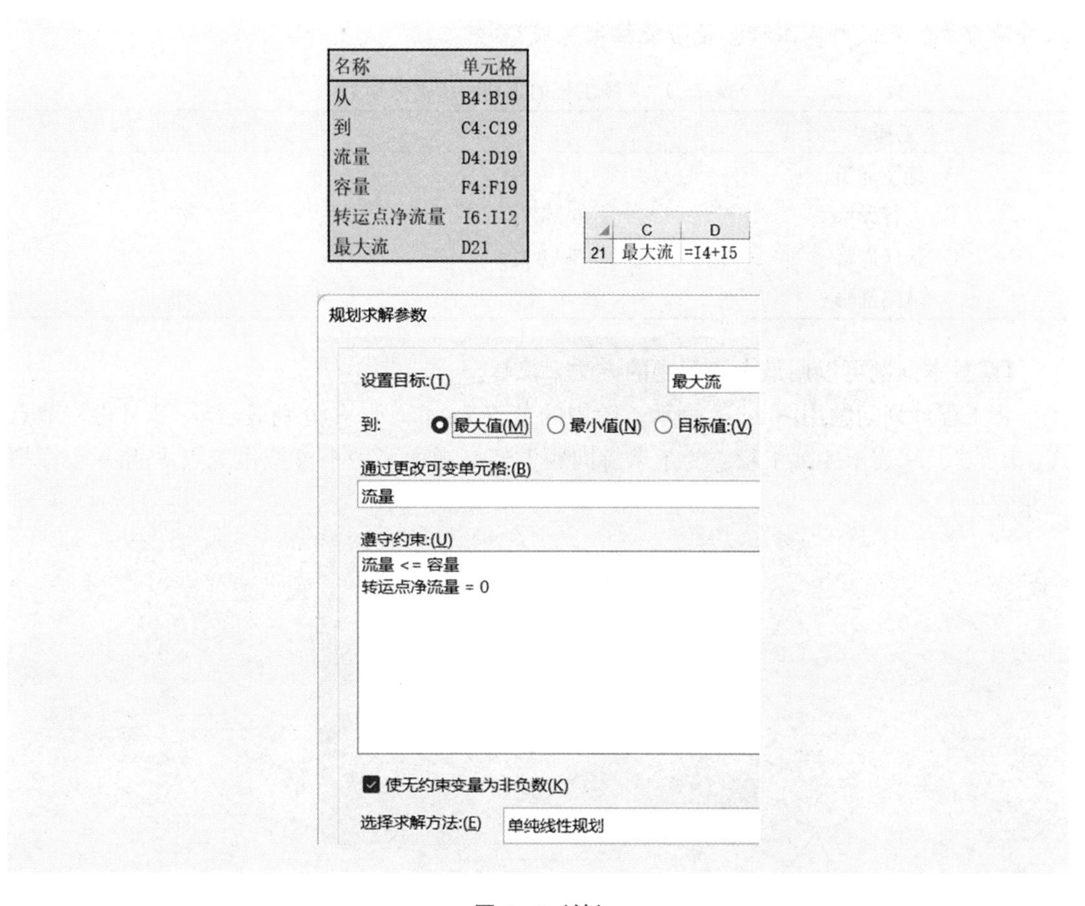

图 4-7（续）

Excel 求解结果（最优运输方案）如图 4-7 中的 D4：D19 区域所示，此时的最大流为 220，其中从 VS 运出的货物量为 150，从 PS 运出的货物量为 70。

4.3.5　最大流问题的应用举例

最大流问题的一些实际应用包括：

（1）通过配送网络的流量最大，如例 4-2 和例 4-3。

（2）通过管道运输系统的油的流量最大。

（3）通过输水系统的水的流量最大。

（4）通过交通网络的车辆的流量最大，等等。

例 4-4

工程计划问题。某市政工程公司在未来 5—8 月份需完成 4 项工程：修建一条地下通道、修建一座人行天桥、新建一条道路和道路维修。工期和所需劳动力见表 4-1。该公司共有劳动力 120 人，任一工程在一个月内的劳动力投入不能超过 80 人。问公司应如何分派劳动力才能完成所有工程？是否能按期完成？

表 4－1　4 项工程的工期和所需劳动力

工程	工期	需要的劳动力（人）
A. 地下通道	5—7 月	100
B. 人行天桥	6—7 月	80
C. 新建道路	5—8 月	200
D. 道路维修	8 月	80

【解】本问题可以用最大流问题的方法来求解。

将工程计划问题用图 4－8 表示。图中的节点 5、6、7、8 分别表示 5—8 月份，节点 A、B、C、D 表示 4 项工程。为了求解问题方便，增加了一个虚拟供应点 S 和一个虚拟需求点 T。

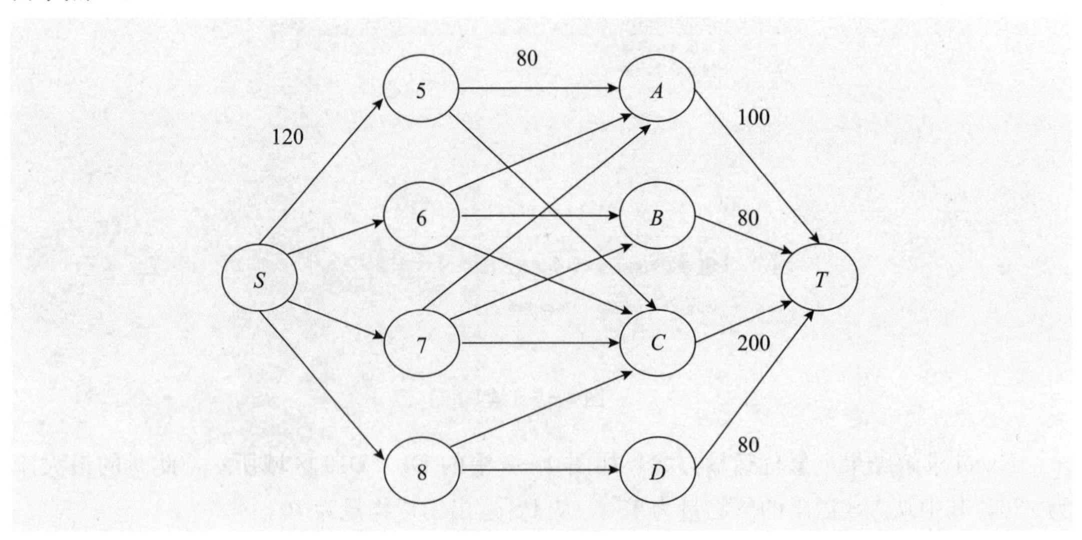

图 4－8　工程计划问题的网络图

用弧表示某月完成某个工程的状态，弧的流量为所投入的劳动力，受到劳动力的限制（弧旁的数字表示弧的容量，从虚拟供应点 S 开始的弧，其容量为该公司共有的劳动力 120 人；从节点 5、6、7、8 开始到节点 A、B、C、D 的弧，其容量为任一工程在一个月内的劳动力投入，不能超过 80 人；到虚拟需求点 T 的弧，其容量为每个工程所需的劳动力）。

合理安排每个月各工程的劳动力，在不超过现有人力的条件下，尽可能保证工程按期完成，就是求图 4－8 中从虚拟供应点 S 到虚拟需求点 T 的最大流问题。

例 4－4 的电子表格模型如图 4－9 所示，参见“例 4－4. xlsx”。

Excel 求解结果（每个月各工程的劳动力分配方案）如表 4－2 所示。6 月份有剩余劳动力 20 人，4 项工程恰好能按期完成。

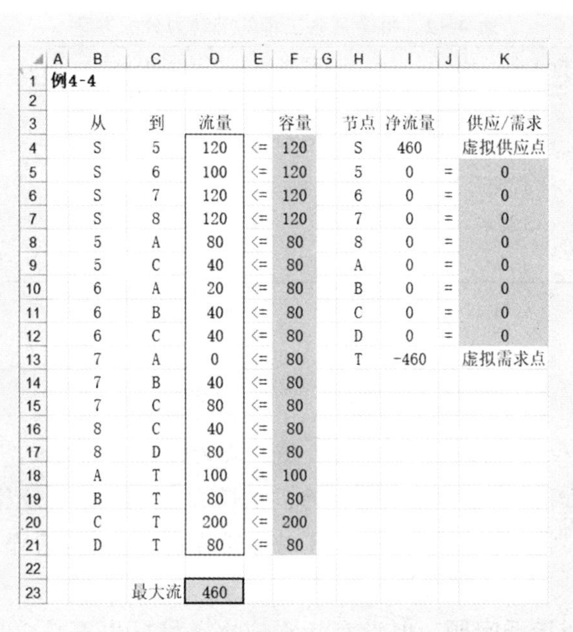

例4-4

	从	到	流量		容量		节点	净流量		供应/需求
4	S	5	120	<=	120		S	460		虚拟供应点
5	S	6	100	<=	120		5	0	=	0
6	S	7	120	<=	120		6	0	=	0
7	S	8	120	<=	120		7	0	=	0
8	5	A	80	<=	80		8	0	=	0
9	5	C	40	<=	80		A	0	=	0
10	6	A	20	<=	80		B	0	=	0
11	6	B	40	<=	80		C	0	=	0
12	6	C	40	<=	80		D	0	=	0
13	7	A	0	<=	80		T	-460		虚拟需求点
14	7	B	40	<=	80					
15	7	C	80	<=	80					
16	8	C	40	<=	80					
17	8	D	80	<=	80					
18	A	T	100	<=	100					
19	B	T	80	<=	80					
20	C	T	200	<=	200					
21	D	T	80	<=	80					
23		最大流	460							

	节点	净流量
4	S	=SUMIF(从,H4,流量)-SUMIF(到,H4,流量)
5	5	=SUMIF(从,H5,流量)-SUMIF(到,H5,流量)
6	6	=SUMIF(从,H6,流量)-SUMIF(到,H6,流量)
7	7	=SUMIF(从,H7,流量)-SUMIF(到,H7,流量)
8	8	=SUMIF(从,H8,流量)-SUMIF(到,H8,流量)
9	A	=SUMIF(从,H9,流量)-SUMIF(到,H9,流量)
10	B	=SUMIF(从,H10,流量)-SUMIF(到,H10,流量)
11	C	=SUMIF(从,H11,流量)-SUMIF(到,H11,流量)
12	D	=SUMIF(从,H12,流量)-SUMIF(到,H12,流量)
13	T	=SUMIF(从,H13,流量)-SUMIF(到,H13,流量)

名称	单元格
从	B4:B21
到	C4:C21
流量	D4:D21
容量	F4:F21
转运点净流量	I5:I12
最大流	D23

	C	D
23	最大流	=I4

规划求解参数

设置目标:(T)　最大流

到:　● 最大值(M)　○ 最小值(N)　○ 目标值:(V)

通过更改可变单元格:(B)

流量

遵守约束:(U)

流量 <= 容量
转运点净流量 = 0

☑ 使无约束变量为非负数(K)

选择求解方法:(E)　单纯线性规划

图 4-9　例 4-4 的电子表格模型

表 4－2　每个月各工程的劳动力分配方案　　单位：人

月份	投入劳动力	工程 A	工程 B	工程 C	工程 D
5	120	80		40	
6	100（剩 20）	20	40	40	
7	120		40	80	
8	120			40	80
合计	460	100	80	200	80

例 4－5

招聘问题。某单位招聘懂俄、英、日、德、法文的翻译各 1 人，现有 5 人应聘，已知乙懂俄文，甲、乙、丙、丁懂英文，甲、丙、丁懂日文，乙、戊懂德文，戊懂法文。问：这 5 个人是否都能得到聘书？最多几个人可以得到聘书？招聘后每个人从事哪一方面的翻译工作？

【解】本问题看似指派问题，但没有指派成本，目标也不是总指派成本最小，而是“最多几个人可以得到聘书”，因此本问题可以用最大流问题的方法来求解。

方法 1：与例 4－4 类似，将招聘问题用图 4－10 表示。图中的节点甲、乙、丙、丁、戊表示 5 个人，节点俄、英、日、德、法表示 5 项翻译任务。为了求解问题方便，增加了一个虚拟供应点 S 和一个虚拟需求点 T（而方法 2 就没有增加这两个虚拟节点）。

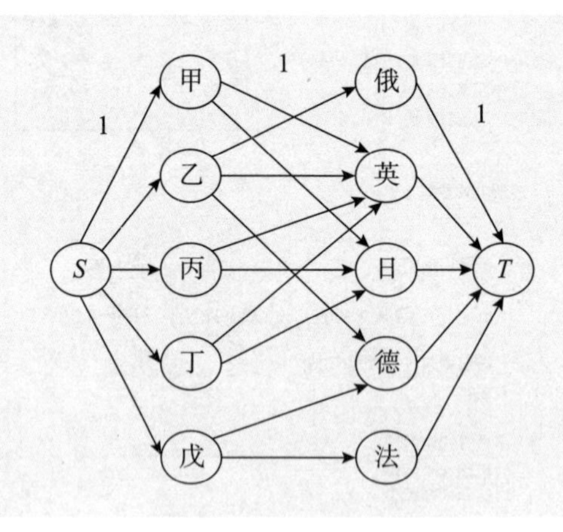

图 4－10　招聘问题的网络图（有虚拟节点 S 和 T）

（1）从虚拟供应点 S 开始的弧，其容量为供应量 1，表示每个人最多只能完成 1 项翻译任务。

（2）从节点甲、乙、丙、丁、戊开始到节点俄、英、日、德、法的弧，表示某人懂某国语言（能胜任相应的翻译工作），其容量为 1，表示最多指派 1 次。

（3）到虚拟需求点 T 的弧，其容量为需求量 1，表示每项翻译任务最多只能由 1 个人完成。

合理安排每个人的翻译工作，就是求图 4-10 中从虚拟供应点 S 到虚拟需求点 T 的最大流问题。

例 4-5（招聘问题）方法 1 的电子表格模型如图 4-11 所示，参见“例 4-5 方法 1. xlsx”。为了查看方便，在最优解（流量）D4：D24 区域中，利用 Excel 的“条件格式”功能①，将“0”值单元格的字体颜色设置成“黄色”，与填充颜色（背景色）相同。

方法 1 的求解结果如图 4-11 中的 B4：D24 区域所示。整理后每个人的翻译任务的指派方案如图 4-12 所示。这 5 个人不能都得到聘书，最多有 4 个人可以得到聘书。招聘后每个人从事的翻译任务是：甲→英文、乙→俄文、丁→日文、戊→法文。遗憾的是，丙没能得到聘书，而德文翻译工作没人做。

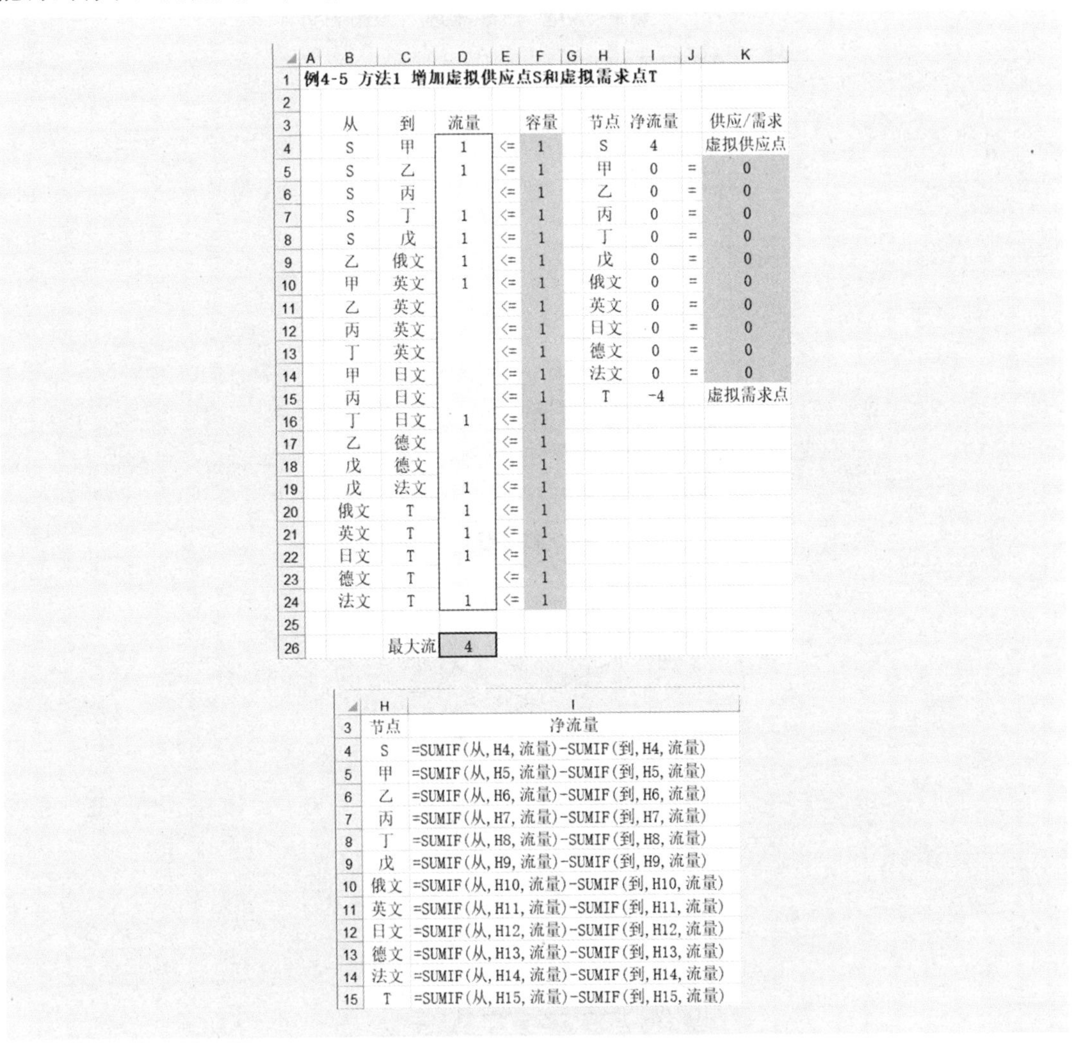

例4-5 方法1 增加虚拟供应点S和虚拟需求点T

行	B	C	D	E	F	H	I	J	K
3	从	到	流量		容量	节点	净流量		供应/需求
4	S	甲	1	<=	1	S	4		虚拟供应点
5	S	乙	1	<=	1	甲	0	=	0
6	S	丙		<=	1	乙	0	=	0
7	S	丁	1	<=	1	丙	0	=	0
8	S	戊	1	<=	1	丁	0	=	0
9	乙	俄文	1	<=	1	戊	0	=	0
10	甲	英文	1	<=	1	俄文	0	=	0
11	乙	英文		<=	1	英文	0	=	0
12	丙	英文		<=	1	日文	0	=	0
13	丁	英文		<=	1	德文	0	=	0
14	甲	日文		<=	1	法文	0	=	0
15	丙	日文		<=	1	T	-4		虚拟需求点
16	丁	日文	1	<=	1				
17	乙	德文		<=	1				
18	戊	德文		<=	1				
19	戊	法文	1	<=	1				
20	俄文	T	1	<=	1				
21	英文	T	1	<=	1				
22	日文	T	1	<=	1				
23	德文	T		<=	1				
24	法文	T	1	<=	1				
25									
26		最大流	4						

行	H	I
3	节点	净流量
4	S	=SUMIF(从,H4,流量)-SUMIF(到,H4,流量)
5	甲	=SUMIF(从,H5,流量)-SUMIF(到,H5,流量)
6	乙	=SUMIF(从,H6,流量)-SUMIF(到,H6,流量)
7	丙	=SUMIF(从,H7,流量)-SUMIF(到,H7,流量)
8	丁	=SUMIF(从,H8,流量)-SUMIF(到,H8,流量)
9	戊	=SUMIF(从,H9,流量)-SUMIF(到,H9,流量)
10	俄文	=SUMIF(从,H10,流量)-SUMIF(到,H10,流量)
11	英文	=SUMIF(从,H11,流量)-SUMIF(到,H11,流量)
12	日文	=SUMIF(从,H12,流量)-SUMIF(到,H12,流量)
13	德文	=SUMIF(从,H13,流量)-SUMIF(到,H13,流量)
14	法文	=SUMIF(从,H14,流量)-SUMIF(到,H14,流量)
15	T	=SUMIF(从,H15,流量)-SUMIF(到,H15,流量)

图 4-11　例 4-5 方法 1 的电子表格模型

① 设置（或清除）条件格式的操作参见第 3 章附录。

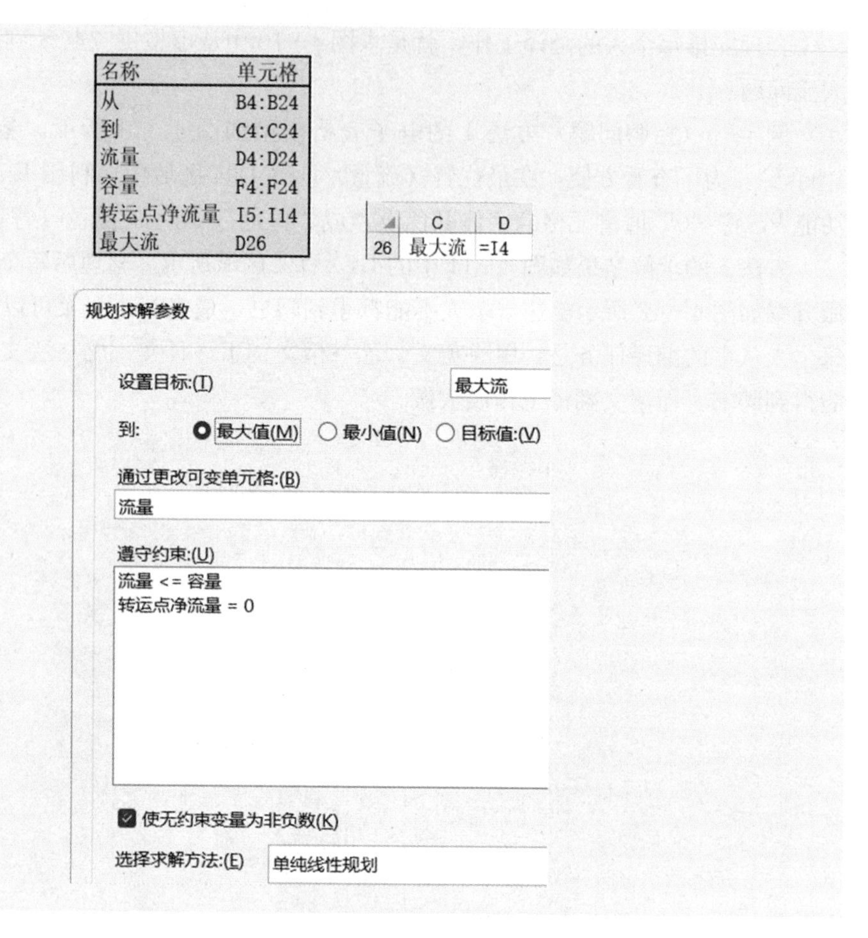

名称	单元格
从	B4:B24
到	C4:C24
流量	D4:D24
容量	F4:F24
转运点净流量	I5:I14
最大流	D26

	C	D
26	最大流	=I4

图 4－11（续）

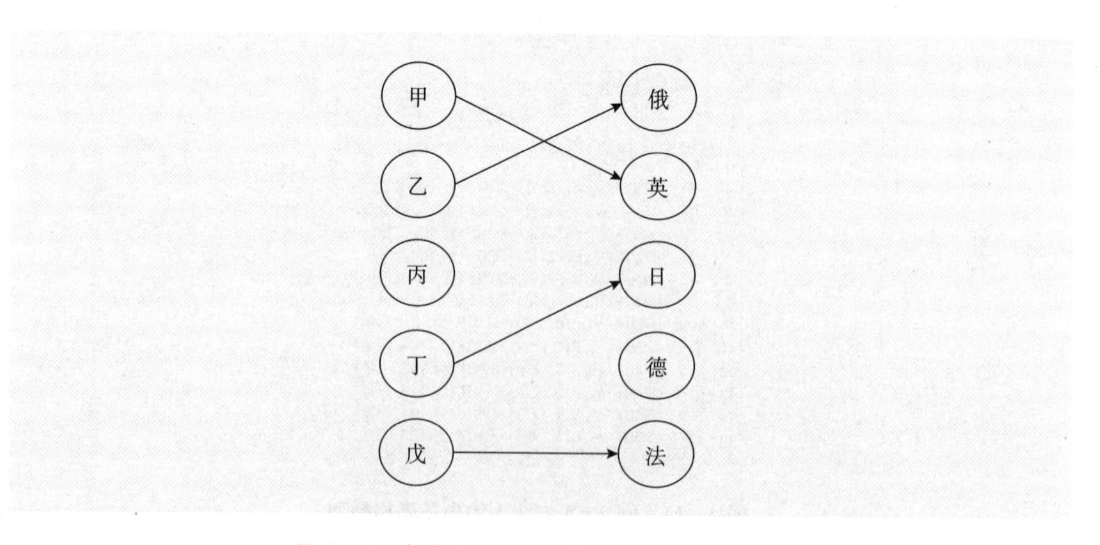

图 4－12　每个人翻译任务的指派方案（方法 1）

方法 2：把该招聘问题看作变形的指派问题，因为目标是“最多几个人可以得到聘书”，所以用最大流问题的方法来求解。

变形的指派问题也可用网络图表示，如图 4－13 所示。图中的节点甲、乙、丙、丁、戊表示 5 个人，节点俄、英、日、德、法表示 5 项翻译任务。用弧表示某人懂某国语言（能胜任相应的翻译任务）。

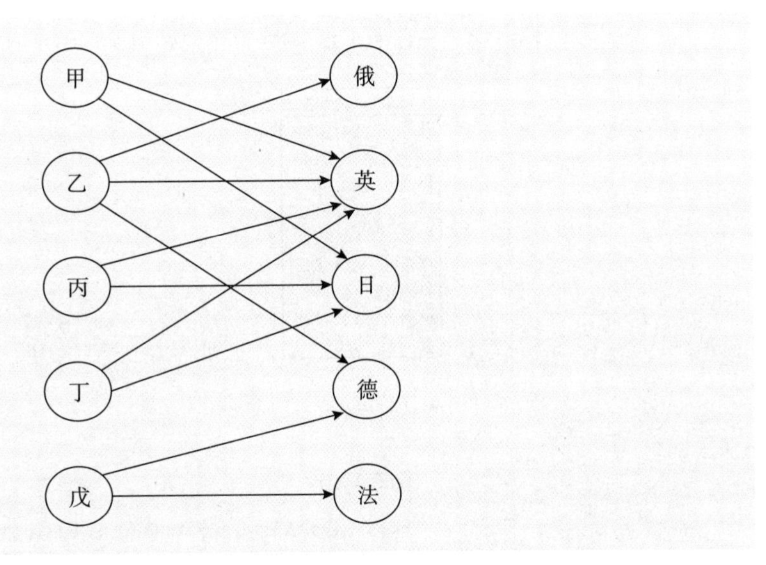

图 4－13　招聘问题的网络图（变形的指派问题）

例 4－5（招聘问题）方法 2 的电子表格模型如图 4－14 所示，参见“例 4－5 方法 2.xlsx”。这里将最大流问题中常用的节点“净流量”约束分开，成为供应点“总流出”约束和需求点“总流入”约束。供应点“总流出”约束对应指派问题中“每个人最多只能完成 1 项任务”的约束，而需求点“总流入”约束对应指派问题中“每项任务最多只能由 1 个人完成”的约束。

	A	B	C	D	E	F	G	H	I	J	K
1	例4-5 方法2 变形的指派问题										
2											
3		从	到	流量		容量		供应点	总流出		供应量
4		乙	俄文	1	<=	1		甲	1	<=	1
5		甲	英文		<=	1		乙	1	<=	1
6		乙	英文		<=	1		丙	1	<=	1
7		丙	英文	1	<=	1		丁	0	<=	1
8		丁	英文		<=	1		戊	1	<=	1
9		甲	日文	1	<=	1					
10		丙	日文		<=	1		需求点	总流入		需求量
11		丁	日文		<=	1		俄文	1	<=	1
12		乙	德文		<=	1		英文	1	<=	1
13		戊	德文	1	<=	1		日文	1	<=	1
14		戊	法文		<=	1		德文	1	<=	1
15								法文	0	<=	1
16			最大流	4							

图 4－14　例 4－5 方法 2 的电子表格模型

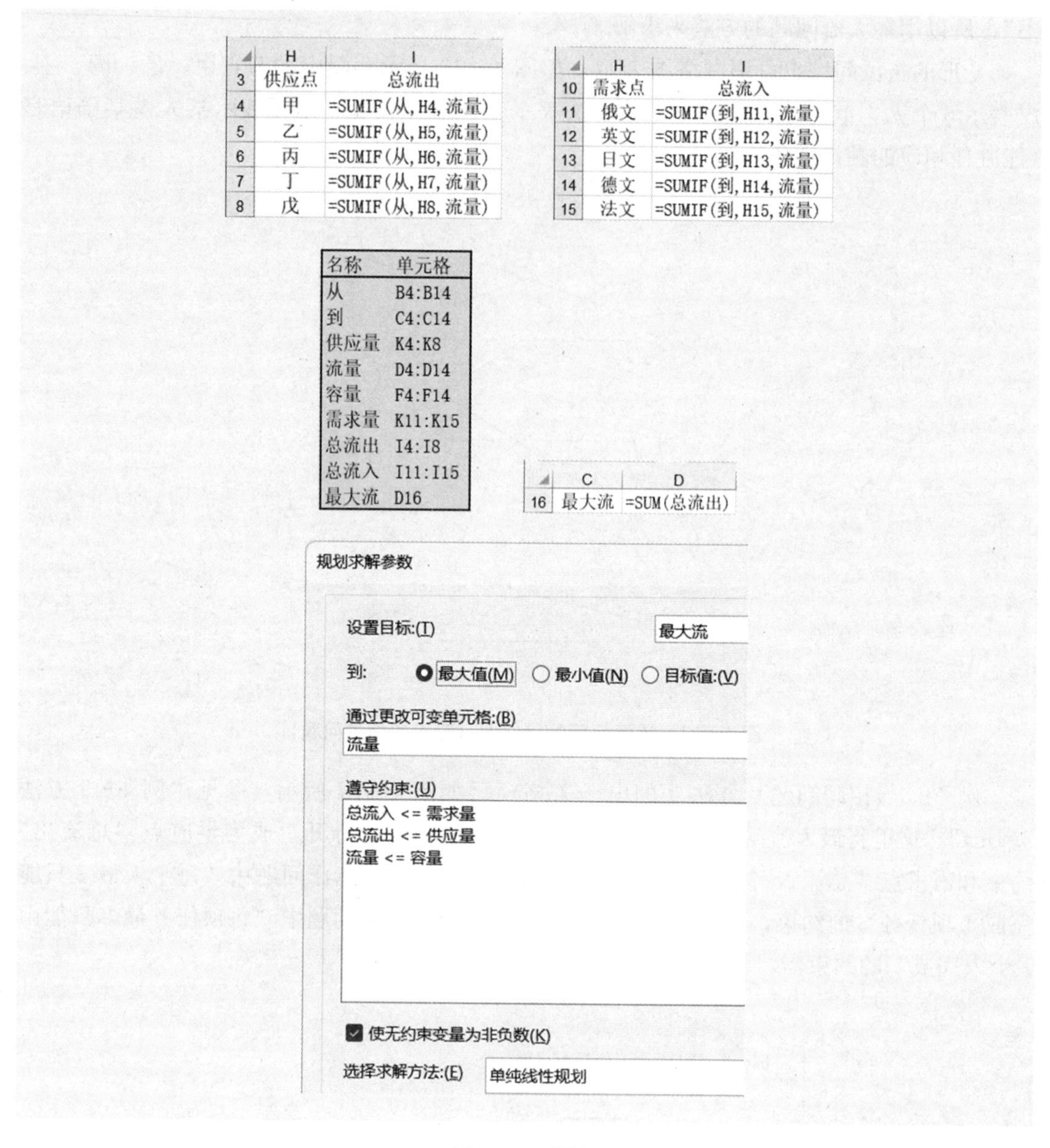

图 4－14（续）

方法 2 的求解结果如下：

（1）每个人翻译任务的指派方案如图 4－14 中的 B4：D14 区域所示，与方法 1 求得的指派方案（见图 4－12）有所不同。也就是说，得到另外一组最优解。

（2）每个人的指派情况（总流出）如 I4：I8 区域所示。也就是说，有 4 个人指派到翻译任务（最多有 4 个人可以得到聘书），而丁没有指派到翻译任务（没能得到聘书）。

（3）翻译任务的分派情况（总流入）如 I11：I15 区域所示。从另一方面说明，有 4 项翻译任务分派到人，而法文翻译工作没有分派到人（没人做）。

整理方法 2 的求解结果（每个人翻译任务的指派方案），得到图 4－15。

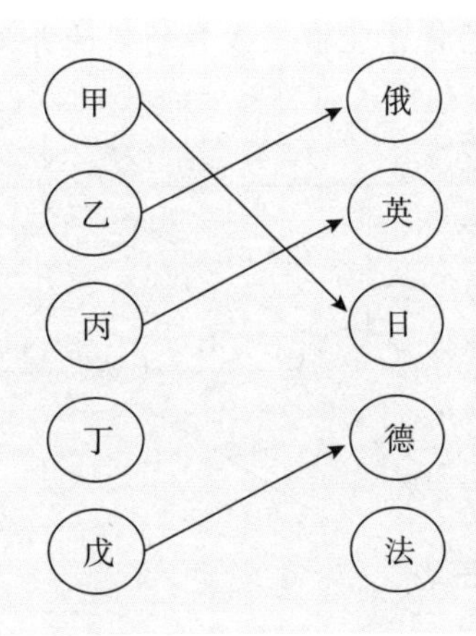

图 4－15　每个人翻译任务的指派方案（方法 2）

4.4 最小费用最大流问题

在实际的网络应用中，当涉及流的问题时，有时不仅要考虑流量，还要考虑费用问题，尤其是需兼顾流量和费用问题，于是就出现了最小费用最大流问题（minimum cost maximum flow problem）。欲使一个容量网络的成本最小，则流量为零的情况符合条件（成本为零）；而想使一个容量网络的流量最大，则在不计成本的时候最容易实现。因此单从字面上看，最小费用和最大流同时出现在一个问题的规划目标中，似乎是相互矛盾的。为了避免语意上的误解，在一些教材中，“最小费用最大流”往往直接表述成“最小费用”。所谓的“最小费用问题”，就是指在一个特定的运输流量下，从不同的流量配置方案中找出一个费用最小的方案。类似地，所谓的“最小费用最大流问题”，就是保证在最大流的情况下，如果网络有多个最大流量运输方案，则寻求其中费用最小的方案。最小费用最大流问题是最小费用流问题的特殊情况。因此，仍旧是单一目标的线性规划问题。

利用 Excel 软件中“规划求解”功能来实现最小费用流问题是十分简洁的。在约束条件中，强制规定流量等于特定值后，由模型来规划最小费用流。如果问题明确提出求最小费用最大流问题，则问题可以分成两步求解（建立两个模型）：第一步按照前面介绍的方法，求出不考虑成本时的最大流量；第二步是将前一步确定的最大流量作为新的约束条件，添加到求最小费用的模型中。

例 4－6

某公司有一个管道网络（如图 4－16 所示），使用这个网络可以把石油从采地 V_1 输送到销地 V_7。由于输油管道长短不一，每段管道除了有不同的容量 c_{ij} 限制外，还有不同的单位流量的费用 b_{ij}。每段管道旁括号内的数字为（c_{ij}，b_{ij}）。如果使用这个管道网络，从

采地 V_1 向销地 V_7 输送石油，怎样才能输送最多的石油并使得总的输送费用最小？

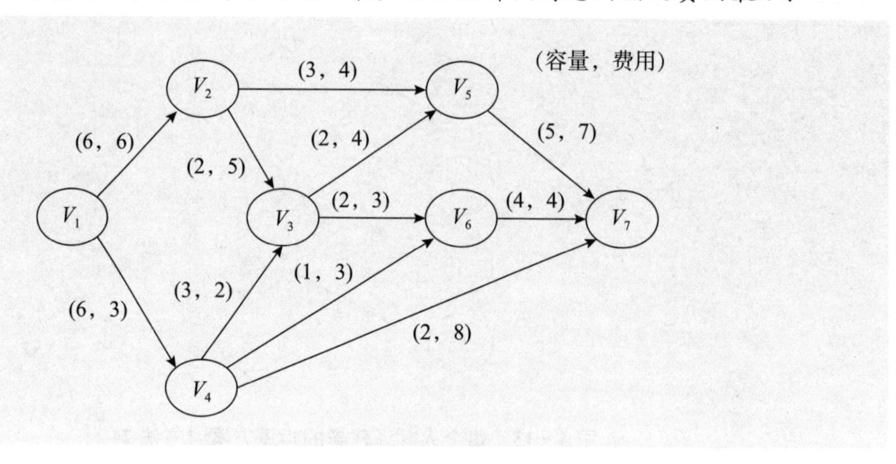

图 4-16　某公司的管道网络图

【解】 第一步：先求出此管道网络的最大流量 F（最大流问题）。

设通过弧（$V_i \to V_j$）的流量为 f_{ij}，则例 4-6 最大流问题的线性规划模型为：

$$\max F = f_{12} + f_{14}$$

$$\text{s.t.}\begin{cases}(f_{25}+f_{23})-f_{12}=0 & （转运点 V_2）\\ (f_{35}+f_{36})-(f_{23}+f_{43})=0 & （转运点 V_3）\\ (f_{43}+f_{46}+f_{47})-f_{14}=0 & （转运点 V_4）\\ f_{57}-(f_{25}+f_{35})=0 & （转运点 V_5）\\ f_{67}-(f_{36}+f_{46})=0 & （转运点 V_6）\\ f_{ij}\leqslant c_{ij} & （容量限制）\\ f_{ij}\geqslant 0 & （非负）\end{cases}$$

石油网络最大流问题的电子表格模型如图 4-17 所示，参见“例 4-6 第一步.xlsx”。求得的最大流量 $F=10$。

	A	B	C	D	E	F	G	H	I	J	K
1	例4-6 第一步 最大流问题										
2											
3		从	到	流量		容量		节点	净流量		供应/需求
4		V1	V2	5	<=	6		V1	10		供应点
5		V1	V4	5	<=	6		V2	0	=	0
6		V2	V5	3	<=	3		V3	0	=	0
7		V2	V3	2	<=	2		V4	0	=	0
8		V3	V5	2	<=	2		V5	0	=	0
9		V3	V6	2	<=	2		V6	0	=	0
10		V4	V3	2	<=	3		V7	-10		需求点
11		V4	V6	1	<=	1					
12		V4	V7	2	<=	2					
13		V5	V7	5	<=	5					
14		V6	V7	3	<=	4					
15											
16			最大流	10							

图 4-17　石油网络最大流问题的电子表格模型

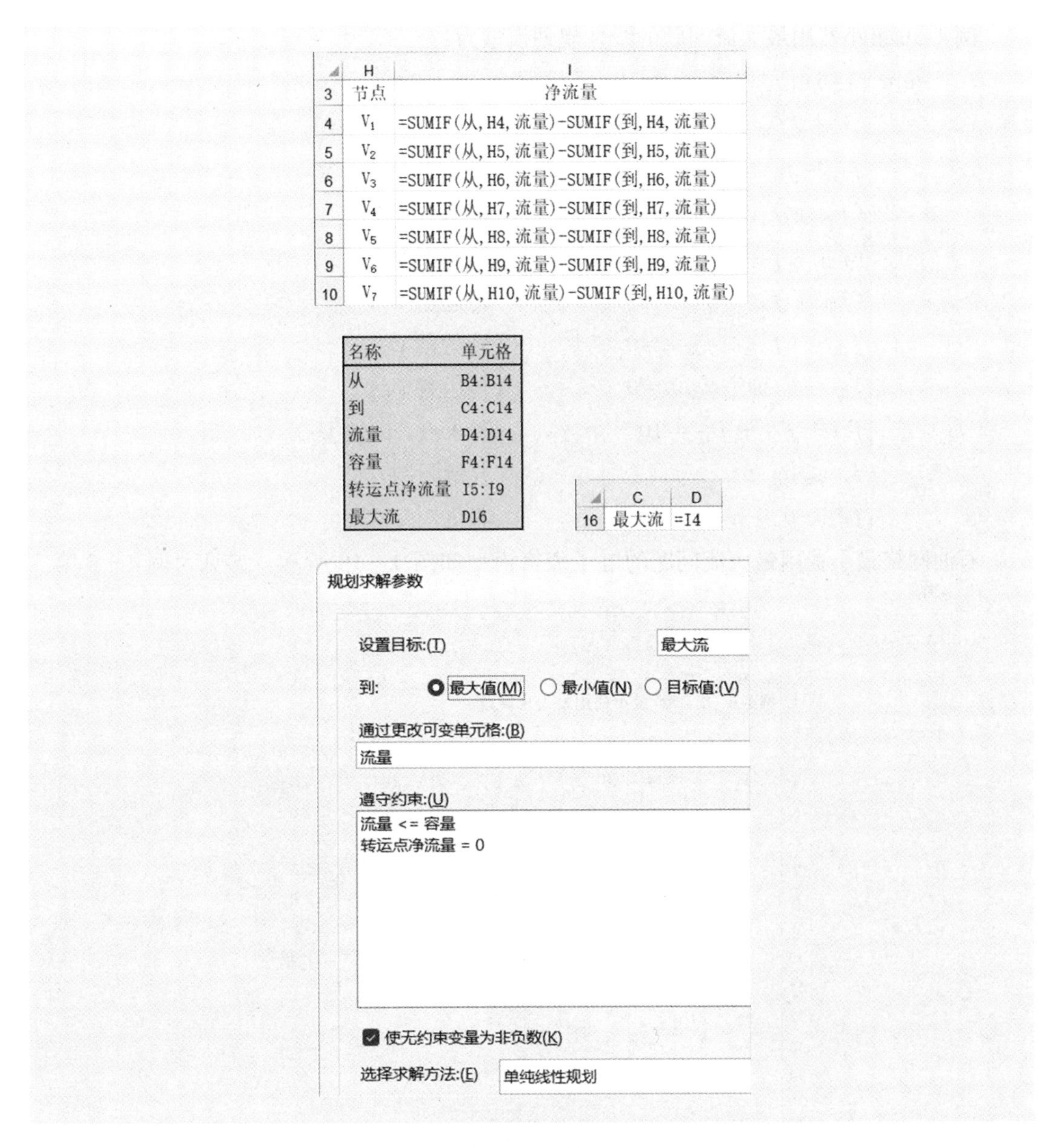

图 4-17（续）

第二步：在最大流量 $F=10$ 的所有解中，找出一个费用最小的解（最小费用流问题）。

模型结构并无大的变化，只是在第二步中将第一步规划求解得到的供应点和需求点最大流量作为强制约束写入模型。同时，目标函数通过综合运输成本来表达。

因此，仍然设通过弧（$V_i \rightarrow V_j$）的流量为 f_{ij}，这时管道网络的最大流量 F 已经知道，只需在第一步约束条件的基础上，增加供应点的总流量等于 F 的约束条件 $f_{12}+f_{14}=F$，以及需求点的总流量等于 F 的约束条件 $f_{47}+f_{57}+f_{67}=F$，即可得到最小费用最大流问题的约束条件。其目标函数显然是其流量的总费用最小：$\min z=\sum\limits_{i,\ j} f_{ij} \cdot b_{ij}$。

例 4 - 6 最小费用最大流问题的线性规划模型为：

$$\min z = 6f_{12} + 3f_{14} + 4f_{25} + 5f_{23} + 4f_{35} + 3f_{36} + 2f_{43} + 3f_{46} + 8f_{47} + 7f_{57} + 4f_{67}$$

$$\text{s. t.} \begin{cases} f_{12} + f_{14} = 10 & \text{（供应点，采地 } V_1\text{）} \\ (f_{25} + f_{23}) - f_{12} = 0 & \text{（转运点 } V_2\text{）} \\ (f_{35} + f_{36}) - (f_{23} + f_{43}) = 0 & \text{（转运点 } V_3\text{）} \\ (f_{43} + f_{46} + f_{47}) - f_{14} = 0 & \text{（转运点 } V_4\text{）} \\ f_{57} - (f_{25} + f_{35}) = 0 & \text{（转运点 } V_5\text{）} \\ f_{67} - (f_{36} + f_{46}) = 0 & \text{（转运点 } V_6\text{）} \\ f_{47} + f_{57} + f_{67} = 10 & \text{（需求点，销地 } V_7\text{）} \\ f_{ij} \leqslant c_{ij} & \text{（容量限制）} \\ f_{ij} \geqslant 0 & \text{（非负）} \end{cases}$$

石油网络最小费用最大流问题的电子表格模型如图 4 - 18 所示，参见“例 4 - 6 第二步.xlsx”。

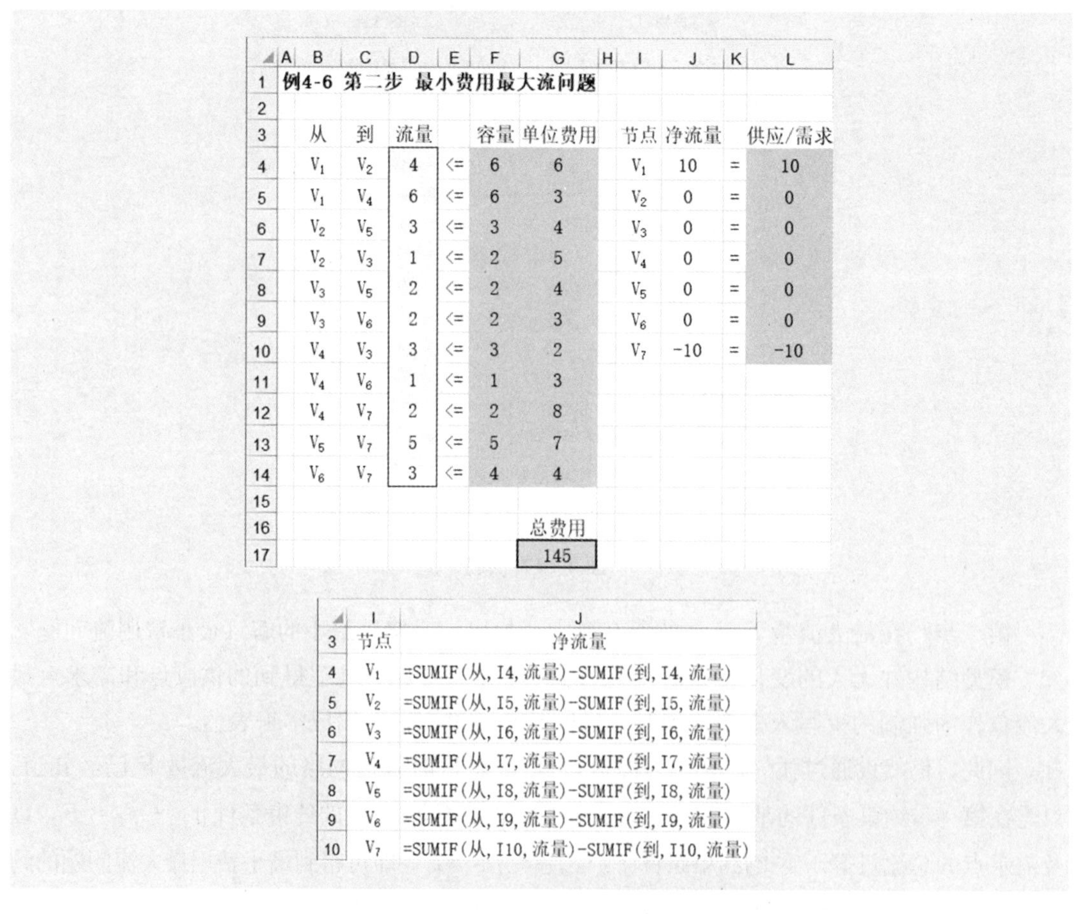

例4-6 第二步 最小费用最大流问题

	B	C	D	E	F	G	I	J	K	L
3	从	到	流量		容量	单位费用	节点	净流量		供应/需求
4	V_1	V_2	4	<=	6	6	V_1	10	=	10
5	V_1	V_4	6	<=	6	3	V_2	0	=	0
6	V_2	V_5	3	<=	3	4	V_3	0	=	0
7	V_2	V_3	1	<=	2	5	V_4	0	=	0
8	V_3	V_5	2	<=	2	4	V_5	0	=	0
9	V_3	V_6	2	<=	2	3	V_6	0	=	0
10	V_4	V_3	3	<=	3	2	V_7	-10	=	-10
11	V_4	V_6	1	<=	1	3				
12	V_4	V_7	2	<=	2	8				
13	V_5	V_7	5	<=	5	7				
14	V_6	V_7	3	<=	4	4				
16						总费用				
17						145				

	I	J
3	节点	净流量
4	V_1	=SUMIF(从, I4, 流量)-SUMIF(到, I4, 流量)
5	V_2	=SUMIF(从, I5, 流量)-SUMIF(到, I5, 流量)
6	V_3	=SUMIF(从, I6, 流量)-SUMIF(到, I6, 流量)
7	V_4	=SUMIF(从, I7, 流量)-SUMIF(到, I7, 流量)
8	V_5	=SUMIF(从, I8, 流量)-SUMIF(到, I8, 流量)
9	V_6	=SUMIF(从, I9, 流量)-SUMIF(到, I9, 流量)
10	V_7	=SUMIF(从, I10, 流量)-SUMIF(到, I10, 流量)

图 4 - 18　石油网络最小费用最大流问题的电子表格模型

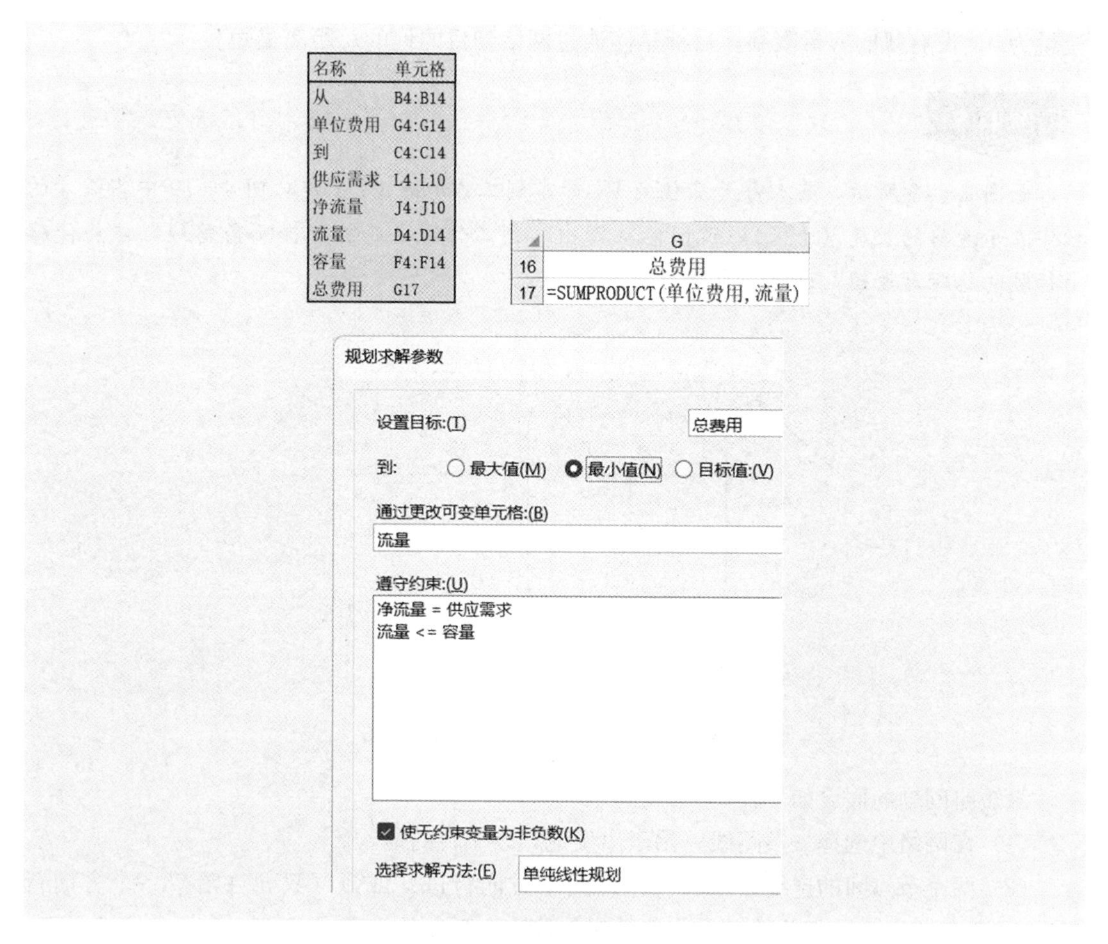

图 4-18（续）

经过两个步骤后，求得一个能够输送石油最多且花费最少的输送方案（见图 4-18 中的 B4：D14 区域），其最小费用为 145。

4.5 最短路问题

最短路问题（shortest path problem）是网络理论中应用最广泛的问题之一。许多优化问题可以使用这个模型，如管道铺设、路线安排、厂区布局等。

全球定位系统（global positioning system，GPS）是人们熟知的，现在智能手机也配置了导航软件。它可以为我们计算出满足各种不同要求的、从出发地到目的地的最优路径，可能花费时间最短，也可能过路费最少。GPS 寻找最优路径就是最短路问题的典型应用。

4.5.1 最短路问题的基本概念

最短路问题最普遍的应用是在两个点之间寻找最短路线，是最小费用流问题的一种特殊类型：出发地（供应点）的供应量为 1，目的地（需求点）的需求量为 1，转运点的净流量为 0，没有弧的容量限制，目标是使通过网络到目的地的总距离最短。

例 4-7

如图 4-19 所示，某人每天从住处 V_1 开车到工作地点 V_7 上班，图 4-19 中各弧旁的数字表示道路的长度（千米）。试问他从家出发到工作地点，应选择哪条路线，才能使路上行驶的总距离最短？这是一个最短路问题。

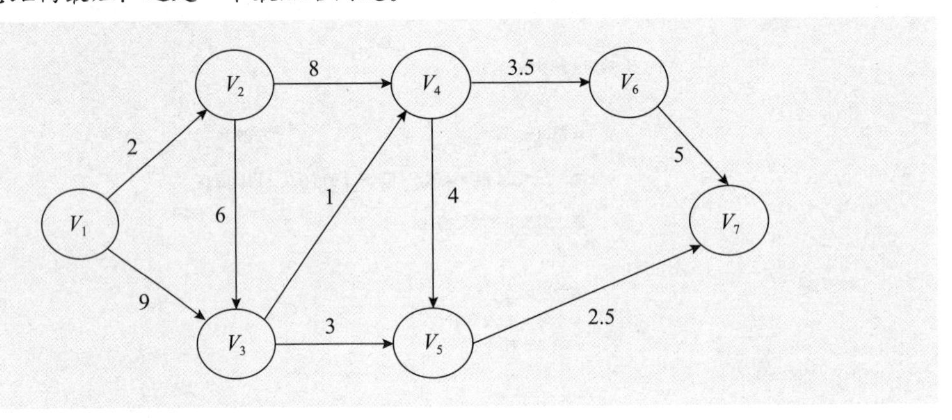

图 4-19　某人开车上班可能的线路图

最短路问题的假设如下：

(1) 在网络中选择一条路线，始于出发地，终于目的地。

(2) 两个节点间的连线叫作边（允许两个方向行进）或弧（只允许沿着一个方向行进）。与每条边（弧）相关的一个非负数叫作该边（弧）的长度。

(3) 目标是寻找从出发地到目的地的最短路（总长度最短的路线）。

4.5.2　最短路问题的数学模型

最短路问题的线性规划模型为：

(1) 决策变量。设 x_{ij} 为弧（节点 i→节点 j）是否走（1 表示走，0 表示不走）。

(2) 目标是使通过网络的总长度最短，即从出发地到目的地的路线最短。

(3) 约束条件。

① 一个出发地：净流量为 1（表示出发）；

② 所有中间点：净流量为 0（表示如果有走入，则必有走出，只是经过而已）；

③ 一个目的地：净流量为−1（表示到达）；

④ x_{ij} 非负。

由于最短路问题是最小费用流问题的一种特殊类型，因此它也具有整数解特征，没有必要加上所有决策变量都是 0-1 变量的约束。

具体而言，对于例 4-7 的最短路问题，其线性规划数学模型为：

(1) 决策变量。设 x_{ij} 为弧（节点 V_i→节点 V_j）是否走（1 表示走，0 表示不走）。

（2）目标函数。本问题的目标是总距离最短，即：

$$\min z = 2x_{12} + 9x_{13} + 6x_{23} + 8x_{24} + 1x_{34} + 3x_{35} + 4x_{45} + 3.5x_{46} + 2.5x_{57} + 5x_{67}$$

（3）约束条件（节点净流量、非负）。

① 出发地净流量为 1：

$$V_1: x_{12} + x_{13} = 1$$

② 中间点净流量为 0：

$$V_2: x_{24} + x_{23} - x_{12} = 0$$

$$V_3: x_{34} + x_{35} - (x_{13} + x_{23}) = 0$$

$$V_4: x_{46} + x_{45} - (x_{24} + x_{34}) = 0$$

$$V_5: x_{57} - (x_{35} + x_{45}) = 0$$

$$V_6: x_{67} - x_{46} = 0$$

③ 目的地净流量为－1：

$$V_7: 0 - (x_{67} + x_{57}) = -1 \text{ 或 } x_{67} + x_{57} = 1$$

④ 非负：

$$x_{ij} \geqslant 0$$

4.5.3　最短路问题的电子表格模型

例 4－7 最短路问题的电子表格模型如图 4－20 所示，参见“例 4－7. xlsx”。

	A	B	C	D	E	F	G	H	I	J
1	例4-7									
2										
3		从	到	是否走	距离		节点	净流量		供应/需求
4		V_1	V_2	1	2		V_1	1	=	1
5		V_1	V_3		9		V_2	0	=	0
6		V_2	V_3	1	6		V_3	0	=	0
7		V_2	V_4		8		V_4	0	=	0
8		V_3	V_4		1		V_5	0	=	0
9		V_3	V_5	1	3		V_6	0	=	0
10		V_4	V_5		4		V_7	-1	=	-1
11		V_4	V_6		3.5					
12		V_5	V_7	1	2.5					
13		V_6	V_7		5					
14										
15				总距离	13.5					

	G	H
3	节点	净流量
4	V_1	=SUMIF(从, G4, 是否走)-SUMIF(到, G4, 是否走)
5	V_2	=SUMIF(从, G5, 是否走)-SUMIF(到, G5, 是否走)
6	V_3	=SUMIF(从, G6, 是否走)-SUMIF(到, G6, 是否走)
7	V_4	=SUMIF(从, G7, 是否走)-SUMIF(到, G7, 是否走)
8	V_5	=SUMIF(从, G8, 是否走)-SUMIF(到, G8, 是否走)
9	V_6	=SUMIF(从, G9, 是否走)-SUMIF(到, G9, 是否走)
10	V_7	=SUMIF(从, G10, 是否走)-SUMIF(到, G10, 是否走)

图 4－20　例 4－7 的电子表格模型

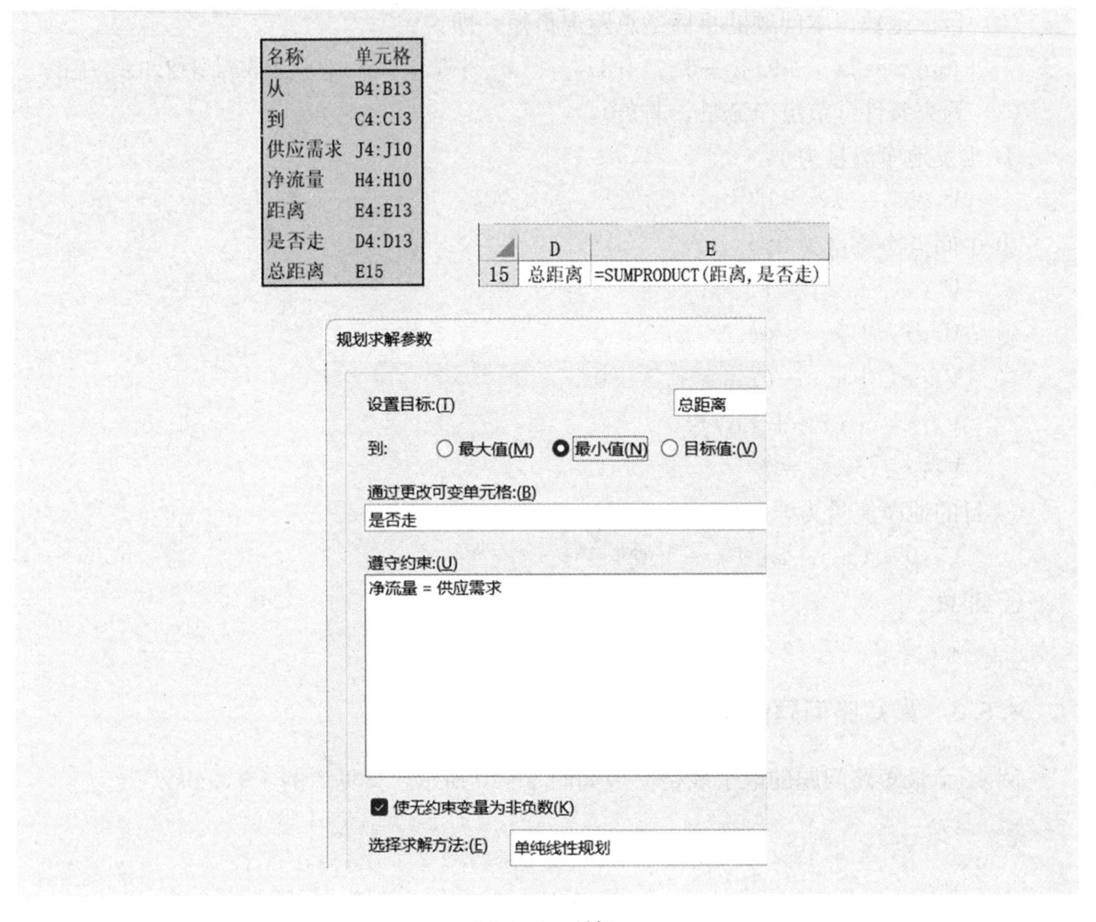

图 4－20（续）

在图 4－20 的电子表格模型中，V_1 的供应量为 1，表示此次行程的开始（出发）；V_7 的需求量为 1（净流量为－1），表示此次行程的结束（到达）；其余节点（V_2～V_6）为中间点，净流量为 0，表示如果有走入，则必有走出（只是经过而已）。

Excel 求解结果为：某人从家 V_1 出发到工作地点 V_7，他开车应行驶的路线为：$V_1 \to V_2 \to V_3 \to V_5 \to V_7$，如图 4－21 所示，此时路上行驶的总距离最短，为 13.5 千米。

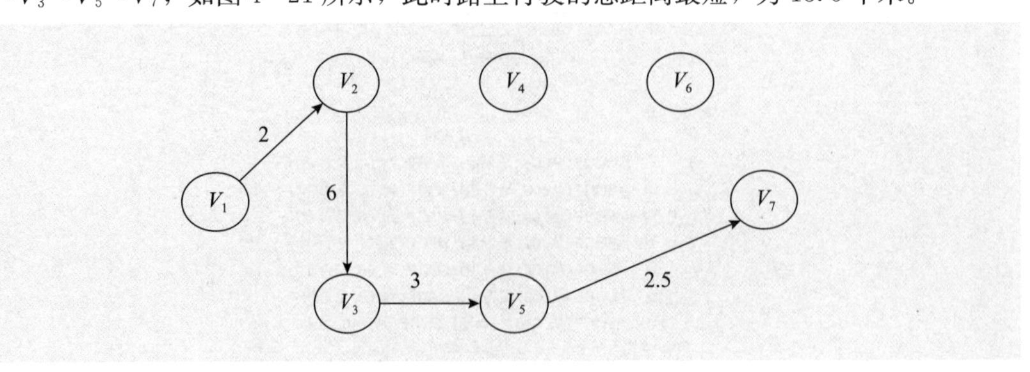

图 4－21　例 4－7 的求解结果（最短路线）

4.6 最小支撑树问题

许多网络问题可以归结为最小支撑树问题。例如，设计长度最短的公路网，把若干城市（乡村）连接起来；设计用料最省的电话线网（光纤），把有关单位联系起来；等等。这种问题的目标是设计网络。虽然节点已经给出，但必须决定在网络中要加入哪些边。特别要指出的是，向网络中插入的每一条可能的边都有成本。为了使每两个节点之间有连接，需要插入足够多的边。目标就是以某种方法完成网络设计，使得边的总成本最小。这种问题称为最小支撑树问题。

例 4-8

某公司铺设光导纤维网络问题。某公司的管理层已经决定铺设最先进的光导纤维网络，为公司的主要中心之间提供高速通信（数据、声音、图像等）。图 4-22 中的节点显示了该公司主要中心（包括公司的总部、巨型计算机、研究区、生产和配送中心等）的分布图。虚线是铺设纤维光缆的可能位置。每条虚线旁的数字表示选择在这个位置铺设光缆的成本（千元）。

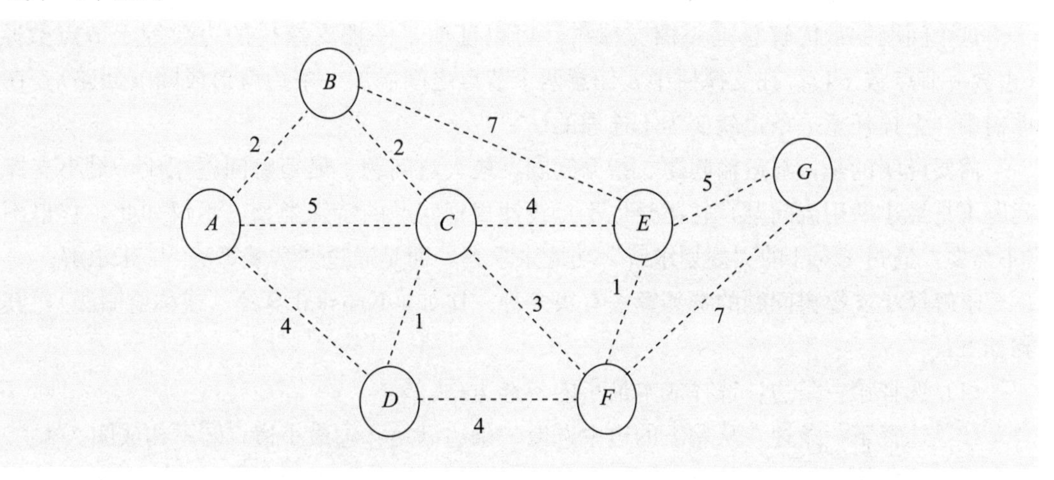

图 4-22　公司主要中心的分布图

为了充分利用光纤技术在中心之间高速通信上的优势，不需要在每两个中心之间都用一条光缆把它们直接连接起来。现在的问题就是要确定需要铺设哪些光缆，使得提供给每两个中心之间的高速通信的总成本最小。

【解】实际上，这就是一个最小支撑树问题。图 4-23 给出了该问题的最优解，网络中的边相当于图 4-22 的可选光缆中应该选择铺设的光缆。该光纤网络所需的总成本为 $1+1+2+2+3+5=14$（千元）。

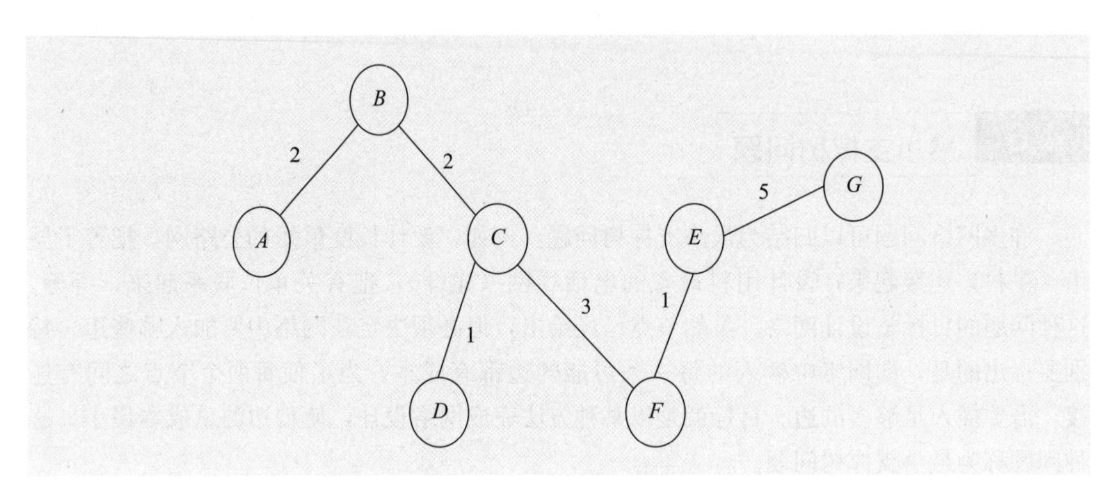

图 4-23　公司的最小支撑树

最小支撑树问题的假设如下：

(1) 给出网络中的节点，但没有给出边。或者给出可供选择的边和把它插入网络后每条边的正的成本（或者相似的度量）。

(2) 在设计网络时，希望插入足够多的边，以满足每两个节点之间都有一条路线的需要。

(3) 目标是寻找一种方法，使得在满足要求的同时，总成本最小。

这个问题的最优解总是一棵支撑树。可以证明，一棵支撑树的边数等于节点数减 1（边数＝节点数－1）。在支撑树中，任意两个节点之间添加一条边就形成圈（回路）。在支撑树中，去掉任意一条边就变为不连通的。

需要说明的是，与运输问题、指派问题、最大流问题、最短路问题相比，最小支撑树问题不是最小费用流问题，它甚至也不是线性规划问题的特殊类型。不仅如此，它也不能（不需要）通过 Excel 的"规划求解"功能来求解，而是通过"贪婪算法"① 来求解。

求解最小支撑树问题的贪婪算法有很多种。比如，Kruskal 算法（或称避圈法），其步骤如下：

(1) 选择第一条边：选择成本最小的备选边。

(2) 选择下一条边：从剩下的边中选取一条边满足：①最小边；②不构成圈。

(3) 重复第 (2) 步，直到选取的边数为节点数减 1（边数＝节点数－1）。此时就得到了最优解（最小支撑树）。

---

① 贪婪算法（greedy algorithm）又称贪心算法，是一种对某些求最优解问题的更简单、更迅速的设计技术。在对问题求解时，总是做出在当前看来最好的选择。也就是说，不从整体最优上加以考虑，所做出的仅是在某种意义上的局部最优解。贪婪算法不是对所有问题都能得到整体最优解，但对范围相当广泛的许多问题它能产生整体最优解或者整体最优解的近似解。贪婪算法是最接近于人类日常思维的一种问题求解方法，且由于优化问题在生活中比比皆是，因此贪婪算法的应用在生活和工作中处处可见。例如，公司招聘新员工是从一批应聘者中招聘最能干的人，学校招生是从众多报考者中招收一批最好的学生，这种按照某种标准挑选最接近该标准的人或物的做法就是贪婪算法。商场找零时，希望货币张数最少，收银员也会贪心地选择从大额货币开始支付。

处理成本相同的边：当有几条边同时是成本最小的边时，则从中任意选择一条边（不会影响最后的最优目标值）。

利用 Kruskal 算法求解例 4－8 的最小支撑树的步骤如下：

（1）在所有的备选边（见图 4－22 中的虚线）中，选择成本最小的边，有两条，边 CD 和边 EF（成本为 1 千元）。这里选择其中的一条，如边 CD，添加到图中（这里用实线标明），如图 4－24（a）所示。

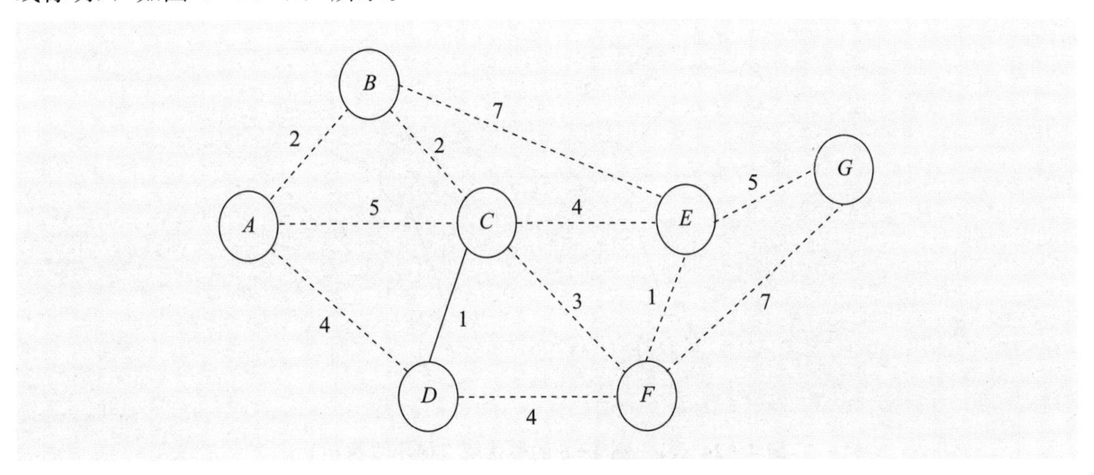

图 4－24（a）　添加第一条边

（2）应用算法的第（2）步，从剩下的备选边中选取一条最小边 EF（成本为 1 千元），添加到图中，看是否构成圈。此时不构成圈，所以选择边 EF。

（3）类似地，重复算法的第（2）步，将边 AB（成本为 2 千元）、BC（成本为 2 千元）、CF（成本为 3 千元）添加到图中，如图 4－24（b）所示。

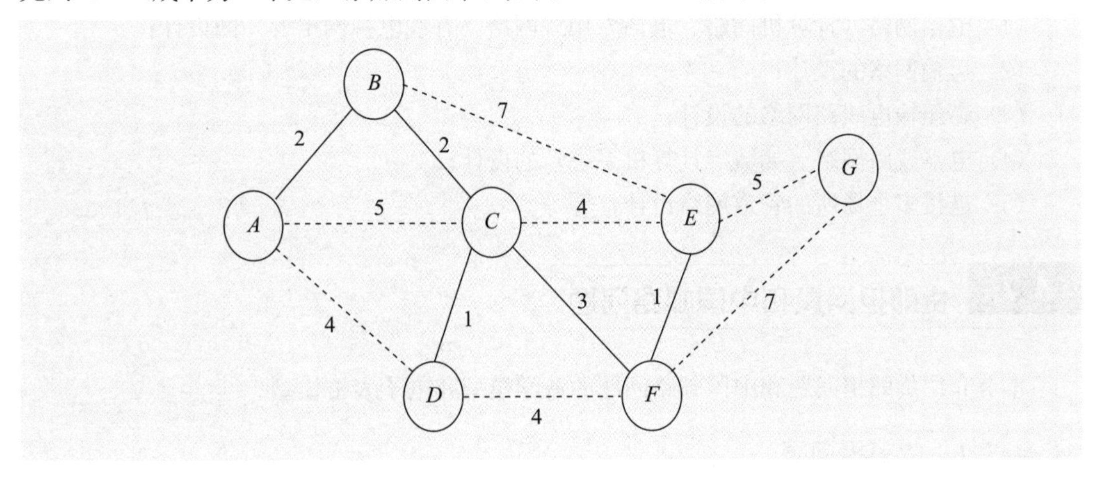

图 4－24（b）　添加了 5 条边

（4）剩下的备选边中，成本最小的有三条（成本为 4 千元）：边 AD、DF 和 CE。但不管添加哪条边，都会构成圈，所以这三条边都不能选。

（5）剩下的备选边中，成本最小的有两条（成本为 5 千元）：边 AC 和 EG。添加边 AC 会构成圈，而添加边 EG 不会构成圈，所以添加边 EG，如图 4－24（c）所示。现在每个节点都和边连接上了，算法结束。这就是最优解。所有插入网络并构成最小支撑树的边的总成本为 2＋2＋1＋3＋1＋5＝14（千元）。所有剩下的备选边（虚线）被抛弃了，结果如图 4－23 所示。

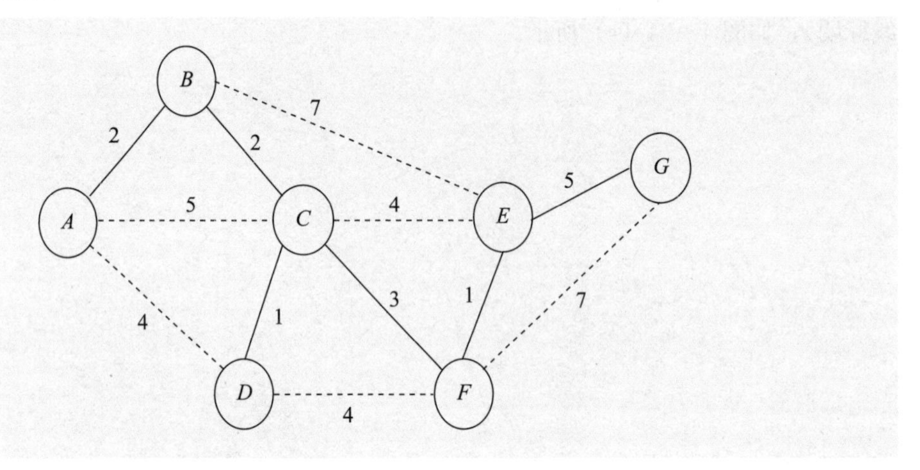

图 4－24（c） 例 4－8 的最优解（最小支撑树）

这种算法就属于贪婪算法，因为它仅仅抓住了每一步最有利的选择（最便宜的备选边），而不顾及这个选择对后面决策的影响。这么快捷而简单的算法依然能够保证找到最优解，实在不错。但一般不能用贪婪算法找到其他运筹学（管理科学）问题的最优解。

最小支撑树问题的一些实际应用有：

（1）电信网络（计算机网络、电话专用线网络、有线电视网络等）的设计；

（2）运输网络的设计；

（3）高压输电线路网络的设计；

（4）电器线路网络（如数字计算机系统）的设计；

（5）连接多个场所的管道网络设计；等等。

4.7 货郎担问题和中国邮路问题

本节介绍货郎担问题和中国邮路问题的数学模型和电子表格模型。

4.7.1 货郎担问题

货郎担问题（traveling salesman problem）在运筹学中是一个著名的命题。有一个走村串户的卖货郎，他从某个村庄出发，穿过若干个村庄一次且仅一次，最后仍回到出发的村庄。问他应如何选择行走路线，可使总行程最短？

货郎担问题又称为旅行售货员问题或旅行商问题，简称 TSP 问题。

现在把问题一般化。设有 n 个城市，用 1，2，…，n 表示，并用 c_{ij} 表示从 i 城到 j 城的距离。一位商人从 n 个城市中的某个城市出发，到其他 $n-1$ 个城市去推销商品，每个城市去一次且仅一次，最后回到出发城市（称能到每个城市一次且仅一次的路线为一个巡回）。问他如何选择行走的路线，可使总距离最短（或总费用最小）？

对于货郎担问题，也是将一条边看作长度相等、方向相反的两条弧，其线性规划模型为：

（1）决策变量。设 x_{ij}（$i\neq j$）为弧（城市 i→城市 j）是否走（1 表示走，0 表示不走）。

（2）目标是总距离最短，即 $\min z=\sum_{i,j}c_{ij}x_{ij}$。

（3）约束条件。

① 对于每个城市，经过一次且仅一次。即：

对于每个城市 i 都要走入 1 次（总流入为 1）：$\sum_{k}x_{ki}=1$（$i=1,2,\cdots,n$）；

对于每个城市 i 都要走出 1 次（总流出为 1）：$\sum_{j}x_{ij}=1$（$i=1,2,\cdots,n$）。

② 从某个城市出发，经过其他城市，最后回到出发城市。也就是说，不能将一个大回路（整体巡回路线，大巡回）变成几个小回路（即不含子巡回）。通过去掉小回路的办法，使结果成为一个大回路。即：

对于任意 2 个城市（城市 i 和 j），不能有小回路：$x_{ij}+x_{ji}\leqslant 1$（$i\neq j$）；

对于任意 3 个城市（城市 i，j 和 k），不能有小回路：$x_{ij}+x_{jk}+x_{ki}\leqslant 2$（$i\neq j\neq k$）；

……

对于任意 $n-2$ 个城市（城市 i，j，k，l，…，p），不能有小回路：

$$x_{ij}+x_{jk}+x_{kl}+\cdots+x_{pi}\leqslant n-3\quad(i\neq j\neq k\neq l\neq\cdots\neq p)$$

③ 非负：$x_{ij}\geqslant 0$。

用 Excel 求解货郎担问题的想法源于用 Excel 求解最短路问题，但需要修改 Excel 模型。由于在最短路问题中，有些节点可以不经过，但在货郎担问题中要求每个节点（城市）都要经过且仅经过一次，因此约束条件变为将每个节点的“总流入”和“总流出”分开。也就是说，每个节点有两个约束（总流入=1 和总流出=1），而非最短路问题的一个“净流量”约束。改进后的 Excel 模型，有时可以得到只有一个大回路的最优解（此时求解结束），但经常会得到有几个小回路（子巡回）的解，此时就应该再增加去掉小回路的约束。下面举例说明。

例 4-9

某电动汽车公司和学校合作，拟定在校园内开通无污染无噪音的“绿色交通”路线。图 4-25 是教学楼和学生宿舍楼的分布图，边上的数字为汽车通过两点间距离的正常时间（分钟）。电动汽车公司应如何设计一条行驶路线，使汽车经过每处教学楼和宿舍楼一次的总时间最少？

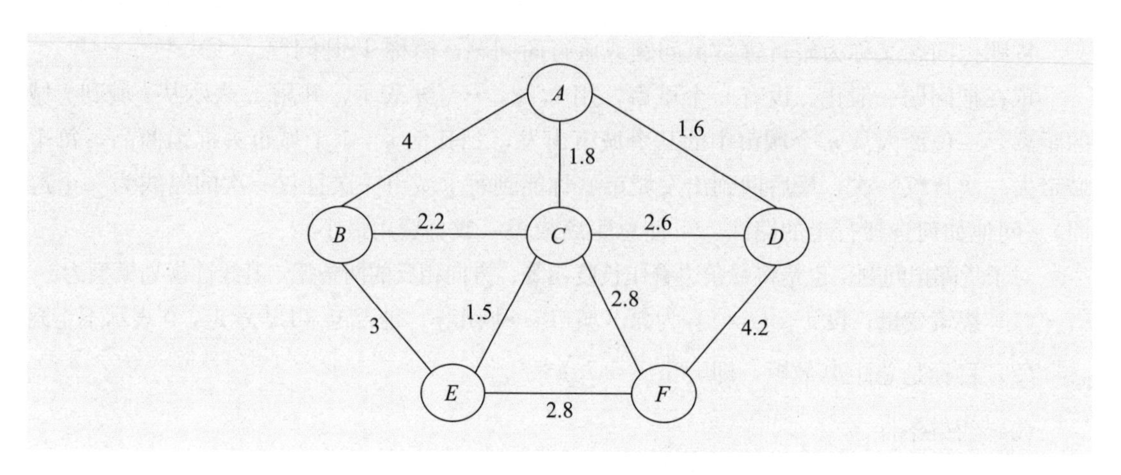

图 4－25　教学楼和学生宿舍楼的分布图

【解】可以把在校园内开通“绿色交通”路线问题看作货郎担问题。将教学楼和学生宿舍楼间的道路（边）看作长度相等、方向相反的两条弧（双向车道）。

第一步：将每个节点的“总流入”和“总流出”分开，电子表格模型如图 4－26 所示，参见“例 4－9 第一步.xlsx”。为了查看方便，在最优解（是否走）D4：D23 区域中，利用 Excel 的“条件格式”功能①，将“0”值单元格的字体颜色设置成“黄色”，与填充颜色（背景色）相同。

	A	B	C	D	E	F	G	H	I	J
1	例4-9 第一步 将每个节点的“总流入”和“总流出”分开									
2										
3		从	到	是否走	时间		节点	总流入		需求量
4		A	B		4		A	1	=	1
5		A	C		1.8		B	1	=	1
6		A	D	1	1.6		C	1	=	1
7		B	C	1	2.2		D	1	=	1
8		C	D		2.6		E	1	=	1
9		B	E		3		F	1	=	1
10		C	E		1.5					
11		C	F		2.8		节点	总流出		供应量
12		D	F		4.2		A	1	=	1
13		E	F	1	2.8		B	1	=	1
14		B	A		4		C	1	=	1
15		C	A		1.8		D	1	=	1
16		D	A	1	1.6		E	1	=	1
17		C	B	1	2.2		F	1	=	1
18		D	C		2.6					
19		E	B		3					
20		E	C		1.5					
21		F	C		2.8					
22		F	D		4.2					
23		F	E	1	2.8					
24										
25				总时间	13.2					

图 4－26　绿色交通路线的电子表格模型（第一步）

① 设置（或清除）条件格式的操作参见第 3 章附录。

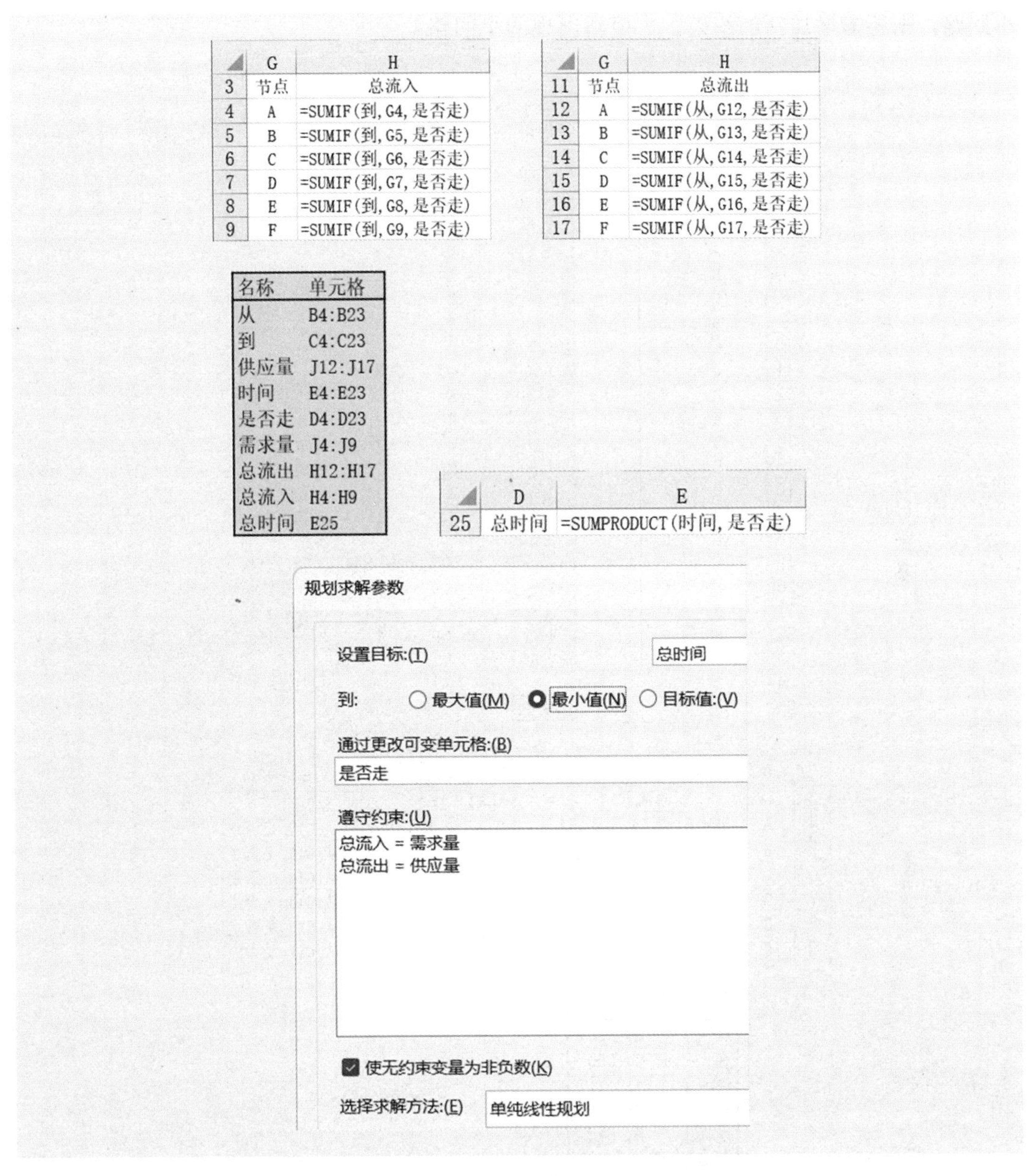

	G	H
3	节点	总流入
4	A	=SUMIF(到, G4, 是否走)
5	B	=SUMIF(到, G5, 是否走)
6	C	=SUMIF(到, G6, 是否走)
7	D	=SUMIF(到, G7, 是否走)
8	E	=SUMIF(到, G8, 是否走)
9	F	=SUMIF(到, G9, 是否走)

	G	H
11	节点	总流出
12	A	=SUMIF(从, G12, 是否走)
13	B	=SUMIF(从, G13, 是否走)
14	C	=SUMIF(从, G14, 是否走)
15	D	=SUMIF(从, G15, 是否走)
16	E	=SUMIF(从, G16, 是否走)
17	F	=SUMIF(从, G17, 是否走)

名称	单元格
从	B4:B23
到	C4:C23
供应量	J12:J17
时间	E4:E23
是否走	D4:D23
需求量	J4:J9
总流出	H12:H17
总流入	H4:H9
总时间	E25

	D	E
25	总时间	=SUMPRODUCT(时间, 是否走)

图 4－26（续）

第一步求解结果为：$A\longleftrightarrow D$、$B\longleftrightarrow C$、$E\longleftrightarrow F$，也就是说，有 3 个小回路。此时的总时间为 13.2 分钟。

第二步：去掉第一步产生的 3 个小回路（子巡回）。在图 4－26 的基础上，增加这 3 对节点（教学楼和学生宿舍楼）不能有小回路的约束，电子表格模型如图 4－27 所示，参见“例 4－9 第二步.xlsx”。

第二步求解结果为：$A\rightarrow D\rightarrow F\rightarrow E\rightarrow B\rightarrow C\rightarrow A$，也就是说，求得一个大回路（整体巡回路线），总时间为 15.6 分钟，此时求解结束。如果还存在 3 个节点或 3 个以上节点的小回路，则还需增加新的约束，去掉新出现的小回路。

	A	B	C	D	E	F	G	H	I	J
1	例4-9 第二步　增加“去掉第一步产生的3个小回路”约束									
2										
3		从	到	是否走	时间		节点	总流入		需求量
4		A	B		4		A	1	=	1
5		A	C		1.8		B	1	=	1
6		A	D	1	1.6		C	1	=	1
7		B	C	1	2.2		D	1	=	1
8		C	D		2.6		E	1	=	1
9		B	E		3		F	1	=	1
10		C	E		1.5					
11		C	F		2.8		节点	总流出		供应量
12		D	F	1	4.2		A	1	=	1
13		E	F		2.8		B	1	=	1
14		B	A		4		C	1	=	1
15		C	A	1	1.8		D	1	=	1
16		D	A		1.6		E	1	=	1
17		C	B		2.2		F	1	=	1
18		D	C		2.6					
19		E	B	1	3		小回路	走的次数		只走1次
20		E	C		1.5		A<->D	1	<=	1
21		F	C		2.8		B<->C	1	<=	1
22		F	D		4.2		E<->F	1	<=	1
23		F	E	1	2.8					
24										
25				总时间	15.6					

	G	H
3	节点	总流入
4	A	=SUMIF(到, G4, 是否走)
5	B	=SUMIF(到, G5, 是否走)
6	C	=SUMIF(到, G6, 是否走)
7	D	=SUMIF(到, G7, 是否走)
8	E	=SUMIF(到, G8, 是否走)
9	F	=SUMIF(到, G9, 是否走)

	G	H
11	节点	总流出
12	A	=SUMIF(从, G12, 是否走)
13	B	=SUMIF(从, G13, 是否走)
14	C	=SUMIF(从, G14, 是否走)
15	D	=SUMIF(从, G15, 是否走)
16	E	=SUMIF(从, G16, 是否走)
17	F	=SUMIF(从, G17, 是否走)

名称	单元格
从	B4:B23
到	C4:C23
供应量	J12:J17
时间	E4:E23
是否走	D4:D23
需求量	J4:J9
只走1次	J20:J22
总流出	H12:H17
总流入	H4:H9
总时间	E25
走的次数	H20:H22

	G	H
19	小回路	走的次数
20	A<->D	=D6+D16
21	B<->C	=D7+D17
22	E<->F	=D13+D23

	D	E
25	总时间	=SUMPRODUCT(时间, 是否走)

图 4－27　绿色交通路线的电子表格模型（第二步）

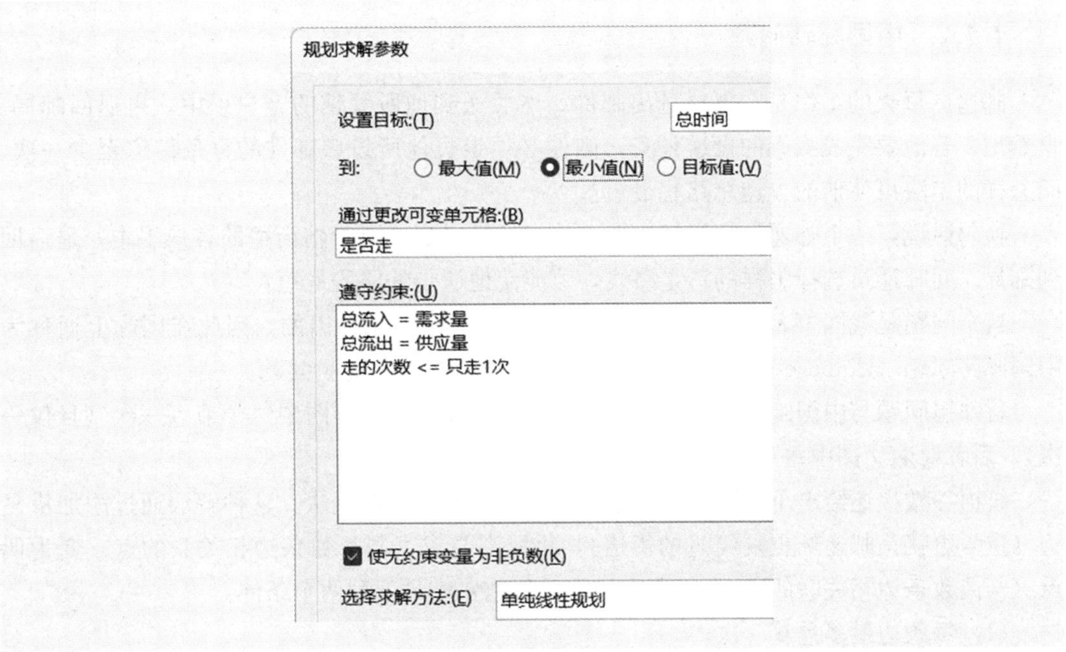

规划求解参数

设置目标:(T)　总时间

到:　○ 最大值(M)　● 最小值(N)　○ 目标值:(V)

通过更改可变单元格:(B)

是否走

遵守约束:(U)

总流入 = 需求量

总流出 = 供应量

走的次数 <= 只走1次

☑ 使无约束变量为非负数(K)

选择求解方法:(E)　单纯线性规划

图 4－27（续）

最后的求解结果为：电动汽车公司的行车路线是 $A \to D \to F \to E \to B \to C \to A$，如图 4－28 所示，汽车在校园内行驶一圈需要 15.6 分钟。

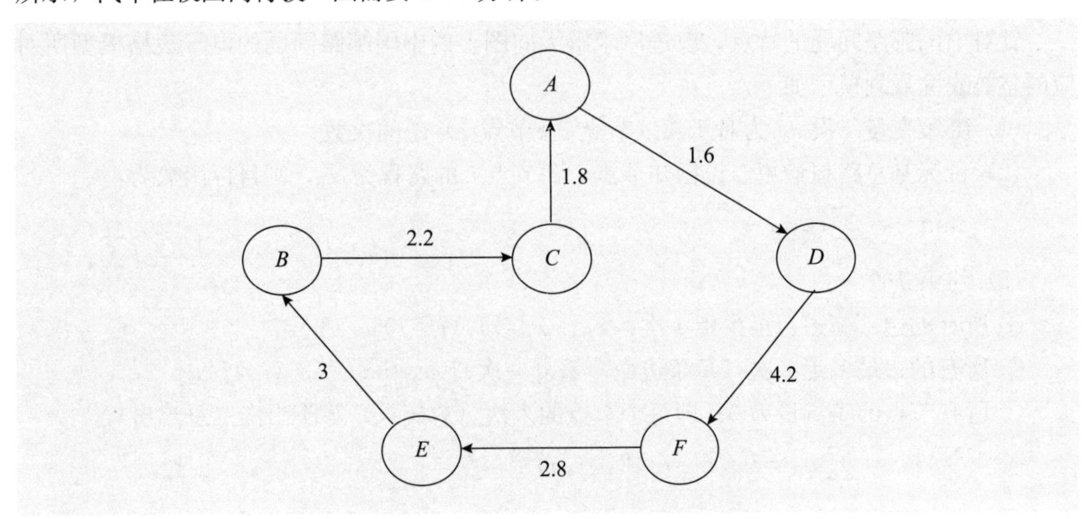

图 4－28　绿色交通路线的求解结果

从例 4－9 的 Excel 求解过程中可以看出，求解结果并不像以往的例题，一次就可以求解出，而是取决于前一步的求解结果。如果前一步的求解结果有几个小回路（子巡回），就要再增加新的约束条件，去掉新出现的小回路。这种情况下需要经过多个步骤（例 4－9 经过两个步骤），才能最终求得只有一个大回路的最优解。

4.7.2 中国邮路问题

邮递员每天的工作是在邮局选出邮件，然后送到他所管辖的客户手中，再返回邮局。自然地，若他要完成当天的投递任务，则他必须走过他所投递邮件的每条街道至少一次。问怎样的走法可使他的投递总路程最短？

换句话说，一个邮递员从邮局出发，将邮件投递到他所管辖街道的客户手中，最后回到邮局。问邮递员选择怎样的行走路线，才能使他所走的路程最短？

这个问题是我国著名数学家管梅谷教授于 1962 年首先提出的，因此在国际上通称为中国邮路问题（Chinese postman problem），也称为中国邮递员问题。

货郎担问题与中国邮路问题的不同之处在于：前者要遍历图中每个节点一次（且仅一次），后者要遍历图中每条边至少一次。

管梅谷教授还给出了求解中国邮路问题的奇偶点图上作业法。这种解法通过添加重复边（重复边就是邮递员重复经过的街道），将所有奇点（与奇数条边相关联的点）变为偶点（与偶数条边相关联的点）。但所添加的重复边要满足下列两个条件：

（1）每条边最多重复一次；

（2）所有回路中重复边长之和不超过回路边长之和的一半。

在用奇偶点图上作业法求解中国邮路问题时，需要检查图中的每个回路。当图中回路较多时，不容易检查且容易出错。用 Excel 求解中国邮路问题的想法也是源于用 Excel 求解最短路问题。

针对中国邮路问题的特点，改进后求解无向图上的中国邮路问题的电子表格模型所对应的整数线性规划模型如下：

（1）决策变量。设 x_{ij} 为对于弧（节点 i→节点 j）走的次数。

（2）目标是总路程最短。设已知节点 i 到节点 j 的路程为 c_{ij}，则目标函数为：

$$\min z=\sum_{i,j}c_{ij}x_{ij}$$

（3）约束条件。

① 所有的边（街道）至少走 1 次：$x_{ij}+x_{ji}\geqslant 1\ (i\neq j)$；

② 所有的边最多走 2 次（每条边最多重复一次）：$x_{ij}+x_{ji}\leqslant 2\ (i\neq j)$；

③ 所有节点的净流量为 0，即每个节点的入次（总流入）等于出次（总流出）：

$$\sum_{j}x_{ji}-\sum_{k}x_{ik}=0\quad (i=1,2,\cdots,n)$$

④ $x_{ij}\geqslant 0$ 且为整数。

Excel 求解结果为：要走哪些弧，走几次，可使得所走的总路程最短。

例 4-10

在图 4-29 中，V_1 是邮局所在地。请帮邮递员设计一条投递路线（从邮局出发，将邮件投递到他管辖的所有街道，最后回到邮局），使总路程（千米）最短。

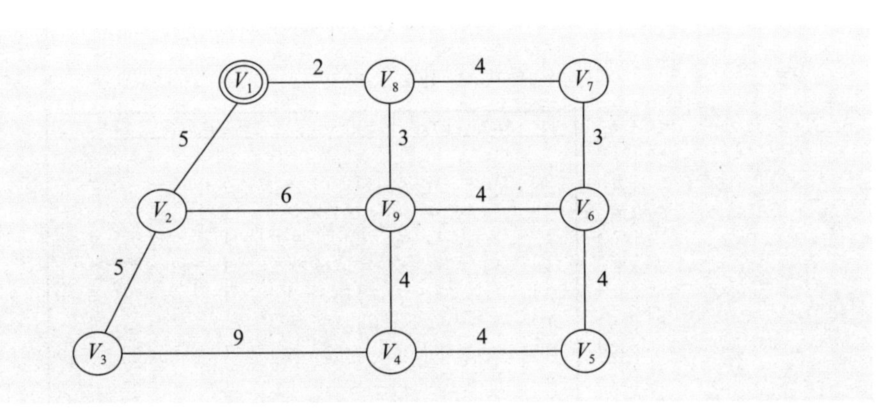

图 4－29　邮局位置图

【解】图中有 4 个奇点（V_2，V_4，V_6，V_8），采用奇偶点图上作业法求解，要添加 4 条重复边：V_1—V_2，V_1—V_8，V_4—V_5，V_5—V_6。

例 4－10 属于无向图的中国邮路问题。在无向图中，把每一条边看作长度相等、方向互反的两条弧。

例 4－10 的电子表格模型如图 4－30 所示，参见“例 4－10. xlsx”。

	A	B	C	D	E	F
1	例4-10	提示：采用“整数规划”				
2						
3		弧	从	到	走的次数	距离
4		1	V_1	V_2	1	5
5		2	V_2	V_3	1	5
6		3	V_1	V_8	1	2
7		4	V_2	V_9		6
8		5	V_3	V_4	1	9
9		6	V_8	V_9	1	3
10		7	V_9	V_4	1	4
11		8	V_8	V_7		4
12		9	V_9	V_6		4
13		10	V_4	V_5	2	4
14		11	V_7	V_6		3
15		12	V_6	V_5		4
16		1	V_2	V_1	1	5
17		2	V_3	V_2		5
18		3	V_8	V_1	1	2
19		4	V_9	V_2	1	6
20		5	V_4	V_3		9
21		6	V_9	V_8		3
22		7	V_4	V_9		4
23		8	V_7	V_8	1	4
24		9	V_6	V_9	1	4
25		10	V_5	V_4		4
26		11	V_6	V_7	1	3
27		12	V_5	V_6	2	4
28						
29					总距离	68

	M
3	走的总次数
4	=E4+E16
5	=E5+E17
6	=E6+E18
7	=E7+E19
8	=E8+E20
9	=E9+E21
10	=E10+E22
11	=E11+E23
12	=E12+E24
13	=E13+E25
14	=E14+E26
15	=E15+E27

图 4－30　例 4－10 的电子表格模型

	G	H	I	J	K	L	M	N	O
2									
3		边	节点i	节点j	至少走1次		走的总次数		最多走2次
4		1	V_1	V_2	1	<=	2	<=	2
5		2	V_2	V_3	1	<=	1	<=	2
6		3	V_1	V_8	1	<=	2	<=	2
7		4	V_2	V_9	1	<=	1	<=	2
8		5	V_3	V_4	1	<=	1	<=	2
9		6	V_8	V_9	1	<=	1	<=	2
10		7	V_9	V_4	1	<=	1	<=	2
11		8	V_8	V_7	1	<=	1	<=	2
12		9	V_9	V_6	1	<=	1	<=	2
13		10	V_4	V_5	1	<=	2	<=	2
14		11	V_7	V_6	1	<=	1	<=	2
15		12	V_6	V_5	1	<=	2	<=	2
16									
17				节点	净流量		供应/需求		
18				V_1	0	=	0		
19				V_2	0	=	0		
20				V_3	0	=	0		
21				V_4	0	=	0		
22				V_5	0	=	0		
23				V_6	0	=	0		
24				V_7	0	=	0		
25				V_8	0	=	0		
26				V_9	0	=	0		

名称	单元格
从	C4:C27
到	D4:D27
净流量	K18:K26
距离	F4:F27
至少走1次	K4:K15
总距离	F29
走的次数	E4:E27
走的总次数	M4:M15
最多走2次	O4:O15

	E	F
29	总距离	=SUMPRODUCT(距离,走的次数)

	J	K
17	节点	净流量
18	V_1	=SUMIF(从,J18,走的次数)-SUMIF(到,J18,走的次数)
19	V_2	=SUMIF(从,J19,走的次数)-SUMIF(到,J19,走的次数)
20	V_3	=SUMIF(从,J20,走的次数)-SUMIF(到,J20,走的次数)
21	V_4	=SUMIF(从,J21,走的次数)-SUMIF(到,J21,走的次数)
22	V_5	=SUMIF(从,J22,走的次数)-SUMIF(到,J22,走的次数)
23	V_6	=SUMIF(从,J23,走的次数)-SUMIF(到,J23,走的次数)
24	V_7	=SUMIF(从,J24,走的次数)-SUMIF(到,J24,走的次数)
25	V_8	=SUMIF(从,J25,走的次数)-SUMIF(到,J25,走的次数)
26	V_9	=SUMIF(从,J26,走的次数)-SUMIF(到,J26,走的次数)

图 4-30（续）

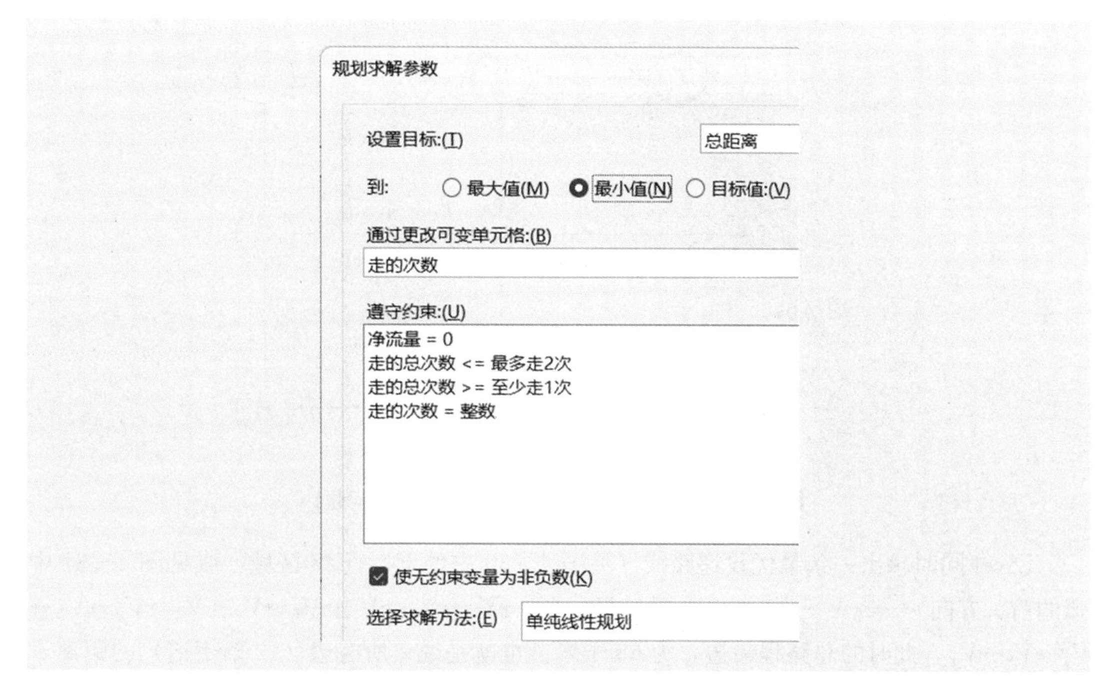

图 4－30（续）

在建立例 4－10 的电子表格模型时，使用了如下技巧：

（1）对于图 4－29 的每条边，先只输入一次，包括弧的编号、从（节点 i）、到（节点 j）、走的次数（最好先不输入数字）、距离等数据，如图 4－30 中的 B4∶F15 区域所示。

（2）复制 B4∶F15 区域到 B16∶F27 区域，并交换“从（节点 i）”和“到（节点 j）”的内容，作为方向相反的弧，结果如图 4－30 中的 B16∶F27 区域所示。

（3）复制 B4∶D15 区域到 H4∶J15 区域。

（4）基于 B4∶F15 区域（弧）、B16∶F27 区域（另一个方向的弧）和 H4∶J15 区域（边）的一一对应关系，在 M4 单元格中输入公式“＝E4＋E16”，计算对于边 V_1-V_2 走的总次数，并将 M4 单元格的公式复制到 M5∶M15 区域，计算对于其他边走的总次数。

（5）在最优解（走的次数，采用“整数规划”）E4∶E27 区域中，利用 Excel 的“条件格式”功能①，将“0”值（小于 0.1）单元格的字体颜色设置成“黄色”。在 M4∶M15 区域（走的总次数）中，利用 Excel 的“条件格式”功能，将“2”值（大于 1.9）单元格的字体设置成“加粗”字形、标准色中的“红色”。

Excel 求解结果如图 4－30 中的 M4∶M15 区域所示。从该区域中可以看出，有 4 条边要走 2 次（重复 1 次）——V_1—V_2、V_1—V_8、V_4—V_5 和 V_6—V_5，如图 4－31 中的 4 条虚线所示。这与采用奇偶点图上作业法的求解结果相同。

① 设置（或查看）条件格式的操作参见第 3 章附录。

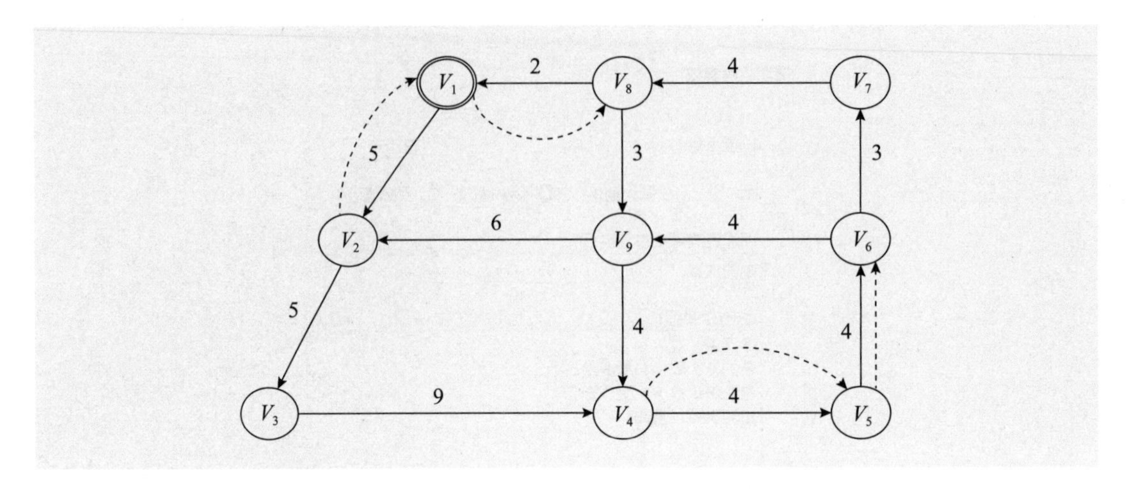

图 4－31　例 4－10 的求解结果（中国邮路问题）

Excel 同时求出一条最优投递路线（见图 4－30 中的 E4：E27 区域，或见图 4－31 中弧的箭头方向）——$V_1 \to V_2 \to V_3 \to V_4 \to V_5 \to V_6 \to V_9 \to V_4 \to V_5 \to V_6 \to V_7 \to V_8 \to V_9 \to V_2 \to V_1 \to V_8 \to V_1$，此时的总路程最短，为 68 千米。也就是说，所有边（12 条街道）的距离＋4 条重复边的距离＝53＋15＝68（千米）。

中国邮路问题可用于设计邮件投递路线、垃圾收集路线、扫雪车路线、洒水车路线以及警车巡逻路线等。

习题

4.1　图 4－32 中的 VS 表示仓库，VT 表示商店，现要从仓库运送物资到商店。弧表示交通线路，弧旁括号内的数字为（运输能力，单位运价）。

（1）从仓库运送 10 单位的物资到商店的最小费用是多少？

（2）该配送网络的最大流量是多少？

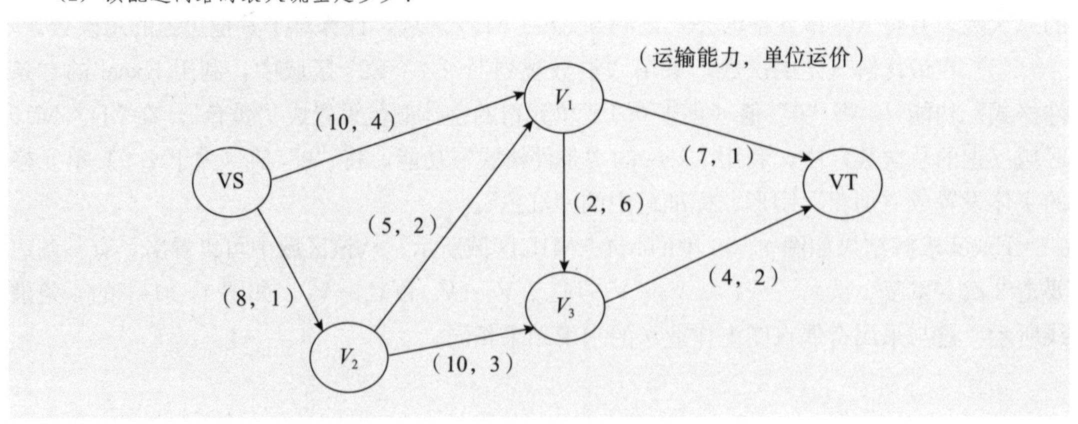

图 4－32　习题 4.1 的配送网络图

4.2 将三个天然气田（A_1、A_2、A_3）的天然气输送到两个地区（C_1、C_2），中途有两个加压站（B_1、B_2），天然气管线如图4-33所示。输气管道单位时间的最大通过量c_{ij}及单位流量的费用b_{ij}标在弧旁（c_{ij}，b_{ij}）。

(1) 流量为22的最小费用是多少？

(2) 求网络的最小费用最大流。

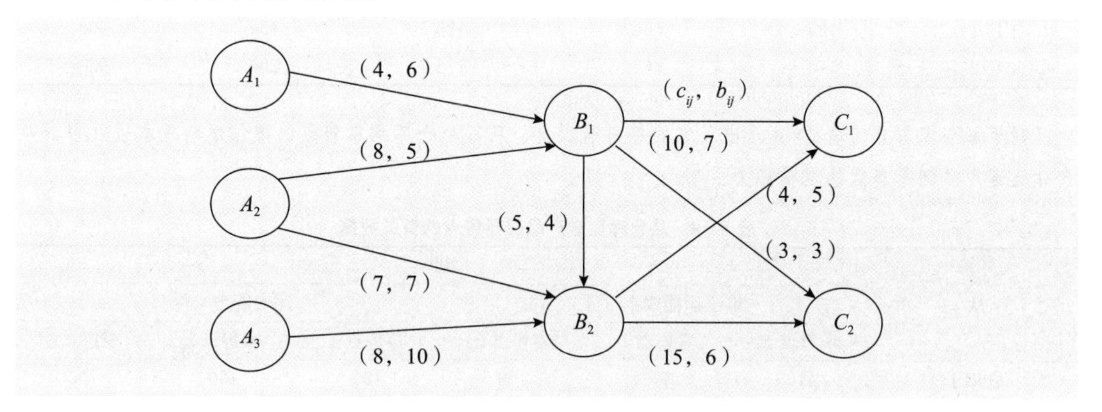

图4-33　习题4.2的天然气管线网络图

4.3 某钢厂正在两个矿井开采铁矿石，开采出的铁矿石将运往两个仓库，需要的时候再从仓库运往公司的钢铁厂。图4-34显示了这一配送网络，其中M_1和M_2是两个矿井，W_1和W_2是两个仓库，而P是钢铁厂。该图同时给出了每条线路上的运输成本和每个月的最大运量。

(1) 如果钢铁厂每月的需求量为100吨（假设矿井1和矿井2的月产量分别为40吨和60吨），那么通过该配送网络将铁矿石从矿井运到钢铁厂最经济的运输成本是多少？

(2) 通过该配送网络，钢铁厂每月最多能炼多少吨铁矿石？此时的运输成本是多少？

(3) 该配送网络中，从矿井到钢铁厂，哪条路线最为经济？成本是多少？

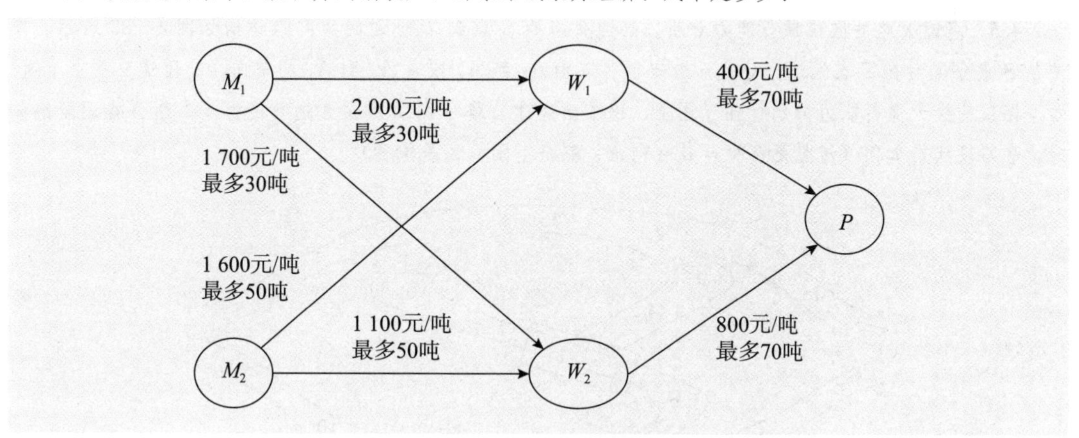

图4-34　习题4.3的配送网络图

4.4 有一个生产产品和在其零售渠道中销售产品的完全一体化的公司。产品生产后存放在公司的两个仓库中，直到零售渠道需要供应为止。公司用卡车把产品从两个工厂运送到仓库，然后把产品从仓库运送到零售点。

表4-3给出了每个工厂每月的产量、把产品从工厂运送到仓库的单位运输成本以及每月从工厂运送

产品到仓库的运输能力。

表4-3　从工厂运送产品到仓库的有关数据

从	到				产量（件）
	单位运输成本（元）		运输能力（件）		
	仓库1	仓库2	仓库1	仓库2	
工厂1	425	560	125	150	200
工厂2	510	600	175	200	300

对于每个零售点，表4-4给出了它的每月需求量、从每个仓库到零售点的单位运输成本以及每月从仓库运送产品到零售点的运输能力。

表4-4　从仓库运送产品到零售点的有关数据

从	到					
	单位运输成本（元）			运输能力（件）		
	零售点1	零售点2	零售点3	零售点1	零售点2	零售点3
仓库1	470	505	490	100	150	100
仓库2	390	410	440	125	150	75
需求量（件）	150	200	150			

现在管理层需要确定一个配送方案（每月从每个工厂运送到各仓库以及从每个仓库运送到各零售点的产品数量），以使得总运输成本最小。

（1）画一个网络图，描述该公司的配送网络。确定网络图中的供应点、转运点和需求点。

（2）通过该配送网络，配送方案中最经济的总运输成本是多少？

（3）该配送网络中，从工厂到零售渠道，哪条路线最为经济？成本是多少？（提示：最短路问题，可以引入一个虚拟供应点和一个虚拟需求点。）

4.5　高速公路的区段通行能力分析。高速公路的S点到T点之间的网络结构如图4-35所示。车流从S点分流后在T点汇流。分流后的车辆可以由A_3到A_2或者A_4到A_1的单向立交匝道变更主干道。各个路段的最大通行能力分别标在了图上。请求出高速公路S到T的最大通行能力。高速公路运能饱和时，各路段状态如何（流量是多少，是有剩余、完全空闲，还是饱和）？

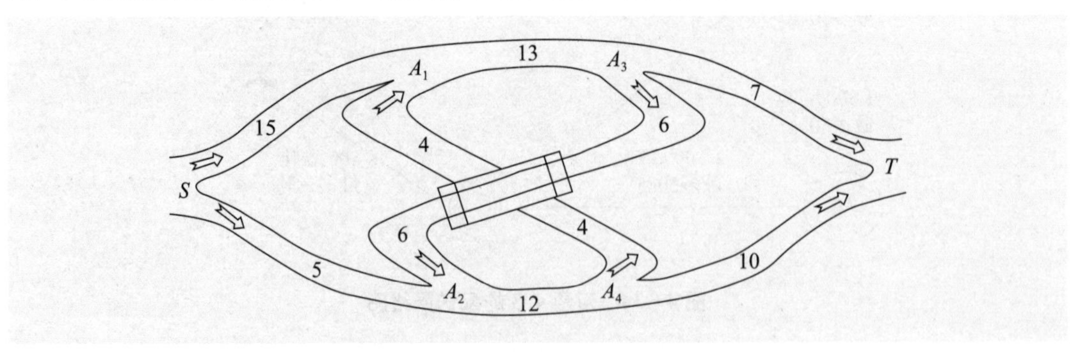

图4-35　高速公路某区段实勘图

4.6　预搅拌混凝土公司的物料运输方案。某混凝土公司负责提供一个建筑工地的预搅拌混凝土，运输方式为整车配送。由于运输的混凝土是粉尘污染物质，所以有关部门规定了该公司在路段上每天的最多运输往返辆次。每车每个往返计算流量 1 车。搅拌站 S 与施工地点 T 之间的运输网络以及各个路段的容量（车/天）和单车成本（百元）如图 4－36 所示。请为该公司制订以下运输方案：

（1）公司的最小费用最大流是多少？如何安排运输路线？

（2）公司如果必须运输 10 车，则此时最小费用是多少？如何安排运输路线？

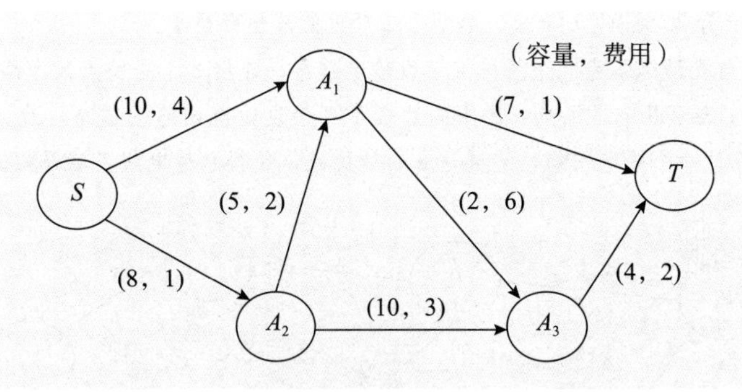

图 4－36　某预搅拌混凝土公司的运输网络图

4.7　某产品从仓库运往市场销售，已知各仓库的供应量、各市场的需求量以及从仓库到市场的运输能力如表 4－5 所示（“—”表示无路）。试求从仓库可运往市场的最大流量，并判断各市场需求能否得到满足。

表 4－5　从仓库到市场的有关数据　　单位：件

	市场 B_1	市场 B_2	市场 B_3	市场 B_4	供应量
仓库 A_1	30	10	—	40	20
仓库 A_2	—	—	10	50	20
仓库 A_3	20	10	40	5	100
需求量	20	20	60	20	

4.8　已知有 6 台机床 A_i（$i=1, 2, \cdots, 6$），6 种零件 B_j（$j=1, 2, \cdots, 6$）。机床 A_1 可加工零件 B_1；A_2 可加工零件 B_1、B_2；A_3 可加工零件 B_1、B_2、B_3；A_4 可加工零件 B_2；A_5 可加工零件 B_2、B_3、B_4；A_6 可加工零件 B_2、B_5、B_6。现在要制订一个加工方案，使一台机床只加工一种零件，一种零件只在一台机床上加工，并且尽可能多地安排零件的加工。请把这个问题转化为求网络最大流问题，并求出能满足上述条件的加工方案。

4.9　假设图 4－37 是世界某 6 个城市之间的航线，边上的数字为票价（百元），请列出任意两城市之间票价最便宜的路线表。

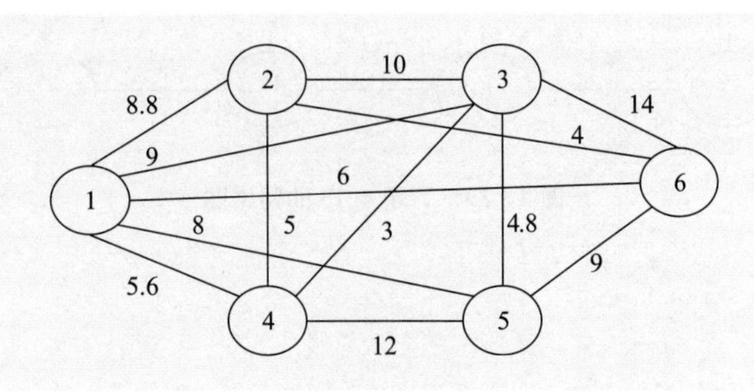

图 4－37　习题 4.9、习题 4.10 和习题 4.12 的网络图

4.10 假设图 4－37 是某汽车公司的 6 个零配件加工厂，边上的数字为两点间的距离（千米）。现要在 6 个工厂中，选一个建装配车间。

（1）选哪个工厂可使零配件的运输最方便？

（2）装配一辆汽车，6 个零配件加工厂所提供零件的重量分别是 0.5 吨、0.6 吨、0.8 吨、1.3 吨、1.6 吨和 1.7 吨，运价为 20 元/吨·千米。选哪个工厂可使总运费最小？

4.11 某电力公司要沿道路为 8 个居民点架设输电网络，连接 8 个居民点的道路图如图 4－38 所示，其中 V_1，V_2，…，V_8 表示 8 个居民点，图中的边表示可架设输电网络的道路，边上的权数为这条道路的长度（千米）。请设计一个输电网络，连通这 8 个居民点，使得总输电线长度最短。

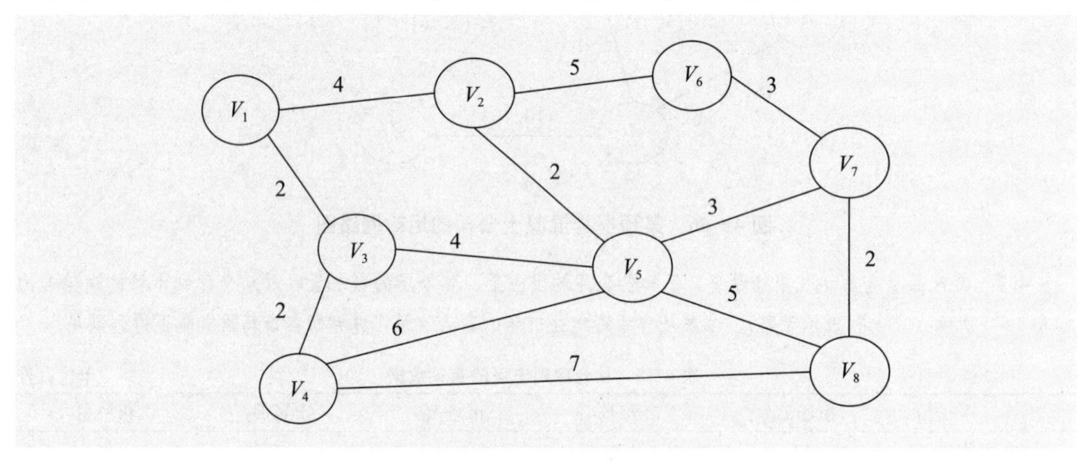

图 4－38　习题 4.11 的网络图

4.12 如图 4－37 所示，求解旅行售货员问题。

4.13 如图 4－39 所示，求解中国邮路问题。

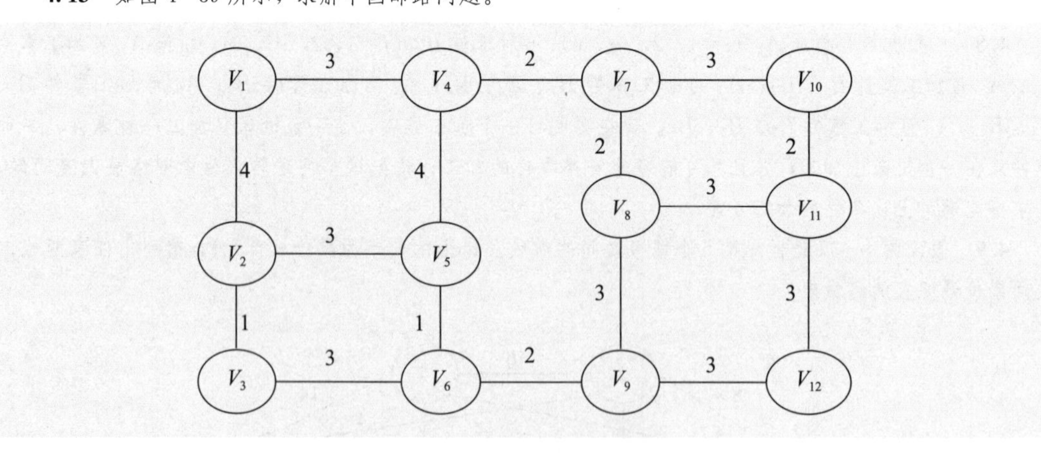

图 4－39　习题 4.13 的网络图

整数规划

本章内容要点

- 整数规划的基本概念；
- 一般整数规划的建模与应用；
- 背包问题；
- 排班问题；
- 0-1规划的建模与应用。

在许多实际问题中，决策变量必须为整数。例如，当决策变量是指派的人数、购买的设备数、投入的车辆数、是否投资等的时候，它们一般必须为非负整数才有意义。在这种情况下，常需要应用整数规划进行优化。本章将介绍整数规划的建模、求解与应用。

5.1 整数规划的基本概念

整数规划（integer programming，IP）是要求全部或部分决策变量为（非负）整数的规划。整数规划分为线性整数规划和非线性整数规划。本章只介绍线性整数规划，简称整数规划。

整数规划分为两大类：一般整数规划（general integer programming）与 0－1 整数规划（binary integer programming，BIP，简称 0－1 规划）。前者要求至少一部分变量取整数值；后者规定整数变量只能取两个值：0 和 1。0－1 变量很适用于是非决策。每个是非决策只包含两种选择："是"或"非（否）"。0－1 规划模型可以包含许多 0－1 变量，即可以同时考虑很多选择，来确定达到总体最优目标时这些选择的最佳组合。

整数规划还可分为纯整数规划（pure integer programming）与混合整数规划（mixed integer programming）。纯整数规划（或称为全整数规划，all integer programming）要求所有变量必须为整数；混合整数规划只要求部分变量必须为整数。0－1 规划也可分为纯 0－1 规划与混合 0－1 规划。

整数规划与一般规划相比，其可行解不再是连续的，而是离散的。

5.2 一般的整数规划

例 5－1

某航空公司是一家使用小型飞机经营短途航线的小型区域性企业。该航空公司已经经营得不错，管理层决定拓展其经营领域。

管理层面临的基本问题是：是采购更多小型飞机来开辟一些新的短途航线，还是开始通过为一些跨地区航线购买大型飞机来进军全国市场（或双管齐下）？哪种战略最有可能获得最大收益？

表 5－1 提供了购买两种飞机的年利润估计值；给出了每架飞机的采购成本，以及可用于飞机采购的总可用资金；表明了管理层希望小型飞机的采购量不超过 2 架。

表 5－1　某航空公司购买飞机的相关数据

	小型飞机	大型飞机
每架飞机的年利润（百万元）	1	5
每架飞机的采购成本（百万元）	5	50

续表

	小型飞机	大型飞机
最多购买数量（架）	2	没有限制
总可用资金（百万元）	100	

需要做的决策是：小型飞机和大型飞机各采购多少架，才能获得最大利润？

【解】

（1）决策变量。本问题要做的决策是确定大、小型飞机的购买数量，设小型飞机与大型飞机的购买数量分别为 x_1（架）与 x_2（架）。

（2）目标函数。本问题的目标是总利润最大，即：

$$\max z = x_1 + 5x_2$$

（3）约束条件。

① 资金限制：$5x_1 + 50x_2 \leqslant 100$；

② 小型飞机数量限制（最多购买2架）：$x_1 \leqslant 2$；

③ 变量非负，且均为整数：$x_1, x_2 \geqslant 0$ 且为整数。

于是，得到例5-1的整数线性规划模型：

$$\max z = x_1 + 5x_2$$

$$\text{s. t.} \begin{cases} 5x_1 + 50x_2 \leqslant 100 \\ x_1 \leqslant 2 \\ x_1, x_2 \geqslant 0 \text{ 且为整数} \end{cases}$$

5.2.1 一般整数规划的求解方法

为了进行比较，暂不考虑整数约束，而先将例5-1看作一般的线性规划问题，求出其最优解。图5-1描述了将例5-1作为一般线性规划问题时用图解法求出的最优解。其最优解是目标函数直线与可行域最右上角交点的坐标，即 $x_1^* = 2$，$x_2^* = 1.8$。将最优解代入目标函数，可得最优值 $z^* = 11$，即总利润为1 100万元（11百万元）。

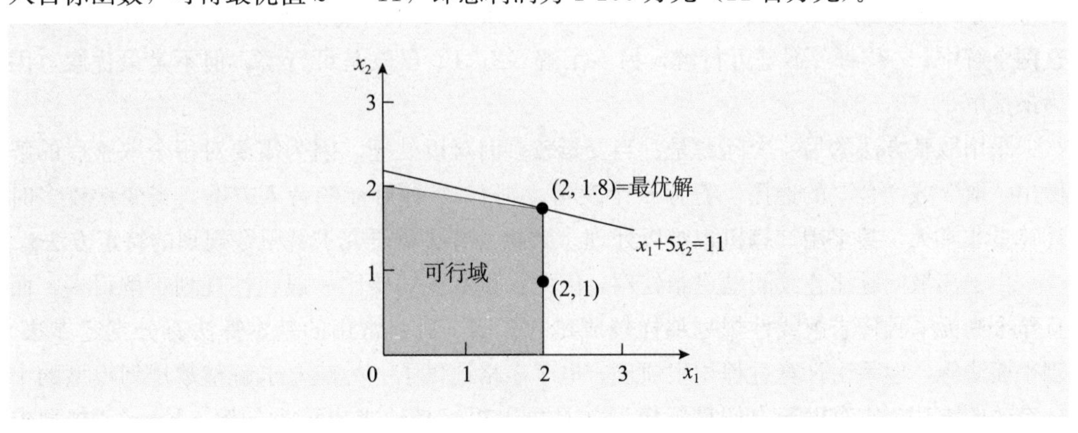

图5-1 例5-1线性规划问题（LP）的解

但是，本问题的决策变量是飞机的架数，它们必须是整数。这时，其可行解就不再是连续的，而只能取原可行域中的若干个点，如图 5-2 所示。可见其可行解是以下 7 个点：(0，0)、(1，0)、(2，0)、(0，1)、(1，1)、(2，1) 和 (0，2)。

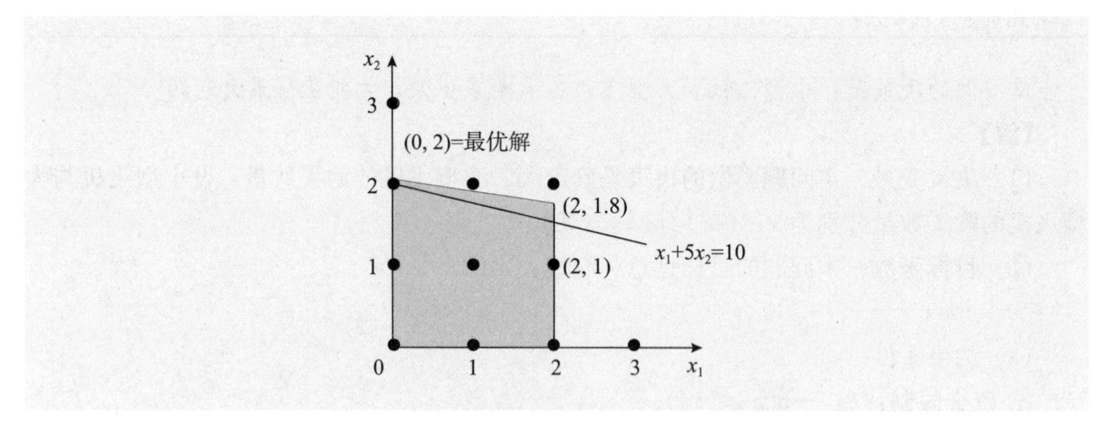

图 5-2　例 5-1 整数线性规划问题（IP）的解

这时，该问题的最优解不再是目标函数直线与原可行域最右上角交点的坐标，因为该点不满足整数约束，它不再是可行解了。由图 5-2 可知，最优解应该是目标函数直线与 7 个可行解的交点中使得目标函数直线位于最上方的那个点，即 (0，2)。将该最优解代入目标函数，可得最优值 $z^*=10$。所以，该公司应购买大型飞机 2 架，不购买小型飞机，可获得总利润 1 000 万元（10 百万元）。

从例 5-1 的求解中可知，整数规划的可行解不再是连续的，而是离散的。为了取得整数解，容易想到的一种方法是：暂不考虑整数约束，而先将其看作一般的线性规划问题求出其最优解，然后在所得到的解中，对要求取整的解进行简单的“舍入化整”处理。即用一般线性规划的解法求出最优解，然后把它化成最接近的整数，作为整数规划的最优解。这种处理方法有时可以得到较满意的结果。不过，这样处理得到的解也可能不再是整数规划的可行解，或者虽然是可行解，但不一定是最优解。例如：在例 5-1 中，将一般线性规划问题的最优解 (2，1.8) 进行取舍，可得到 2 个可能的解：(2，1) 和 (2，2)。这两个解中，(2，2) 不是可行解，另一个解 (2，1) 虽然是可行解，但不是最优解，因为最优解是 (0，2)。

采用取整方法的另一个问题是：当变量较多时难以处理。因为需要对每个取整后的解做出“取”或“舍”的选择，若有 n 个变量，则有 2^n 种可能的舍入方案，当变量较多时计算量非常大，甚至用计算机也难以处理。因此，有必要研究求解整数规划的特定方法。

由于离散问题比连续问题更难处理，因此，整数规划要比一般线性规划难解得多，而且至今尚无一种像求解线性规划那样较成熟的算法。目前常用的基本算法有分支定界法、割平面法等，但手工计算过程均很烦琐。电子表格提供了一种建立求解整数规划模型的十分有效的方法，它有助于人们理解模型并且可以很容易地求出模型的解。Excel“规划求解”功能采用分支定界法来求解整数规划问题。

5.2.2　一般整数规划的电子表格模型

用 Excel 求解整数规划问题的基本步骤与求解一般线性规划问题相同，只是在约束条件中多添加一个“整数”约束。在 Excel 规划求解的“添加约束”对话框中，用“int”表示整数。因此，只需在该对话框中添加一个约束条件，在左边输入要求取整的决策变量的单元格（或区域），然后选择“int”，如图 5 - 3 所示。

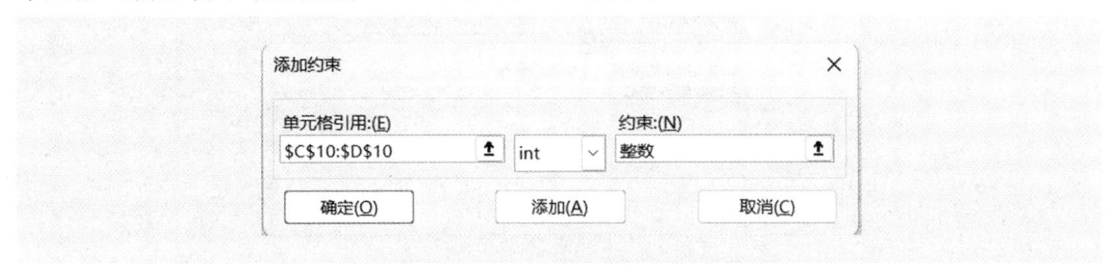

图 5 - 3　在“添加约束”对话框中添加变量的“整数”约束

例 5 - 1 的电子表格模型如图 5 - 4 所示，参见“例 5 - 1. xlsx”。

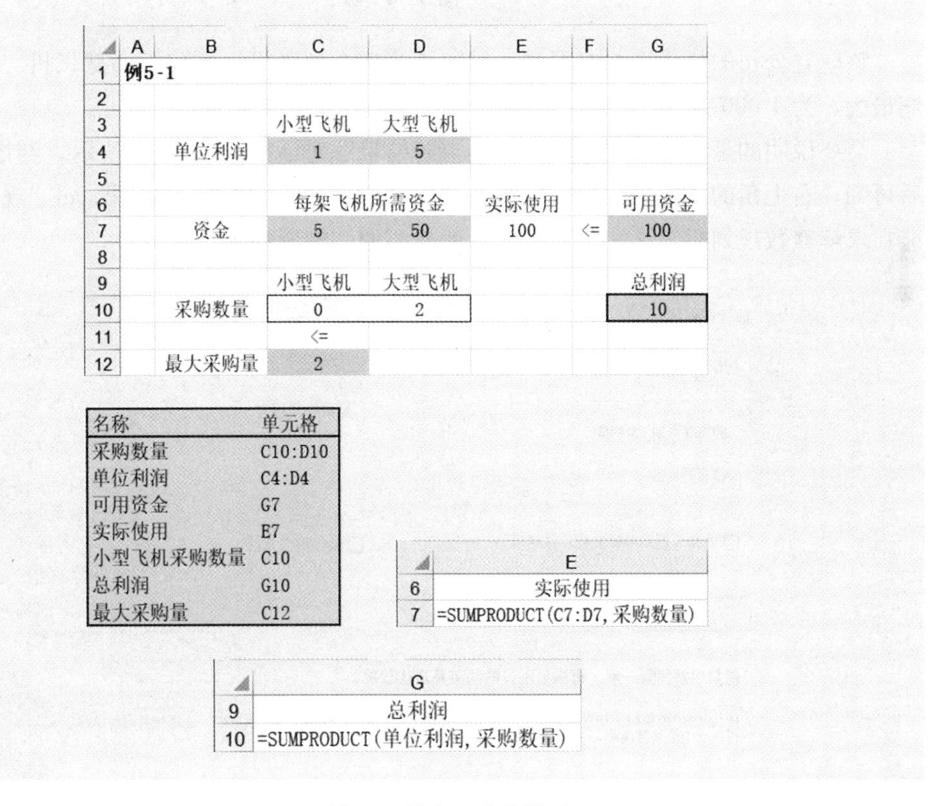

	A	B	C	D	E	F	G
1	例5-1						
2							
3			小型飞机	大型飞机			
4		单位利润	1	5			
5							
6			每架飞机所需资金		实际使用		可用资金
7		资金	5	50	100	<=	100
8							
9			小型飞机	大型飞机			总利润
10		采购数量	0	2			10
11			<=				
12		最大采购量	2				

名称	单元格
采购数量	C10:D10
单位利润	C4:D4
可用资金	G7
实际使用	E7
小型飞机采购数量	C10
总利润	G10
最大采购量	C12

	E
6	实际使用
7	=SUMPRODUCT(C7:D7,采购数量)

	G
9	总利润
10	=SUMPRODUCT(单位利润,采购数量)

图 5 - 4　例 5 - 1 的电子表格模型

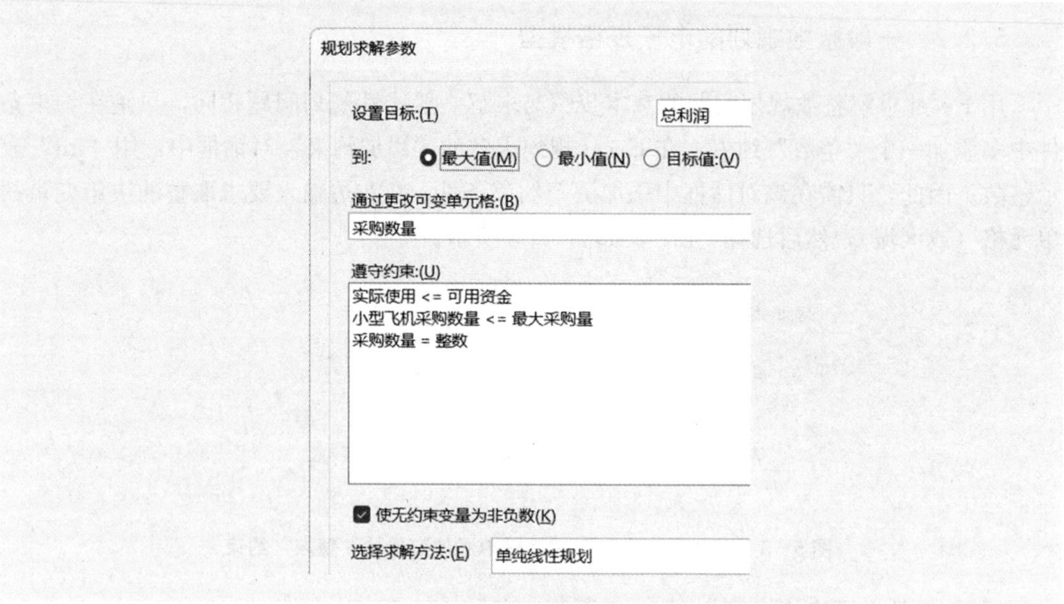

规划求解参数

设置目标:(T) 总利润

到: 最大值(M) 最小值(N) 目标值:(V)

通过更改可变单元格:(B)

采购数量

遵守约束:(U)

实际使用 <= 可用资金

小型飞机采购数量 <= 最大采购量

采购数量 = 整数

使无约束变量为非负数(K)

选择求解方法:(E) 单纯线性规划

图 5-4（续）

该航空公司的最优采购方案是：只购买 2 架大型飞机，不购买小型飞机。此时的总利润最大，为 1 000 万元（10 百万元），与图解法的求解结果相同。

需要说明的是：整数规划的“规划求解结果”对话框如图 5-5 所示，与图 1-8 对比后可知，右上角的“报告”列表中没有“敏感性报告”。也就是说，Excel“规划求解”功能在求解整数规划时，无法生成第 2 章所介绍的“敏感性报告”。

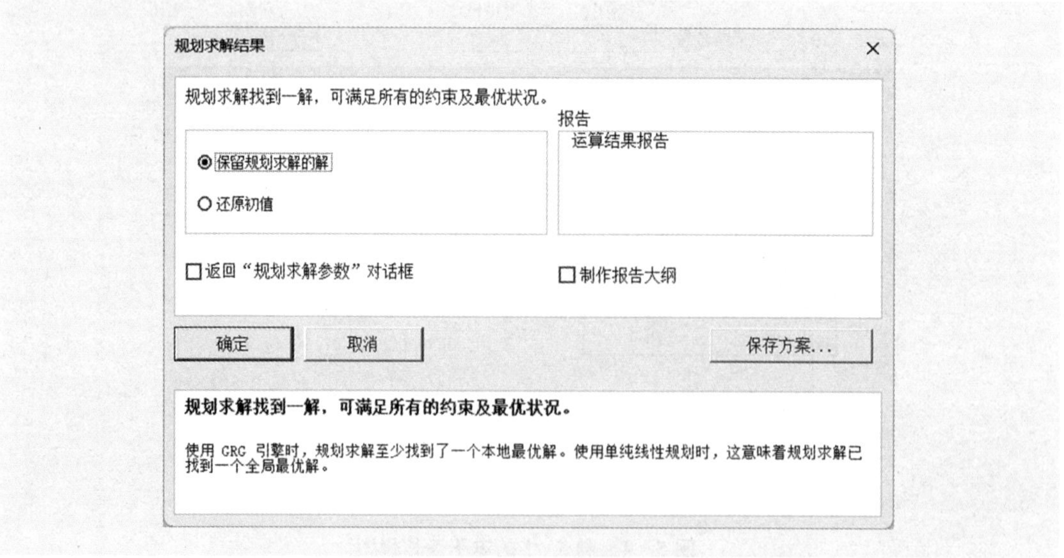

规划求解结果

规划求解找到一解，可满足所有的约束及最优状况。

报告

运算结果报告

保留规划求解的解

还原初值

返回“规划求解参数”对话框

制作报告大纲

确定 取消 保存方案...

规划求解找到一解，可满足所有的约束及最优状况。

使用 GRG 引擎时，规划求解至少找到了一个本地最优解。使用单纯线性规划时，这意味着规划求解已找到一个全局最优解。

图 5-5 “规划求解结果”对话框（整数规划，有最优解）

5.3 背包问题

背包问题可以抽象为这样一类问题：设有 n 种物品，已知每种物品的重量及价值；同时有一个背包，最大承重为 C，现从 n 种物品中选取若干件（同一种物品可以选多件），使其总重量不超过 C，而且总价值最大。背包问题等同于车、船、人造卫星等工具的最优装载问题，有广泛的实际意义。

5.3.1 一维背包问题

例 5-2

某货运公司使用一种最大承载能力为 10 吨的卡车来装载三种货物，每种货物的单位重量和单位价值如表 5-2 所示。应当如何装载货物才能使总价值最大？

表 5-2　三种货物的单位重量和单位价值

货物编号	1	2	3
单位重量（吨）	3	4	5
单位价值（万元）	4	5	6

【解】 本问题是典型的一维背包问题。

（1）决策变量。设卡车装载的编号为 i 的货物有 x_i 件（$i=1, 2, 3$）。

（2）目标函数。卡车装载货物的总价值最大，即：$\max z=4x_1+5x_2+6x_3$。

（3）约束条件。

① 卡车最大承载能力为 10 吨：$3x_1+4x_2+5x_3\leqslant 10$。

② 非负，且为整数：$x_i\geqslant 0$ 且为整数（$i=1, 2, 3$）。

于是，得到例 5-2 的整数规划模型：

$$\max z=4x_1+5x_2+6x_3$$

$$\text{s.t.}\begin{cases}3x_1+4x_2+5x_3\leqslant 10\\ x_1,x_2,x_3\geqslant 0 \text{ 且为整数}\end{cases}$$

例 5-2 的电子表格模型如图 5-6 所示，参见“例 5-2.xlsx”。

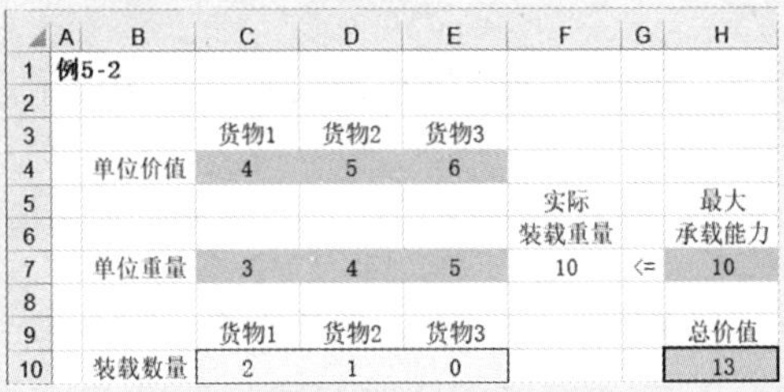

	A	B	C	D	E	F	G	H
1	例5-2							
2								
3			货物1	货物2	货物3			
4		单位价值	4	5	6			
5						实际		最大
6						装载重量		承载能力
7		单位重量	3	4	5	10	<=	10
8								
9			货物1	货物2	货物3			总价值
10		装载数量	2	1	0			13

图 5-6　例 5-2 的电子表格模型

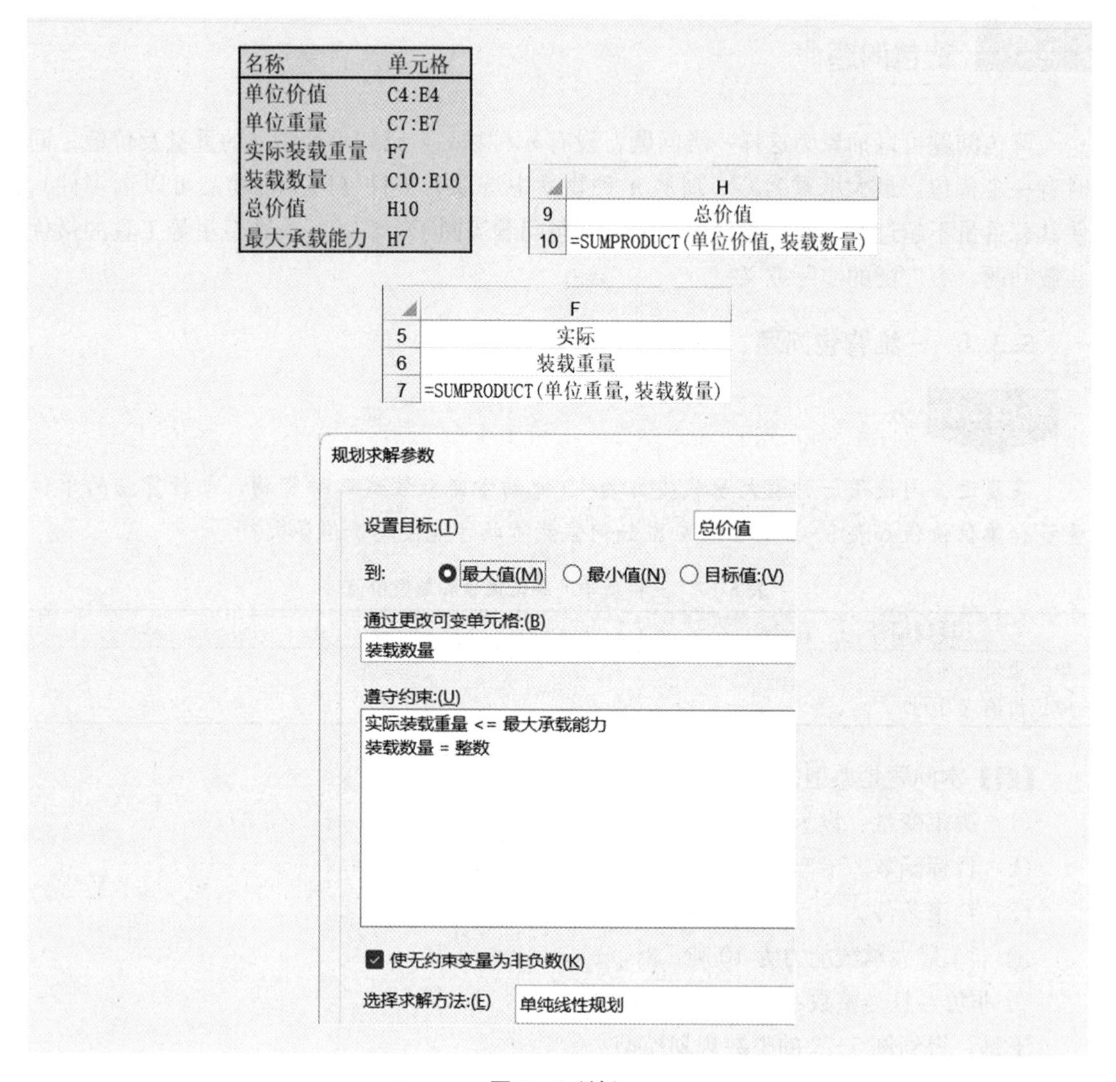

图 5-6（续）

利用 Excel 求得的结果是：当卡车装载 1 号货物 2 件、2 号货物 1 件时，卡车所装载的货物价值最大，为 13 万元。

5.3.2　多维背包问题

当约束条件不仅有货物的重量，还有体积等限制时，构成了多维背包问题。

例 5-3

现有一辆载重为 5 吨、装载体积为 8 立方米的卡车，可装载三种货物，已知每种货物各有 8 件，其他有关信息如表 5-3 所示，求携带货物价值最大的装载方案。

表 5-3　三种货物的单位重量、单位体积和单位价值

货物品种	单位重量（吨）	单位体积（立方米）	单位价值（万元）
1	0.2	0.3	3
2	0.4	0.5	7.5
3	0.3	0.4	6

【解】本问题是典型的多维背包问题。

(1) 决策变量。设卡车装载的第 i 种货物的数量为 x_i 件（$i=1, 2, 3$）。

(2) 目标函数。卡车携带货物的总价值最大，即：$\max z=3x_1+7.5x_2+6x_3$。

(3) 约束条件。

① 卡车载重 5 吨：$0.2x_1+0.4x_2+0.3x_3\leqslant 5$；

② 卡车装载体积 8 立方米：$0.3x_1+0.5x_2+0.4x_3\leqslant 8$；

③ 每种货物最多 8 件：$x_i\leqslant 8$（$i=1, 2, 3$）；

④ 非负，且为整数：$x_i\geqslant 0$ 且为整数（$i=1, 2, 3$）。

于是，得到例 5-3 的整数规划模型：

$$\max z=3x_1+7.5x_2+6x_3$$

$$\text{s.t.}\begin{cases}0.2x_1+0.4x_2+0.3x_3\leqslant 5\\0.3x_1+0.5x_2+0.4x_3\leqslant 8\\x_i\leqslant 8 \quad (i=1,2,3)\\x_i\geqslant 0 \text{ 且为整数} \quad (i=1,2,3)\end{cases}$$

例 5-3 的电子表格模型如图 5-7 所示，参见“例 5-3.xlsx”。利用 Excel 求得的结果是：当卡车装载第 1 种货物 1 件、第 2 种货物 6 件和第 3 种货物 8 件时，可使携带货物的总价值最大，为 96 万元。

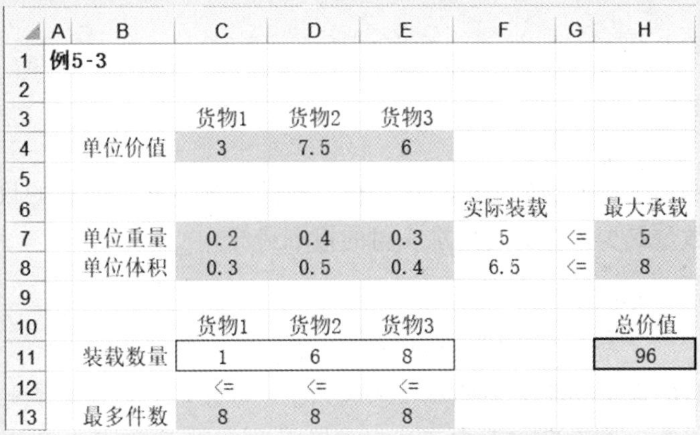

	A	B	C	D	E	F	G	H
1	例5-3							
2								
3			货物1	货物2	货物3			
4		单位价值	3	7.5	6			
5								
6						实际装载		最大承载
7		单位重量	0.2	0.4	0.3	5	<=	5
8		单位体积	0.3	0.5	0.4	6.5	<=	8
9								
10			货物1	货物2	货物3			总价值
11		装载数量	1	6	8			96
12			<=	<=	<=			
13		最多件数	8	8	8			

图 5-7　例 5-3 的电子表格模型

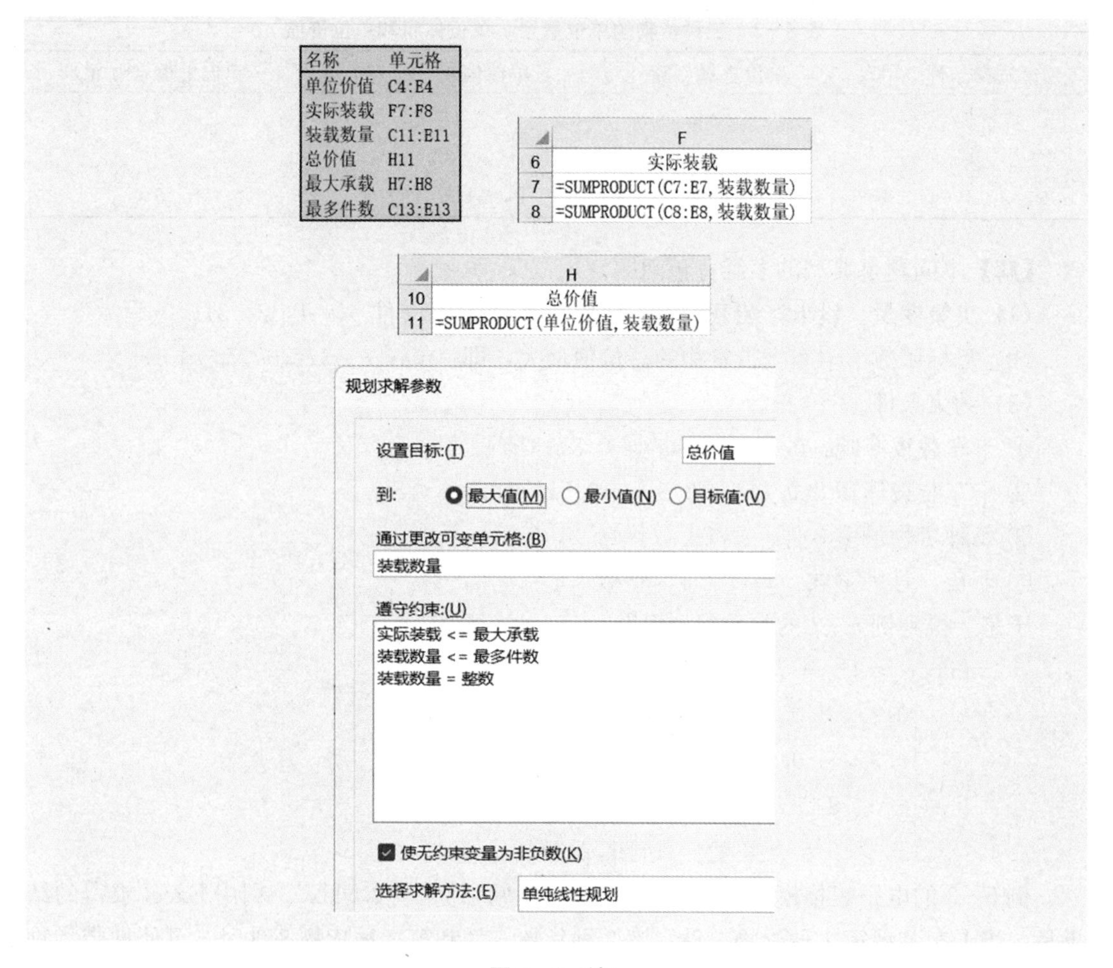

图 5-7（续）

5.4 排班问题

我们常常需要对工作人员的值班情况进行有效的安排。此类问题的目标，有时是要求配备的工作人员数量最少，有时是要求支付的报酬最低。

例 5-4

某航空公司正准备增加其中心机场的往来航班，因此需要雇用更多的服务人员。分析研究新的航班时刻表，以确定一天中不同时段为达到客户满意水平必须工作的服务人员数。表 5-4 的最右列显示了不同时段的最少需求人数，表中第一列给出了对应的时段。表中还显示了 5 种排班方式（连续工作 8 小时），各种排班的时间安排如下：

排班 1：06:00—14:00，即早上 6 点上班，下午 2 点下班；

排班2：08:00—16:00，即早上8点上班，下午4点下班；

排班3：12:00—20:00，即中午12点上班，晚上8点下班；

排班4：16:00—24:00，即下午4点上班，午夜12点下班；

排班5：22:00—06:00，即晚上10点上班，第二天早上6点下班。

表5-4中打钩的部分表示不同排班在哪些时段在岗。因为不同排班开始上班的时间有差异，所以成本（工资）也有所不同。

表5-4　航空公司服务人员排班问题的有关数据

时段	排班1	排班2	排班3	排班4	排班5	最少需求人数
06:00—08:00	√					48
08:00—10:00	√	√				79
10:00—12:00	√	√				65
12:00—14:00	√	√	√			87
14:00—16:00		√	√			64
16:00—18:00			√	√		73
18:00—20:00			√	√		82
20:00—22:00				√		43
22:00—24:00				√	√	52
00:00—06:00					√	15
每人每天工资（元）	170	160	175	180	195	

问题：确定不同排班的上班人数，以使航空公司每天雇用服务人员的总成本最小。

【解】本问题是排班问题。

（1）决策变量。本问题要做的决策是确定不同排班的上班人数。设x_i为排班i的上班人数（$i=1，2，3，4，5$）。

（2）目标函数。本问题的目标是航空公司每天雇用服务人员的总成本最小，即：

$$\min z=170x_1+160x_2+175x_3+180x_4+195x_5$$

（3）约束条件。

① 每个时段的在岗人数必须不少于最少需求人数，可对照表5-4（有10个约束）：

$x_1\geqslant 48$　　(06:00—08:00)

$x_1+x_2\geqslant 79$　　(08:00—10:00)

$x_1+x_2\geqslant 65$　　(10:00—12:00)

$x_1+x_2+x_3\geqslant 87$　　(12:00—14:00)

$x_2+x_3\geqslant 64$　　(14:00—16:00)

$x_3+x_4\geqslant 73$　　(16:00—18:00)

$x_3+x_4\geqslant 82$　　(18:00—20:00)

$x_4\geqslant 43$　　(20:00—22:00)

$x_4+x_5\geqslant 52$　　(22:00—24:00)

$x_5\geqslant 15$　　(00:00—06:00)

② 非负，且为整数：$x_i \geqslant 0$ 且为整数（$i=1, 2, 3, 4, 5$）。

于是，得到例 5-4 的整数规划模型：

$$\min z = 170x_1 + 160x_2 + 175x_3 + 180x_4 + 195x_5$$

$$\text{s.t.}\begin{cases} x_1 \geqslant 48 \\ x_1 + x_2 \geqslant 79 \\ x_1 + x_2 \geqslant 65 \\ x_1 + x_2 + x_3 \geqslant 87 \\ x_2 + x_3 \geqslant 64 \\ x_3 + x_4 \geqslant 73 \\ x_3 + x_4 \geqslant 82 \\ x_4 \geqslant 43 \\ x_4 + x_5 \geqslant 52 \\ x_5 \geqslant 15 \\ x_i \geqslant 0 \text{ 且为整数} \quad (i=1,2,3,4,5) \end{cases}$$

例 5-4 的电子表格模型如图 5-8 所示，参见“例 5-4. xlsx”。

	A	B	C	D	E	F	G	H	I	J
1	例5-4									
2										
3			排班1	排班2	排班3	排班4	排班5			
4		单位成本	170	160	175	180	195			
5										
6		时段	是否在岗（1表示在岗）					实际在岗人数		最少需求人数
7		06:00—08:00	1					48	>=	48
8		08:00—10:00	1	1				79	>=	79
9		10:00—12:00	1	1				79	>=	65
10		12:00—14:00	1	1	1			118	>=	87
11		14:00—16:00		1	1			70	>=	64
12		16:00—18:00			1	1		82	>=	73
13		18:00—20:00			1	1		82	>=	82
14		20:00—22:00				1		43	>=	43
15		22:00—24:00				1	1	58	>=	52
16		00:00—06:00					1	15	>=	15
17										
18			排班1	排班2	排班3	排班4	排班5	合计		总成本
19		上班人数	48	31	39	43	15	176		30610

名称	单元格
单位成本	C4:G4
上班人数	C19:G19
实际在岗人数	H7:H16
总成本	J19
最少需求人数	J7:J16

	H
18	合计
19	=SUM(上班人数)

图 5-8　例 5-4 的电子表格模型

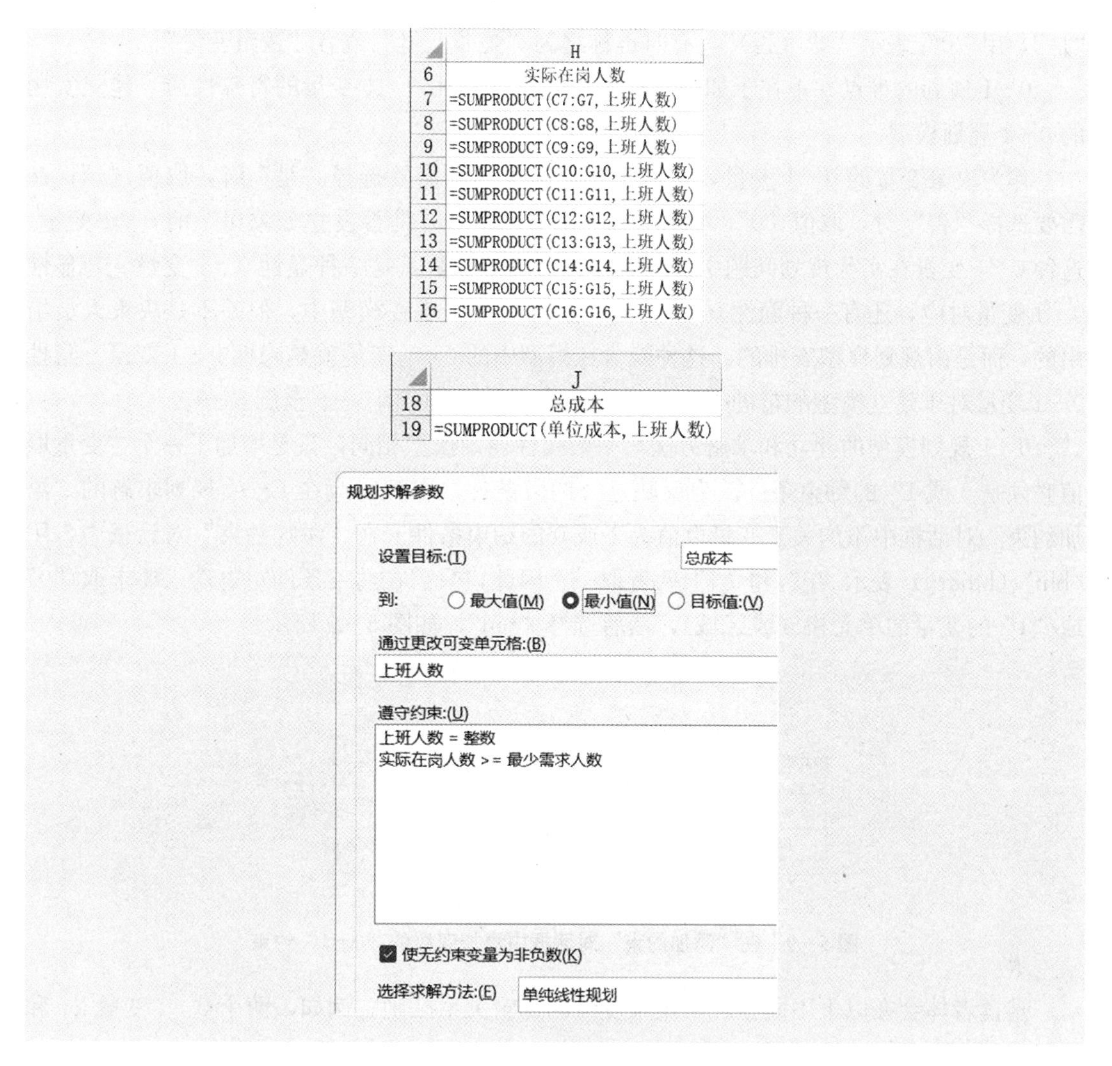

图 5－8（续）

Excel 求解结果如表 5－5 所示，此时航空公司服务人员的总成本最小，为每天 30 610 元。

表 5－5　例 5－4 排班问题的求解结果（不同排班的上班人数）

	排班 1	排班 2	排班 3	排班 4	排班 5	合计
上班人数	48	31	39	43	15	176

5.5 显性 0－1 变量的整数规划

0－1 规划是整数规划的特殊情况，也是应用最广泛的一类整数规划。在 0－1 规划中，其整数变量只能取 0 或 1，通常用这些 0－1 变量表示某种逻辑关系。例如：用“1”表示

“是”，用“0”表示“非（否）”，有时也称之为“是非变量”或者“逻辑变量”。

0-1 规划的难点并不在于如何求解，而是如何利用 0-1 变量的特殊性质，建立实用的 0-1 规划模型。

作为决策变量的 0-1 变量，在遇到实际决策问题需要选择“是”时，取值“1”；在需要选择“否”时，取值“0”。如在例 5-5 中，表示“是否设立分公司”的 0-1 变量。这种 0-1 变量在实际规划问题中是客观存在的决策变量，是一种显性 0-1 变量。与显性 0-1 变量对应，还有一种隐性 0-1 变量。这种变量出现在模型中，但并不是决策人员给出的，而是由规划模型安排的。这种隐含在模型中的 0-1 变量就是隐性 0-1 变量。隐性 0-1 变量对于建立模型的帮助很大，具体参见 5.6 节中的例 5-6 至例 5-9。

0-1 规划模型的建立和求解方法与一般线性规划模型相同，只是增加了一个“变量取值必须是 0 或 1”的约束条件。为反映这一约束条件，求解时应在 Excel 规划求解的“添加约束”对话框中添加关于变量取值为 1 或 0 的约束条件。在“添加约束”对话框中，用“bin”（binary）表示“0”和“1”两者取一。因此，只需在约束条件左边输入要求取“0”或“1”的变量的单元格（或区域），然后选择“bin”，如图 5-9 所示。

图 5-9　在“添加约束”对话框中添加变量的“0-1”约束

请读者体会在以下不同情况下决策变量的逻辑关系区别。例如，两个 0-1 变量 x_1 和 x_2 分别表示两个决策的指令状态，则：

（1）$x_1+x_2=0$，表示两者皆非；

（2）$x_1+x_2=1$，表示两者中有且只有一个许可；

（3）$x_1+x_2=2$，表示两者必须同时有许可；

（4）$x_1+x_2\leqslant 1$，表示两者至多有一个许可，但不排除两者皆非的情况；

（5）$x_1+x_2\geqslant 1$，表示两者至少有一个许可，但不排除两者皆可的情况；

（6）$x_1+x_2\leqslant 2$，表示两者可以以上述任何情况出现，实际上是同时放弃了对这两个逻辑变量的约束。

下面通过选址问题来说明显性 0-1 决策（是非决策）。

在经济全球化的时代，许多公司为了在全球范围内最优地配置资源（比如获取廉价劳动力或原材料等），要在不同的地方建厂或仓库以及其他服务设施，这些都是选址问题。在选址之前，要对许多候选地点进行分析和比较，而每个地址的决策都涉及一个“选”还是“不选”的判断。通常 0-1 变量表示为：

$$0-1\text{ 变量}=\begin{cases}1\text{，某一候选地点被选为某一设施的地址}\\0\text{，其他}\end{cases}$$

例 5-5

分公司选址问题。某销售公司打算在长春或武汉设立分公司（也可以在两个城市都设立分公司）以增加市场份额，同时管理层也在考虑建一个配送中心（也可以不建配送中心），但配送中心的地点限制在新设立分公司的城市。

经过计算，每种选择可使公司获得的利润和所需资金如表 5-6 所示。总预算不得超过 1 000 万元。目标是在满足以上约束的条件下使总利润最大。

表 5-6　分公司选址问题的相关数据　　单位：万元

	利润	所需资金
在长春设立分公司	800	600
在武汉设立分公司	500	300
在长春建配送中心	600	500
在武汉建配送中心	400	200

【解】

（1）决策变量。本问题的决策变量是“是非决策”的（显性）0-1 变量，每个决策只有两种选择——“是”或者“否（非）”，“1”表示对于这个决策选择“是”，“0”表示对于这个决策选择“否（非）”，如表 5-7 所示。

表 5-7　分公司选址问题的 0-1 决策变量

是非决策问题	决策变量	可能取值
在长春设立分公司？	x_1	0 或 1
在武汉设立分公司？	x_2	0 或 1
在长春建配送中心？	x_3	0 或 1
在武汉建配送中心？	x_4	0 或 1

（2）目标函数。本问题的目标是总利润最大，即

$$\max z=800x_1+500x_2+600x_3+400x_4$$

（3）约束条件。

① 总预算（资金）约束（不得超过 1 000 万元）：

$$600x_1+300x_2+500x_3+200x_4\leqslant 1\,000$$

② 公司最多只建一个新配送中心。如果用相应的 0-1 决策变量 x_3 和 x_4 来表示，这表示至多只有一个 0-1 变量可以取值为 1，因此，作为该问题数学模型的一部分，这些 0-1 变量必须满足约束（互斥）：

$$x_3+x_4\leqslant 1$$

这两个方案（在长春建配送中心和在武汉建配送中心）称为互斥方案，因为选择一个方案就不会再选择另一个。一组中含有两个或多个互斥方案在 0－1 规划问题中很常见。

③ 公司只在新设立分公司的城市建配送中心。也就是说，新设立分公司的那个城市才可以建配送中心。以长春为例：

● 如果选择“否”，不在长春设立分公司（也就是说，如果选择 $x_1=0$），就不能在长春建配送中心（也就是说，必须选择 $x_3=0$）。

● 如果选择“是”，在长春设立分公司（也就是说，如果选择 $x_1=1$），那么可以在长春建配送中心，也可以不建（也就是说，可以选择 $x_3=1$ 或 0）。

如何将这些在长春设立分公司和建配送中心的决策的联系以数学模型的方式表示为约束？关键在于无论 x_1 取何值，x_3 可能的取值都小于或等于 x_1。由于 x_1 和 x_3 都是 0－1 变量，因此有相应的约束（相依）：

$$x_3 \leqslant x_1$$

同理，对于武汉也有相应的约束（相依）：

$$x_4 \leqslant x_2$$

和长春一样，如果不在武汉设立分公司（$x_2=0$），武汉就不会有（不能建）配送中心（$x_4=0$）；如果在武汉设立分公司（$x_2=1$），就需要做出建配送中心的决策（$x_4=1$ 或 0）。

对于任何一个城市，建配送中心的决策称为相依决策（如果一个是非决策当且仅当另一个是非决策选择“是”时才能够选择“是”，那么就说这个是非决策相依于另一个是非决策）。

④ 0－1 变量：$x_i=0,1$（$i=1$，2，3，4）。

于是，得到例 5－5 的 0－1 规划模型：

$$\max z = 800x_1 + 500x_2 + 600x_3 + 400x_4$$

$$\text{s. t.}\begin{cases} 600x_1 + 300x_2 + 500x_3 + 200x_4 \leqslant 1\,000 \\ x_3 + x_4 \leqslant 1 \\ x_3 \leqslant x_1 \\ x_4 \leqslant x_2 \\ x_1, x_2, x_3, x_4 = 0,1 \end{cases}$$

例 5－5 的电子表格模型如图 5－10 所示，参见“例 5－5. xlsx”。

由此得到分公司选址问题的最优解：在长春和武汉都设立分公司，并且不建配送中心，此时的总利润最大，为 1 300 万元。

由于可用资金没有用完（只用了可用资金 1 000 万元中的 900 万元），并且没有建配送中心，所以可以对可用资金进行敏感性分析。

具体方法是：修改图 5－10 电子表格模型中的可用资金（G11 单元格），然后重新运行 Excel 的“规划求解”功能。

表 5－8 是可用资金在 700 万元～1 500 万元之间变化时对决策的影响。从表 5－8 中可以发现，当可用资金在 1 100 万元～1 500 万元之间变化时，可设立两个分公司，建一个配送中心。当可用资金从现在的 1 000 万元增加到 1 100 万元时，总利润就从 1 300 万元增

加到 1 700 万元，增加了 400 万元。

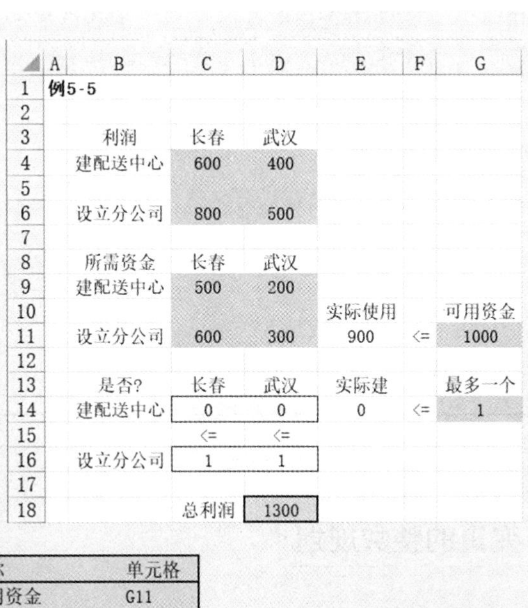

	A	B	C	D	E	F	G
1	例5-5						
2							
3		利润	长春	武汉			
4		建配送中心	600	400			
5							
6		设立分公司	800	500			
7							
8		所需资金	长春	武汉			
9		建配送中心	500	200			
10					实际使用		可用资金
11		设立分公司	600	300	900	<=	1000
12							
13		是否?	长春	武汉	实际建		最多一个
14		建配送中心	0	0	0	<=	1
15			<=	<=			
16		设立分公司	1	1			
17							
18			总利润	1300			

名称	单元格
可用资金	G11
利润	C4:D6
实际建	E14
实际使用	E11
是否?	C14:D16
是否建配送中心?	C14:D14
是否设立分公司?	C16:D16
所需资金	C9:D11
总利润	D18
最多一个	G14

	E
10	实际使用
11	=SUMPRODUCT(所需资金,是否?)
12	
13	实际建
14	=SUM(是否建配送中心?)

	C	D
18	总利润	=SUMPRODUCT(利润,是否?)

规划求解参数

设置目标:(T)　总利润

到:　● 最大值(M)　○ 最小值(N)　○ 目标值:(V)

通过更改可变单元格:(B)

是否建配送中心?,是否设立分公司?

遵守约束:(U)

实际使用 <= 可用资金
实际建 <= 最多一个
是否建配送中心? <= 是否设立分公司?
是否建配送中心? = 二进制
是否设立分公司? = 二进制

☑ 使无约束变量为非负数(K)

选择求解方法:(E)　单纯线性规划

图 5－10　例 5－5 的电子表格模型

表 5-8　对分公司选址问题的可用资金进行敏感性分析的结果

可用资金（万元）	实际使用（万元）	是否建配送中心		是否设立分公司		总利润（万元）
		长春	武汉	长春	武汉	
700	500	0	1	0	1	900
800	500	0	1	0	1	900
900	900	0	0	1	1	1 300
1 000	900	0	0	1	1	1 300
1 100	1 100	0	1	1	1	1 700
1 200	1 100	0	1	1	1	1 700
1 300	1 100	0	1	1	1	1 700
1 400	1 400	1	0	1	1	1 900
1 500	1 400	1	0	1	1	1 900

5.6 隐性 0-1 变量的整数规划

在例 5-5 中，每个 0-1 变量表示一个“是非决策”，这些变量也称为 0-1 决策变量或显性 0-1 变量。除了这些 0-1 决策变量，有时还引入其他一些 0-1 变量以帮助建立模型。隐性 0-1 变量（也称为辅助 0-1 变量），是引入模型的附加 0-1 变量，目的是方便建立纯的或混合的 0-1 规划模型。

下面介绍隐性 0-1 变量的 5 种使用方法，在这些方法中，隐性 0-1 变量在使问题标准化以便于求解方面发挥了重要作用。

5.6.1　固定成本问题

在一般情况下，产品的成本由固定成本和可变成本两部分组成。固定成本是指在固定投入要素上的支出，它不受产量影响，例如厂房和设备的租金、贷款利息、管理费用等；可变成本是指在可变投入要素上的支出，它是随着产量变化而变化的成本，例如原材料费用、生产工人的工资、销售佣金等。

通常，可变成本和产量成正比，所以可以用下面的表达式来表示某一产品的总成本：

$$f_i(x_i)=\begin{cases}k_i+c_ix_i, & x_i>0\\ 0, & x_i=0\end{cases}$$

式中，x_i 是第 i 种产品的产量（$x_i \geqslant 0$），k_i 是固定成本，c_i 是单位成本。那么，对于有 n 种产品生产问题的一般模型可以表示为：

$$\min z=f_1(x_1)+f_2(x_2)+\cdots+f_n(x_n)$$

s. t. 给定的线性约束条件

把这个问题转化为有 0-1 变量的混合整数规划问题。对于每种产品都要回答一个“是非”问题，这个“是非”问题就是是否应该生产第 i 种产品。这样，每个问题就有一个隐性 0-1 变量，用 y_i 表示：

$$y_i=\begin{cases}1, & x_i>0\\ 0, & x_i=0\end{cases}$$

也就是说，变量 y_i 取值为 1 时，就生产第 i 种产品（$x_i>0$）；y_i 取值为 0 时，就不生产第 i 种产品（$x_i=0$）。据此，目标函数（总成本）变为：

$$\min z=\sum_{i=1}^{n}(k_iy_i+c_ix_i)$$

然后，找一个相对极大值 M，大于任何一个可能的 $x_i(i=1, 2, \cdots, n)$，于是，约束为：

$$x_i \leqslant My_i \quad (i=1,2,\cdots,n)$$

这就保证了当 $x_i>0$ 时，$y_i=1$。尽管这个约束不能确定当 $x_i=0$ 时，y_i 等于 0 还是 1，但目标函数的性质将会使 y_i 在 $x_i=0$ 时取值为 0。也可以反过来理解，如果 $y_i=0$，则 $x_i\leqslant 0$，因为产量 x_i 只能为非负值，所以 $x_i=0$（不生产）；而如果 $y_i=1$，则 $x_i\leqslant M$（相对极大值），这时 x_i 的取值受其他约束条件（如原材料、资金等）的限制。

综上所述，固定成本问题的混合 0-1 线性规划模型为：

$$\min z=\sum_{i=1}^{n}(k_iy_i+c_ix_i)$$

$$\text{s.t.}\begin{cases}\text{最初给定的线性约束条件}\\ x_i\leqslant My_i & (i=1,2,\cdots,n)\\ y_i=0,1 & (i=1,2,\cdots,n)\end{cases}$$

例 5-6

需要启动资金（固定成本）的例 1-1。假设将例 1-1 的问题做如下变形：

变化一：生产新产品（门和窗）各需要一笔启动资金，分别为 700 元和 1 300 元，门和窗的单位利润还是原来的 300 元和 500 元。

变化二：一个生产批次在一个星期后即终止，因此门和窗的产量需要取整。

【解】

（1）决策变量。由于涉及启动资金（固定成本），本问题的决策变量有两类：第一类是所需生产的门和窗的数量；第二类是决定是否生产门和窗，这种逻辑关系可用隐性 0-1 变量来表示。

① 整数决策变量：设 x_1、x_2 分别表示门和窗的每周产量。

② 隐性 0-1 变量：设 y_1、y_2 分别表示是否生产门和窗（1 表示生产，0 表示不生产）。

（2）目标函数。本问题的目标是两种新产品的总利润最大，目标函数可表示为：

$$\max z=300x_1+500x_2-700y_1-1\,300y_2$$

（3）约束条件。

① 原有的三个车间每周可用工时限制：

$$\begin{cases} x_1 \leqslant 4 & \text{（车间 1）} \\ 2x_2 \leqslant 12 & \text{（车间 2）} \\ 3x_1 + 2x_2 \leqslant 18 & \text{（车间 3）} \end{cases}$$

② 变化一：新产品需要启动资金，即产量 x_i 与是否生产 y_i 之间的关系为

$$x_i \leqslant My_i \quad (i=1,2)$$

③ 变化二：产量 x_i 非负且为整数，是否生产 y_i 为 0－1 变量，即

$$x_i \geqslant 0 \text{ 且为整数} \quad (i=1,2)$$

$$y_i = 0,1 \quad (i=1,2)$$

于是，得到例 5－6 的混合 0－1 线性规划模型：

$$\max z = 300x_1 + 500x_2 - 700y_1 - 1\ 300y_2$$

$$\text{s.t.} \begin{cases} x_1 \leqslant 4 \\ 2x_2 \leqslant 12 \\ 3x_1 + 2x_2 \leqslant 18 \\ x_1 \leqslant My_1 \\ x_2 \leqslant My_2 \\ x_1, x_2 \geqslant 0 \text{ 且为整数} \\ y_1, y_2 = 0,1 \end{cases}$$

例 5－6 的电子表格模型如图 5－11 所示，参见“例 5－6. xlsx”。在 Excel 中，相对极大值 M 需要数值化，从车间 1 和车间 2 的约束中可以看出，x_1 的最大取值为 4，x_2 的最大取值为 6，因此，M 的取值只需不小于 6 即可，这里取 99。①

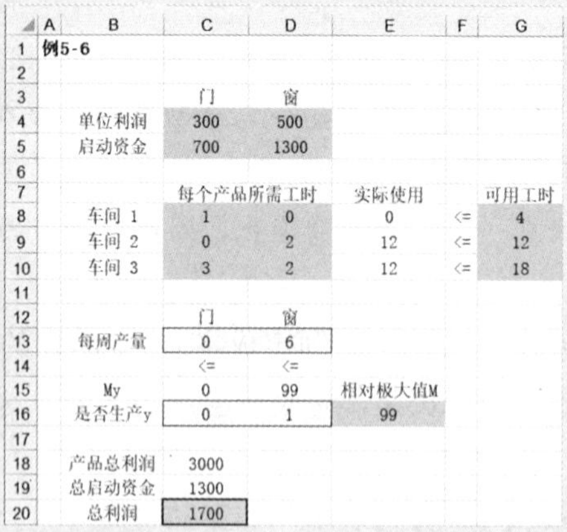

	A	B	C	D	E	F	G
1	例5-6						
2							
3			门	窗			
4		单位利润	300	500			
5		启动资金	700	1300			
6							
7			每个产品所需工时		实际使用		可用工时
8		车间 1	1	0	0	<=	4
9		车间 2	0	2	12	<=	12
10		车间 3	3	2	12	<=	18
11							
12			门	窗			
13		每周产量	0	6			
14			<=	<=			
15		My	0	99	相对极大值M		
16		是否生产y	0	1	99		
17							
18		产品总利润	3000				
19		总启动资金	1300				
20		总利润	1700				

图 5－11　例 5－6 的电子表格模型（需要启动资金）

① 需要说明的是：为了区别于其他数据，相对极大值 M 一般取 9、99、999、9 999 等，而且不是越大越好，要与题目的数据相匹配（数量级不要差别过大，大一个数量级即可），否则 Excel 的“规划求解”功能有可能求不出最优解（作者本人就碰到过这样的情况）。

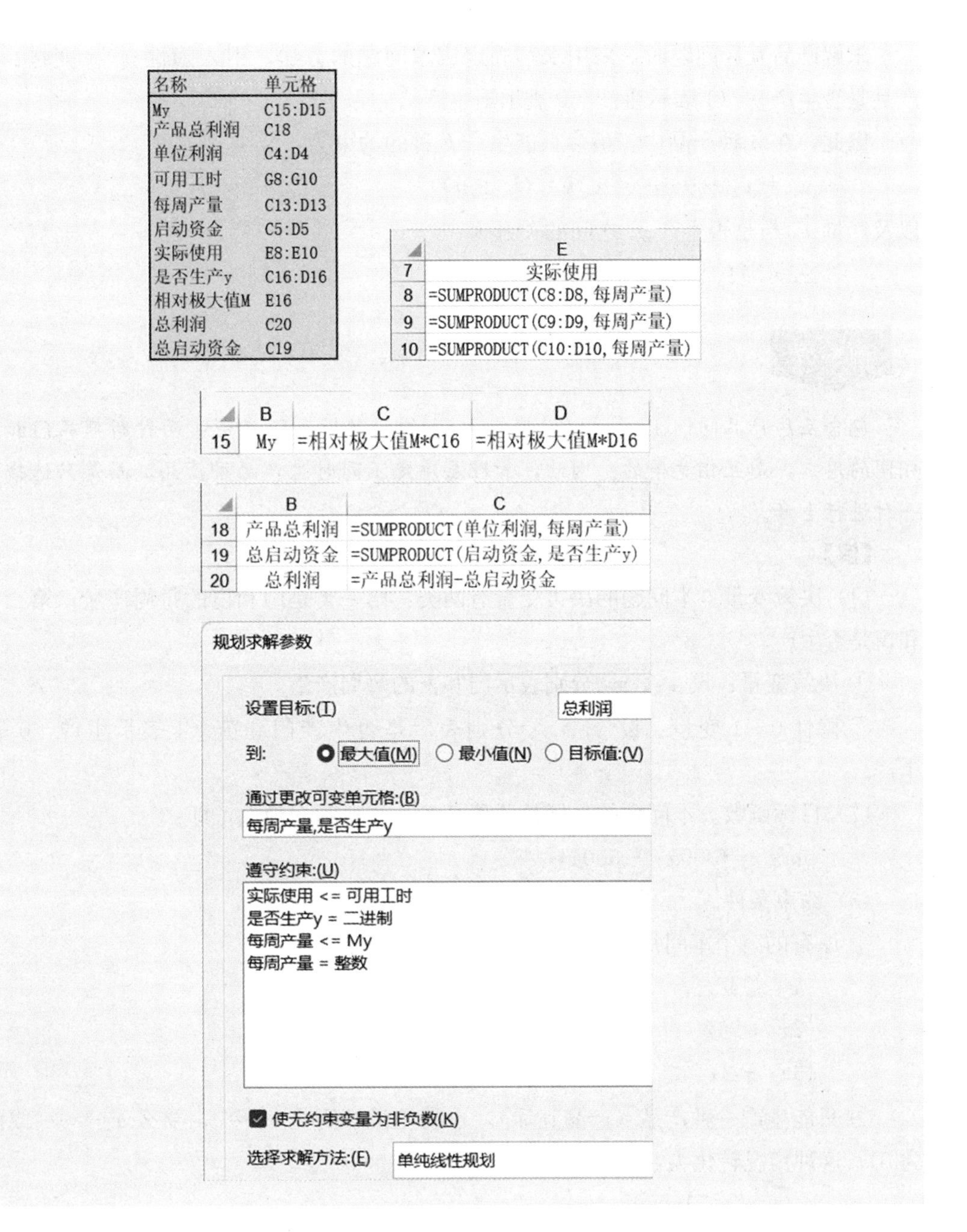

图 5-11（续）

由此得到需要启动资金的最优解：只生产 6 扇窗（不生产门）时的总利润最大，为每周 1 700 元。

5.6.2　产品互斥问题

在实际生产过程中，为了防止产品的过度多元化，有时需要限制产品生产的种类，这就是产品互斥问题。

求解产品互斥问题时，采用求解固定成本问题的方法，引入隐性 0－1 变量：第 i 种产品是否生产 y_i（1 表示生产，0 表示不生产）。

因此，在 n 种产品中，最多只能生产 k 种的约束为：

$$y_1+y_2+\cdots+y_n\leqslant k \quad (k<n)$$

以及产量 x_i 与是否生产 y_i 之间的关系为：

$$x_i\leqslant My_i \quad (i=1,2,\cdots,n)$$

例 5－7

包含互斥产品的例 1－1。假设将例 1－1 的问题做如下变形：两种新产品门和窗具有相同的用户，是互相竞争的。因此，管理层决定不同时生产两种产品，而是只选择其中的一种进行生产。

【解】

（1）决策变量。本问题的决策变量有两类：第一类是门和窗的每周产量；第二类是门和窗是否生产。

① 决策变量：设 x_1、x_2 分别表示门和窗的每周产量。

② 隐性 0－1 变量：设 y_1、y_2 分别表示是否生产门和窗（1 表示生产，0 表示不生产）。

（2）目标函数。本问题的目标是两种新产品的总利润最大，即：

$$\max z=300x_1+500x_2$$

（3）约束条件。

① 原有的三个车间每周可用工时限制：

$$\begin{cases}x_1\leqslant 4 & (\text{车间 }1)\\ 2x_2\leqslant 12 & (\text{车间 }2)\\ 3x_1+2x_2\leqslant 18 & (\text{车间 }3)\end{cases}$$

② 只能生产一种产品（产品互斥），也就是说，要么 $x_1=0$，要么 $x_2=0$（或两者均为 0），这种情况转化为：

$$y_1+y_2\leqslant 1$$

以及产量 x_i 与是否生产 y_i 之间的关系：

$$x_i\leqslant My_i \quad (i=1,2)$$

③ 产量 x_i 非负，是否生产 y_i 为 0－1 变量：

$$x_i\geqslant 0 \quad (i=1,2)$$

$$y_i=0,1 \quad (i=1,2)$$

于是，得到例 5－7 的混合 0－1 线性规划模型：

$$\max z=300x_1+500x_2$$

$$
\text{s.t.}\begin{cases}x_1 \leqslant 4 \\ 2x_2 \leqslant 12 \\ 3x_1+2x_2 \leqslant 18 \\ y_1+y_2 \leqslant 1 \\ x_1 \leqslant My_1 \\ x_2 \leqslant My_2 \\ x_1, x_2 \geqslant 0 \\ y_1, y_2 = 0,1\end{cases}
$$

例 5－7 的电子表格模型如图 5－12 所示，参见“例 5－7. xlsx”。

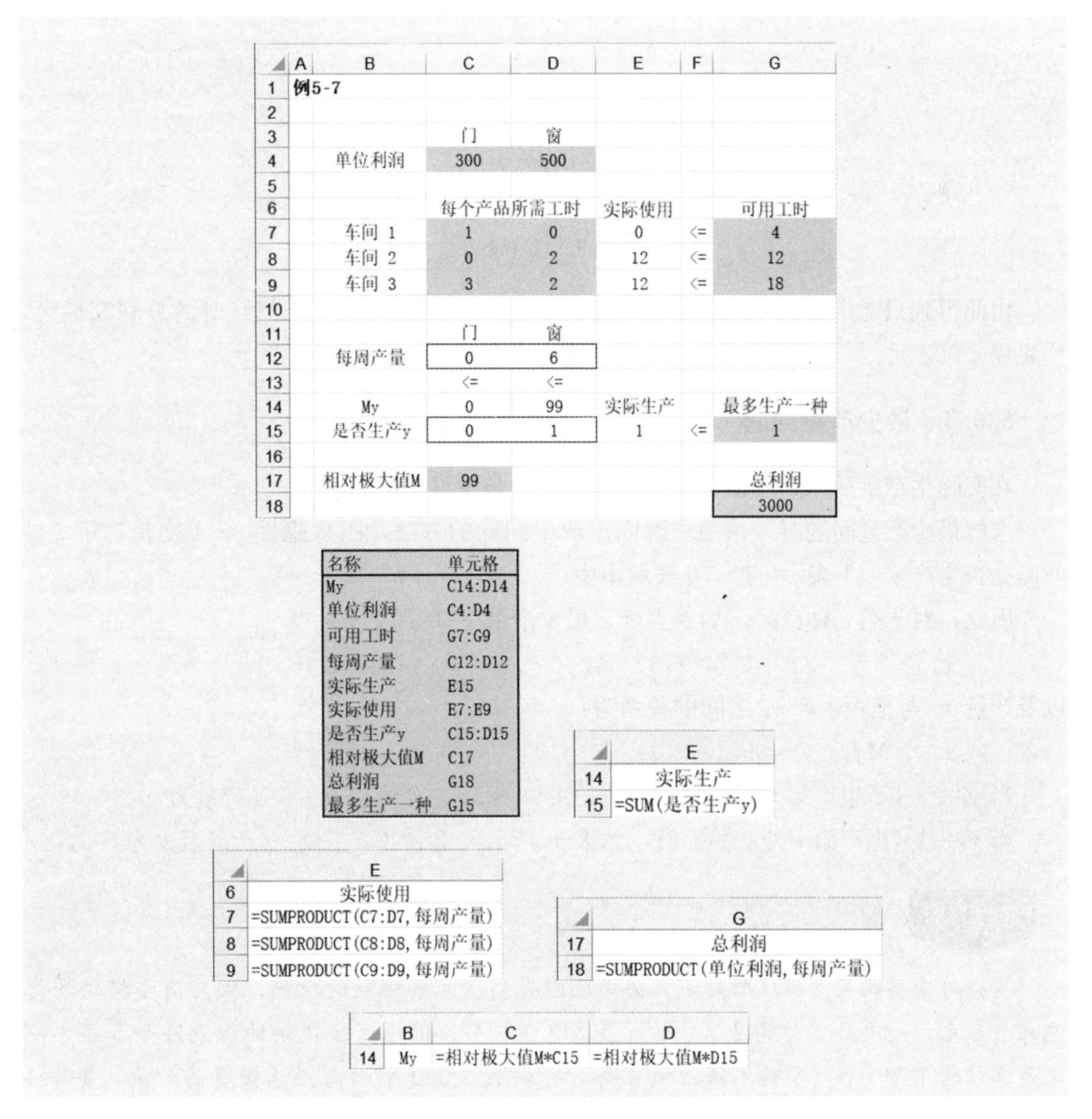

	A	B	C	D	E	F	G
1	例5-7						
2							
3			门	窗			
4		单位利润	300	500			
5							
6			每个产品所需工时		实际使用		可用工时
7		车间 1	1	0	0	<=	4
8		车间 2	0	2	12	<=	12
9		车间 3	3	2	12	<=	18
10							
11			门	窗			
12		每周产量	0	6			
13			<=	<=			
14		My	0	99	实际生产		最多生产一种
15		是否生产y	0	1	1	<=	1
16							
17		相对极大值M	99				总利润
18							3000

名称	单元格
My	C14:D14
单位利润	C4:D4
可用工时	G7:G9
每周产量	C12:D12
实际生产	E15
实际使用	E7:E9
是否生产y	C15:D15
相对极大值M	C17
总利润	G18
最多生产一种	G15

	E
14	实际生产
15	=SUM(是否生产y)

	E
6	实际使用
7	=SUMPRODUCT(C7:D7, 每周产量)
8	=SUMPRODUCT(C8:D8, 每周产量)
9	=SUMPRODUCT(C9:D9, 每周产量)

	G
17	总利润
18	=SUMPRODUCT(单位利润, 每周产量)

	B	C	D
14	My	=相对极大值M*C15	=相对极大值M*D15

图 5－12　例 5－7 的电子表格模型（产品互斥）

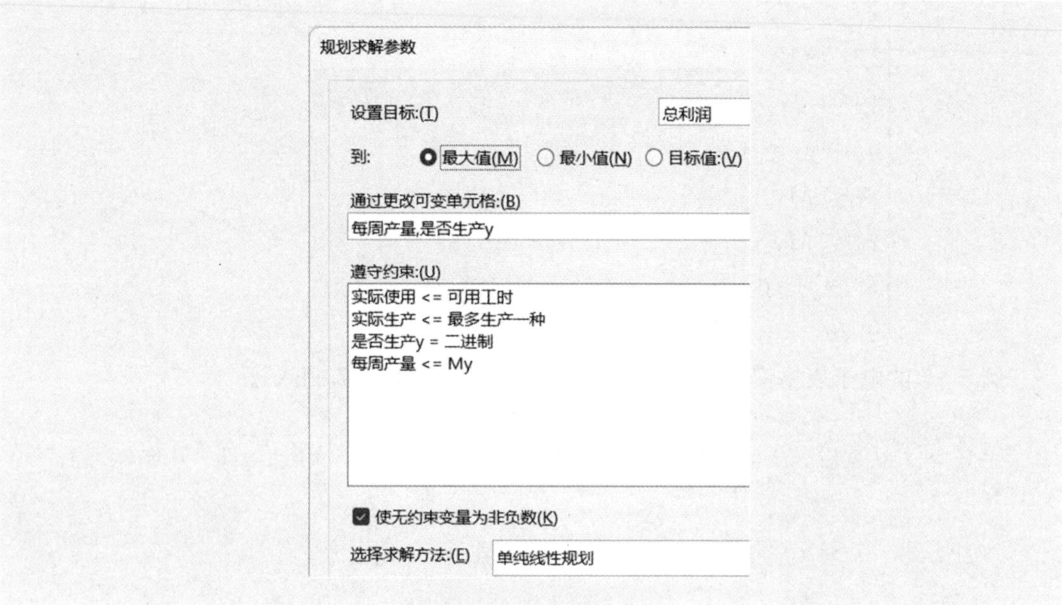

规划求解参数

设置目标:(T) 总利润

到: 最大值(M) 最小值(N) 目标值:(V)

通过更改可变单元格:(B)

每周产量,是否生产y

遵守约束:(U)

实际使用 <= 可用工时
实际生产 <= 最多生产一种
是否生产y = 二进制
每周产量 <= My

使无约束变量为非负数(K)

选择求解方法:(E) 单纯线性规划

图 5-12（续）

由此得到只能生产一种产品的最优解：只生产 6 扇窗（不生产门）时的总利润最大，为每周 3 000 元。

5.6.3 最少产量问题

在实际生产生活中，经常会碰到最少产量、最少订购量问题。

求解最少产量问题时，采用求解固定成本问题的方法，引入隐性 0-1 变量：第 i 种产品是否生产 y_i（1 表示生产，0 表示不生产）。

因此，对于第 i 种产品，如果生产，最少产量 S_i 的约束为：

$$x_i \geqslant S_i y_i \quad (i=1,2,\cdots,n)$$

以及产量 x_i 与是否生产 y_i 之间的关系为：

$$x_i \leqslant M y_i \quad (i=1,2,\cdots,n)$$

当 $y_i=0$（不生产第 i 种产品）时，约束 $x_i \leqslant My_i$ 会使得 $x_i=0$（产量为 0）。

当 $y_i=1$（生产第 i 种产品）时，约束 $x_i \geqslant S_i y_i$ 会使得 $x_i \geqslant S_i$（产量至少为 S_i）。

例 5-8

某公司需要购买 5 000 个灯泡。公司已经收到三家供应商的投标，供应商 1 提供的灯泡每个 3 元，一次最少订购 2 000 个，最多 3 000 个；供应商 2 提供的灯泡每个 5 元，一次最少订购 1 000 个，多购不限；供应商 3 可供应 3 000 个以内任意数量的灯泡，每个 1 元，另加固定费用 5 000 元。公司决定从一家或两家购买。该公司正在考虑采取什么样的订购方案，可以使其所花的总费用最少。

【解】

（1）决策变量。本问题的决策变量有两类：第一类是从各供应商购买灯泡的数量；第二类是是否从各供应商购买灯泡。

① 决策变量：设 x_1、x_2、x_3 分别表示从供应商 1、2、3 购买灯泡的数量。

② 隐性 0－1 变量：设 y_1、y_2、y_3 分别表示是否从供应商 1、2、3 购买灯泡（1 表示购买，0 表示不购买）。

（2）目标函数。本问题的目标是公司所花的总费用最少，目标函数可表示为：

$$\min z = 3x_1 + 5x_2 + x_3 + 5\,000y_3$$

（3）约束条件。

① 需要购买 5 000 个灯泡：$x_1 + x_2 + x_3 = 5\,000$；

② 从供应商 1 一次最少订购 2 000 个，最多 3 000 个：

$$2\,000y_1 \leqslant x_1 \leqslant 3\,000y_1$$

从约束条件中可知：

当 $y_1 = 0$（不从供应商 1 购买灯泡）时，有 $2\,000 \times 0 \leqslant x_1 \leqslant 3\,000 \times 0$，即 $x_1 = 0$；

当 $y_1 = 1$（从供应商 1 购买灯泡）时，有 $2\,000 \times 1 \leqslant x_1 \leqslant 3\,000 \times 1$，即一次最少订购 2 000 个，最多 3 000 个。

③ 从供应商 2 一次最少要订购 1 000 个，多购不限：

$$1\,000y_2 \leqslant x_2 \leqslant My_2$$　（M 可用需要购买 5 000 代替，即 $M = 5\,000$）

④ 供应商 3 可供应 3 000 个以内任意数量的灯泡，另加固定费用 5 000 元：

$x_3 \leqslant 3\,000$，以及 $x_3 \leqslant My_3$，合并得 $x_3 \leqslant 3\,000y_3$

为了与供应商 1 和 2 的约束写法一致，可以写成：

$$0y_3 \leqslant x_3 \leqslant 3\,000y_3$$

⑤ 公司决定从一家或两家购买：$y_1 + y_2 + y_3 \leqslant 2$。

⑥ 购买灯泡数 x_i 非负，是否购买 y_i 为 0－1 变量：

$$x_1, x_2, x_3 \geqslant 0$$

$$y_1, y_2, y_3 = 0, 1$$

于是，得到例 5－8 的混合 0－1 线性规划模型：

$$\min z = 3x_1 + 5x_2 + x_3 + 5\,000y_3$$

$$\text{s. t.}\begin{cases} x_1 + x_2 + x_3 = 5\,000 \\ 2\,000y_1 \leqslant x_1 \leqslant 3\,000y_1 \\ 1\,000y_2 \leqslant x_2 \leqslant 5\,000y_2 \\ 0y_3 \leqslant x_3 \leqslant 3\,000y_3 \\ y_1 + y_2 + y_3 \leqslant 2 \\ x_1, x_2, x_3 \geqslant 0 \\ y_1, y_2, y_3 = 0, 1 \end{cases}$$

例 5－8 的电子表格模型如图 5－13 所示，参见“例 5－8. xlsx”。

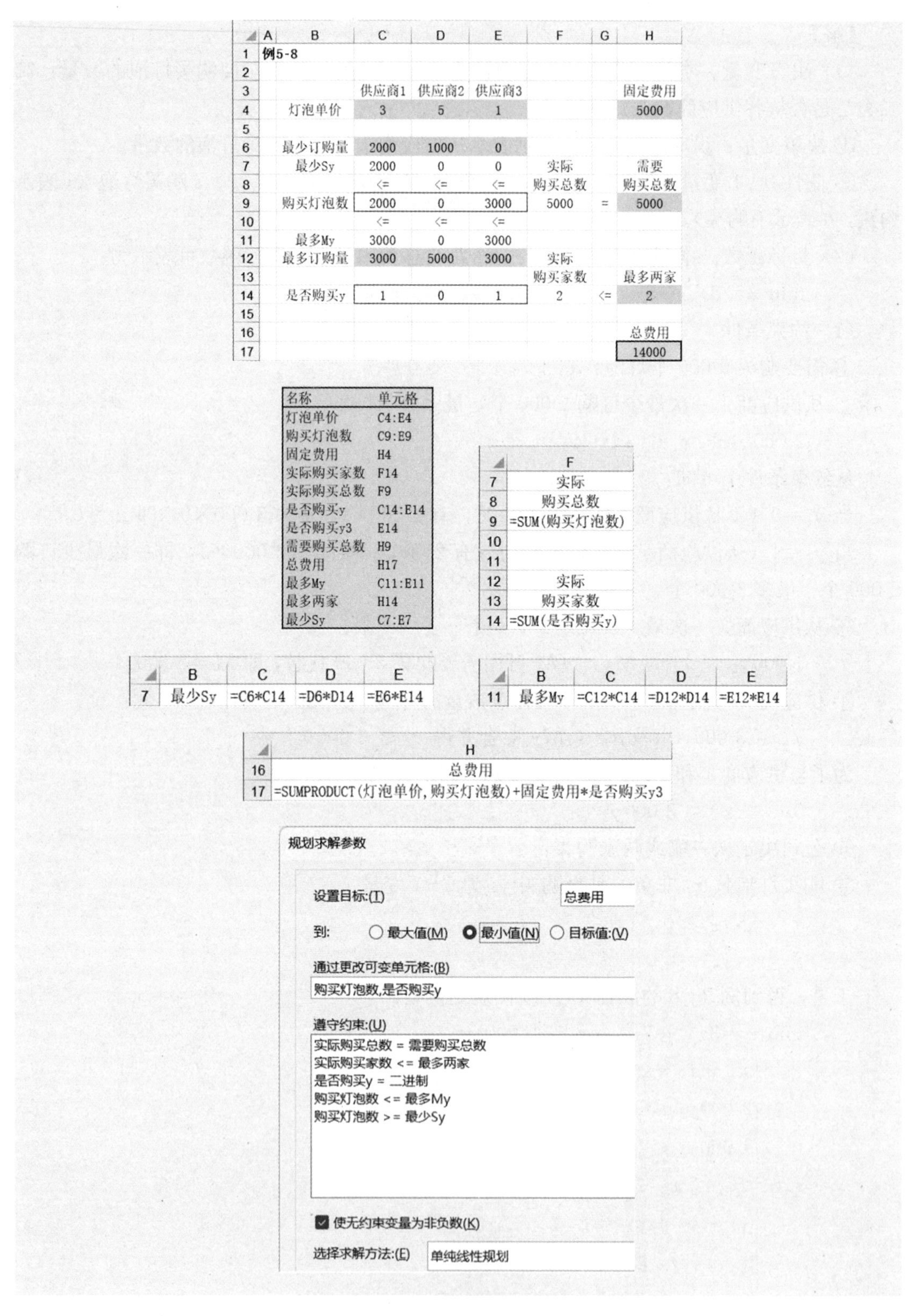

	A	B	C	D	E	F	G	H
1	例5-8							
2								
3			供应商1	供应商2	供应商3			固定费用
4		灯泡单价	3	5	1			5000
5								
6		最少订购量	2000	1000	0			
7		最少Sy	2000	0	0	实际		需要
8			<=	<=	<=	购买总数		购买总数
9		购买灯泡数	2000	0	3000	5000	=	5000
10			<=	<=	<=			
11		最多My	3000	0	3000			
12		最多订购量	3000	5000	3000	实际		
13						购买家数		最多两家
14		是否购买y	1	0	1	2	<=	2
15								
16								总费用
17								14000

名称	单元格
灯泡单价	C4:E4
购买灯泡数	C9:E9
固定费用	H4
实际购买家数	F14
实际购买总数	F9
是否购买y	C14:E14
是否购买y3	E14
需要购买总数	H9
总费用	H17
最多My	C11:E11
最多两家	H14
最少Sy	C7:E7

	F
7	实际
8	购买总数
9	=SUM(购买灯泡数)
10	
11	
12	实际
13	购买家数
14	=SUM(是否购买y)

	B	C	D	E
7	最少Sy	=C6*C14	=D6*D14	=E6*E14

	B	C	D	E
11	最多My	=C12*C14	=D12*D14	=E12*E14

	H
16	总费用
17	=SUMPRODUCT(灯泡单价,购买灯泡数)+固定费用*是否购买y3

图 5－13　例 5－8 的电子表格模型（最少订购量）

例5-8的最优订购方案是：从供应商1购买2 000个灯泡，从供应商3购买3 000个灯泡，总的购买费用为14 000元。

5.6.4 从两个约束中选一个约束的问题

管理决策时经常会遇到在两个约束中选一个约束的问题。举例来说，某个投资方案有两个约束，但只要其中一个约束成立就可以了，另外一个约束则不做要求。

可以把这种问题转化为有0-1变量的混合整数规划问题。这样，需要引入一个0-1变量来决定满足两个约束条件中的哪一个，这样的问题也是隐性0-1变量问题，用y表示：

$$y=\begin{cases}0，选择约束条件1\\1，选择约束条件2\end{cases}$$

也就是说，隐性0-1变量y取值为0时，受约束条件1的限制；y取值为1时，受约束条件2的限制。

例5-9

加入二选一约束的例1-1。假设将例1-1的问题做如下变形：工厂最近建了一个与车间3类似的新车间（车间4），因此，新车间也可以参与两种新产品的生产。但是，由于管理上的原因，管理层决定只允许车间3和车间4中的一个车间参与新产品的生产，同时要选取能获得产品组合总利润最大的那个车间。相关数据如表5-9所示。该表与例1-1的表1-1类似，只不过在其中加入了车间4的一些数据。

表5-9 例5-9的相关数据

	每个产品所需工时（小时）		每周可用工时（小时）
	门	窗	
车间1	1	0	4
车间2	0	2	12
车间3	3	2	18
车间4	2	4	28
单位利润（元）	300	500	

【解】 该问题有两种求解方法。

方法1：分别建立模型求解。

首先，假设在车间3生产，那么该问题就如同例1-1，要满足车间3的约束（不考虑车间4的约束）：

$$3x_1+2x_2\leqslant 18$$

此时的最优解为$x_1^*=2$，$x_2^*=6$，最优值为$z^*=3\ 600$（元）。

再假设在车间4生产，要满足车间4的约束（不考虑车间3的约束）：

$$2x_1+4x_2\leqslant 28$$

此时的最优解为 $x_1^*=4$，$x_2^*=5$，最优值为 $z^*=3\ 700$（元）。

由于 3 700 大于 3 600，因此，应选择在车间 4 生产。

方法 2：建立一个模型求解，这时就需要引入一个隐性 0－1 变量。

（1）决策变量。例 5－9 的决策变量有两类：第一类是门和窗的每周产量；第二类是决定在车间 3 生产还是在车间 4 生产，这种逻辑关系可用隐性 0－1 变量来表示。值得注意的是，两个车间不能同时生产。

① 设 x_1、x_2 分别表示门和窗的每周产量。

② 隐性 0－1 变量：设 $y=0$ 表示选择车间 3，$y=1$ 表示选择车间 4。

（2）目标函数。本问题的目标是两种新产品的总利润最大，即：

$$\max z=300x_1+500x_2$$

（3）约束条件。

① 车间 1 和车间 2 的约束：

$$\begin{cases}x_1\leqslant 4\\2x_2\leqslant 12\end{cases}$$

② 选择车间 3 还是车间 4：

要么选择 $3x_1+2x_2\leqslant 18$（在车间 3 生产），要么选择 $2x_1+4x_2\leqslant 28$（在车间 4 生产）。引入隐性 0－1 变量 y，并且定义 $y=0$ 表示选择车间 3，$y=1$ 表示选择车间 4，即：

$$y=\begin{cases}0,\ 3x_1+2x_2\leqslant 18 & （选择车间 3）\\1,\ 2x_1+4x_2\leqslant 28 & （选择车间 4）\end{cases}$$

为了强化这一定义，引入一个相对极大值 M，然后在模型中做如下变动：

$$\begin{cases}3x_1+2x_2\leqslant 18+My\\2x_1+4x_2\leqslant 28+M(1-y)\end{cases}$$

③ 产量 x_i 非负，选择变量 y 为 0－1 变量：

$$x_1,x_2\geqslant 0$$

$$y=0,1$$

于是，得到例 5－9 的混合 0－1 线性规划模型：

$$\max z=300x_1+500x_2$$

$$\text{s. t.}\begin{cases}x_1\leqslant 4\\2x_2\leqslant 12\\3x_1+2x_2\leqslant 18+My\\2x_1+4x_2\leqslant 28+M(1-y)\\x_1,x_2\geqslant 0\\y=0,1\end{cases}$$

例 5－9 的电子表格模型如图 5－14 所示，参见“例 5－9. xlsx”。

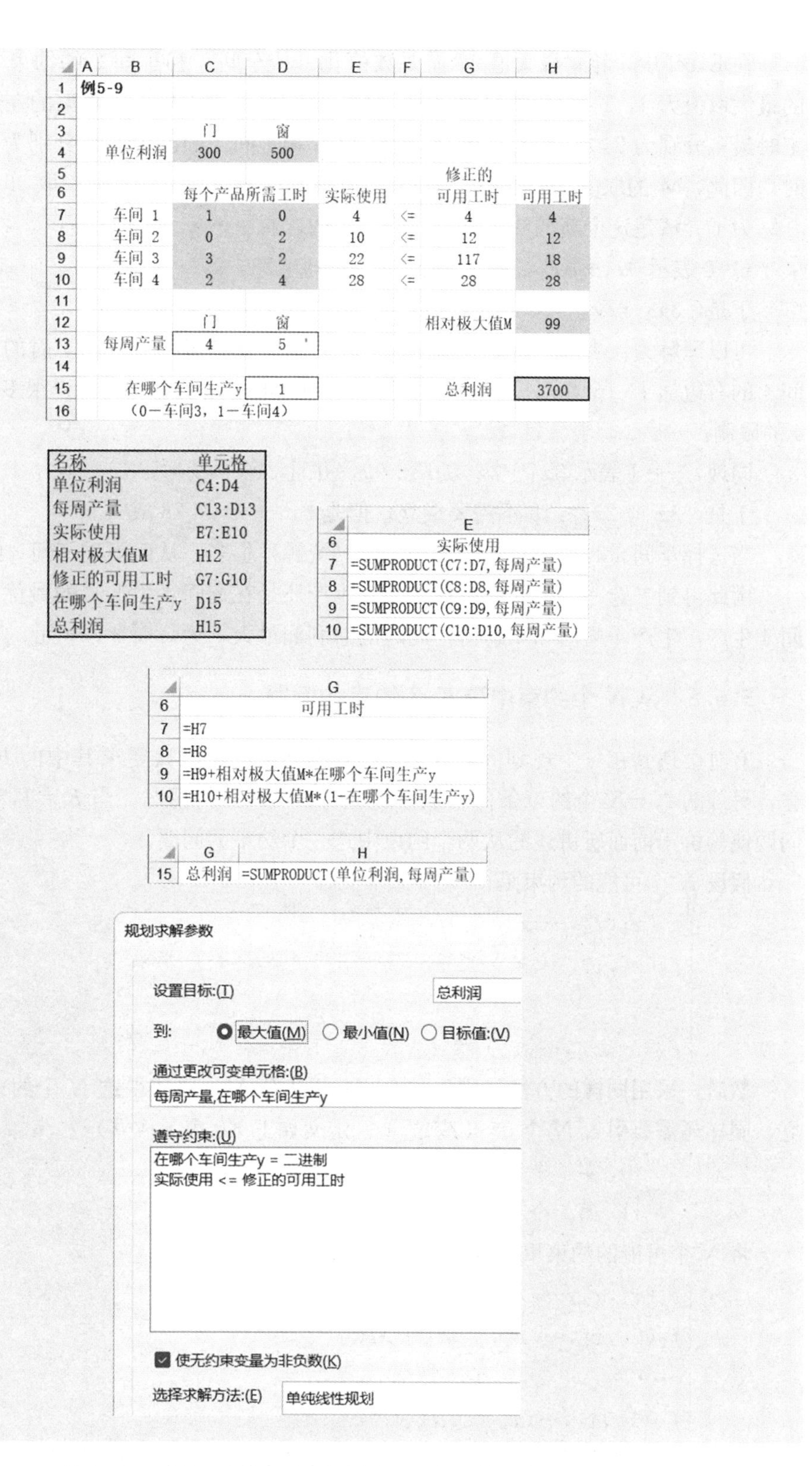

图 5-14　例 5-9 的电子表格模型（加入二选一约束）

在 Excel 中，相对极大值 M 需要数值化，从车间 1 和车间 2 的约束中可以看出，x_1 的最大取值为 4，x_2 的最大取值为 6，分别代入车间 3 和车间 4 约束的左边，得到所需的工时最多分别为 24 小时和 32 小时，而车间 3 和车间 4 的可用工时分别为 18 小时和 28 小时，因此，M 的取值只需不小于 max(24－18，32－28) 即可，这里取 99。

为了弄清楚这个新的约束是如何起作用的，看一下 $y=0$ 的情况。

$y=0$ 表示 $3x_1+2x_2\leqslant 18$，并且 $2x_1+4x_2\leqslant 28+99$。

于是，$3x_1+2x_2\leqslant 18$ 成立，但是 $2x_1+4x_2\leqslant 28$ 不需要成立。

可以理解为：当选择车间 3（$y=0$）时，生产受到车间 3 可用工时的限制。此时在车间 4 的右边加了一个相对极大值 M，表示车间 4 的可用工时（资源）很多，从而不受车间 4 的限制。

同理，$y=1$ 表示 $3x_1+2x_2\leqslant 18+99$，并且 $2x_1+4x_2\leqslant 28$。

于是，$3x_1+2x_2\leqslant 18$ 不需要成立，但是 $2x_1+4x_2\leqslant 28$ 成立。

当选择车间 4 时，车间 3 的可用工时（资源）很多，从而不受车间 3 的限制。

由此得到二选一约束（选择在车间 3 生产还是在车间 4 生产）的最优解是：选择在车间 4 生产，生产 4 扇门和 5 扇窗，此时的总利润最大，为每周 3 700 元。

5.6.5 从 N 个约束中选 K 个约束的问题

有时会遇到在一个规划问题中有 N 个约束条件，但只要求其中的 K 个约束条件成立，另外的 $N-K$ 个约束条件可以不成立（$K\leqslant N$）的情况。当 $K=1$，$N=2$ 时，这个问题便等价于前面所讲述的从两个约束中选一个约束的问题。

假设 N 个可能的约束是：

$$\begin{cases} f_1(x_1,x_2,\cdots,x_n)\leqslant d_1 \\ f_2(x_1,x_2,\cdots,x_n)\leqslant d_2 \\ \cdots\cdots \\ f_N(x_1,x_2,\cdots,x_n)\leqslant d_N \end{cases}$$

然后，采用同样的方法，引入一个相对极大值 M，要使得这 N 个约束中只有 K 个成立，同样还需要引入 N 个 0－1 变量 y_i，定义如下（0 表示成立）：

$$y_i=\begin{cases} 0，第\ i\ 个约束成立 \\ 1，第\ i\ 个约束不成立 \end{cases}$$

将 N 个可能的约束重新描述为：

$$\begin{cases} f_1(x_1,x_2,\cdots,x_n)\leqslant d_1+My_1 \\ f_2(x_1,x_2,\cdots,x_n)\leqslant d_2+My_2 \\ \cdots\cdots \\ f_N(x_1,x_2,\cdots,x_n)\leqslant d_N+My_N \end{cases}$$

因为第 i 个约束的 $y_i=1$ 时，会使极大值 M 存在于约束中（相当于资源很多），使得无论变量取任何可能值，都会使不等式成立，相当于这个约束不成立（不起作用），又由

于总共有 $N-K$ 个不要求成立的约束，所以有

$$\sum_{i=1}^{N} y_i = N-K$$

式中，y_i（$i=1$，2，…，N）为0-1变量。

当然，这个问题如果是在 N 个约束中最多选 K 个约束，则只需要将上式变成以下形式：

$$\sum_{i=1}^{N} y_i \geqslant N-K$$

也可以将 y_i 定义为（1表示成立）：

$$y_i=\begin{cases}1, \text{第 } i \text{ 个约束成立} \\ 0, \text{第 } i \text{ 个约束不成立}\end{cases}$$

则 N 个约束中选 K 个约束重新描述为：

$$\begin{cases} f_1(x_1,x_2,\cdots,x_n) \leqslant d_1+M(1-y_1) \\ f_2(x_1,x_2,\cdots,x_n) \leqslant d_2+M(1-y_2) \\ \cdots\cdots \\ f_N(x_1,x_2,\cdots,x_n) \leqslant d_N+M(1-y_N) \\ \sum_{i=1}^{N} y_i = K \quad \text{或} \quad \sum_{i=1}^{N} y_i \leqslant K \\ y_i=0,1 \quad (i=1,2,\cdots,N) \end{cases}$$

习题

5.1　某厂拟用集装箱托运甲、乙两种货物，每箱货物的体积、重量、可获利润以及托运所受限制如表5-10所示。问两种货物各托运多少箱，可使获得的总利润最大？

表5-10　两种货物每箱的体积、重量、可获利润以及托运所受限制

货物	体积（立方米/箱）	重量（千克/箱）	利润（元/箱）
甲	5	200	2 000
乙	4	500	1 000
托运限制	24立方米	1 300千克	

5.2　某医院为了保证所有患者都能够被充分及时地照顾，需要24小时不间断地值班，但每天不同的时间段所需的人数不同，具体情况如表5-11所示。

表5-11　各时段所需的人数

班次	时间段	所需人数（人）
1	06:00—10:00	20
2	10:00—14:00	25
3	14:00—18:00	30

续表

班次	时间段	所需人数（人）
4	18:00—22:00	20
5	22:00—02:00	10
6	02:00—06:00	10

假设值班人员分别在各时间段开始时上班，并连续工作 8 小时，那么医院要完成任务，至少需要配备的值班人数是多少？

5.3 某大学计算机中心的主任要为中心的人员进行排班。中心从 08:00 开到 22:00。主任观测出中心在一天的不同时段的计算机使用量，并确定了如表 5 - 12 所示的各时段咨询员的最少需求人数。

表 5 - 12　各时段咨询员的最少需求人数

时段	最少需求人数（人）
08:00—12:00	6
12:00—16:00	8
16:00—20:00	12
20:00—22:00	6

需要聘用两类计算机咨询员：全职和兼职。全职咨询员将在以下三种轮班方式下连续工作 8 小时或 6 小时：上午上班（08:00—16:00）、中午上班（12:00—20:00）以及下午上班（16:00—22:00）。全职咨询员的工资为每小时 14 元。兼职咨询员将在表中所示的各时段上班（即四种轮班方式，每次连续工作 4 小时或 2 小时），工资为每小时 12 元。

一个额外的条件是，在各时段，每个在岗的兼职咨询员必须配备至少两个在岗的全职咨询员（即全职咨询员与兼职咨询员的比例至少为 2∶1）。

主任希望能够确定每种轮班方式下全职与兼职咨询员的上班人数，从而能以最小的成本满足上述需求。

5.4 为紧跟互联网时代的潮流，某部门决定加强与互联网公司的合作，现有 5 个互联网公司被列入投资计划，各公司的主要业务、投资额以及预计的投资收益如表 5 - 13 所示。

表 5 - 13　各公司的有关数据　　单位：万元

公司	主要业务	投资额	预计的投资收益
1	搜索引擎	200	140
2	电子商务	300	210
3	搜索引擎	100	65
4	电子商务	140	100
5	电子商务	250	190

但该部门只有 700 万元资金可用于投资，且为保证合作的多样性和发展的可持续性，投资受到以下约束：

(1)“电子商务”是互联网时代受众面较广、应用范围较大的方向，故该部门决定至少投资一个“电子商务”项目。

(2) 考虑到“搜索引擎”方向的技术较为成熟，该部门决定至多投资一个“搜索引擎”项目。

(3) 公司 1 和公司 5 之间有战略合作关系，具体表现：公司 1 的信息智能提取技术为公司 5 提供了数据支持，故选择公司5的前提是选择公司1。

如何在满足上述约束条件的情况下，选择一个最好的投资方案，使该部门的投资收益最大？

5.5 某公司需要制造2 000件某种产品，这种产品可利用设备A、B、C中的任意一种来加工。已知每种设备的生产准备费用、生产该产品的单位耗电量和成本，以及每种设备的最大加工能力如表5-14所示。

表5-14 三种设备生产产品的有关数据

设备	生产准备费用（元）	耗电量（度/件）	生产成本（元/件）	生产能力（件）
A	100	0.5	7	800
B	300	1.8	2	1 200
C	200	1.0	5	1 400

(1) 当总用电量限制在2 000度时，请制订一个成本最小的生产方案。

(2) 当总用电量限制在2 500度时，请制订一个成本最小的生产方案。

(3) 当总用电量限制在2 800度时，请制订一个成本最小的生产方案。

(4) 如果总用电量没有限制，请制订一个成本最小的生产方案。

5.6 某公司考虑在北京、上海、广州和武汉四个城市设立库房，这些库房负责向华北、华中、华南三个地区供货，每个库房每月可处理货物1 000件。设立库房的每月成本分别为：北京4.5万元、上海5万元、广州7万元、武汉4万元。每个地区的月平均需求量分别为：华北500件、华中800件、华南700件。发运货物的单位费用如表5-15所示。

表5-15 从四个城市发运货物到三个地区的单位费用 单位：元/件

	华北	华中	华南
北京	200	400	500
上海	300	250	400
广州	600	350	300
武汉	350	150	350

公司希望在满足各地区需求的条件下使月平均成本最小，且还要满足以下条件：

(1) 如果在上海设立库房，则必须也在武汉设立库房；

(2) 最多设立两个库房；

(3) 武汉和广州不能同时设立库房。

请写出一个满足上述要求的整数规划模型，并求出最优解。

5.7 考虑有固定成本的废物处理方案问题。某地区有两个城镇，它们每周分别产生700吨和1 200吨固体废物。现拟用三种方式（焚烧、填海和掩埋）分别在三个场地对这些废物进行处理。每个场地的处理成本分为固定成本（元/周）和可变成本（元/吨）两部分，其数据见表5-16。两城镇至各处理场地的运输成本（元/吨）、应处理量（吨/周）以及各场地的处理能力（吨/周）如表5-17所示。试求使两城镇处理固体废物总费用最小的方案。

表5-16 固定成本和可变成本

处理方式	固定成本	可变成本
焚烧	3 850	12
填海	1 150	16
掩埋	1 920	6

表 5-17　两城镇处理废物的相关数据

	焚烧	填海	掩埋	应处理量
城镇 1	7.5	5	15	700
城镇 2	5	7.5	12.5	1 200
处理能力	1 000	500	1 300	

5.8　工厂 F_1 和 F_2 生产某种物资，由于该种物资供不应求，故需要再建一个工厂。相应的建厂方案有建设工厂 F_3 或 F_4 两种。这种物资的需求地有四个：B_1、B_2、B_3 和 B_4。各工厂的年生产能力（万吨）、各地的年需求量（万吨）、各工厂至各需求地的单位物资运价（万元/万吨）见表 5-18。

表 5-18　工厂和需求地的有关数据

	B_1	B_2	B_3	B_4	年生产能力
F_1	20	90	30	40	40
F_2	80	30	50	70	60
F_3	70	60	10	20	20
F_4	40	50	20	50	20
年需求量	35	40	30	15	

工厂 F_3 或 F_4 开工后，每年的生产费用估计分别为 1 200 万元或 1 500 万元。现要决定应该建设工厂 F_3 还是 F_4，才能使今后每年的总费用（即全部物资运费和新工厂生产费用之和）最小。

5.9　汽车厂生产计划。某汽车厂生产大、中、小三种类型的汽车，已知各类型的每辆车对钢材、劳动时间的需求和利润，以及每月工厂钢材和劳动时间的现有量如表 5-19 所示。

表 5-19　汽车生产的有关数据

	小型	中型	大型	现有量
钢材（吨）	1.5	3	5	600
劳动时间（小时）	280	250	400	60 000
利润（万元）	2	3	4	

由于各种条件的限制，如果生产某一类型的汽车，则至少要生产 80 辆。试制订月生产计划，使汽车厂的总利润最大。

第6章 动态规划

本章内容要点

- 动态规划的基本概念；
- 生产与存储问题；
- 订购与销售问题；
- 餐巾供应问题；
- 资源分配问题。

动态规划（dynamic programming）是解决多阶段决策过程的最优化问题的一种方法。该方法是由美国数学家贝尔曼（R. Bellman）等人在 20 世纪 50 年代初提出的。他们针对多阶段决策问题的特点，提出了解决这类问题的“最优化原理”，并成功地解决了生产管理、工程技术等方面的许多实际问题，从而建立了运筹学的一个新分支，即动态规划。贝尔曼的名著《动态规划》于 1957 年出版，该书是第一本介绍动态规划的著作。

在实际决策过程中，由于涉及的参数比较多，往往需要将问题分成若干个阶段，对不同阶段采取不同的决策，从而使整个决策过程达到最优。显然，由于各个阶段选择的策略不同，对应的整个过程就可以有一系列不同的策略。动态规划把困难的多阶段决策问题转化为一系列互相联系的比较容易的单阶段问题，解决了这一系列比较容易的单阶段问题，也就解决了困难的多阶段决策问题。有时阶段可以用时间表示，在各个时间段，采用不同的决策，它随时间而变化，就有了“动态”的含义。应该指出的是，动态规划是求解某类问题的一种方法，是考察问题的一种途径，而不是一种特殊算法。因而，它不像线性规划那样有一个标准的数学表达式和一组明确定义的规则，而是必须对具体问题进行具体分析和处理。

动态规划是现代企业管理中一种重要的决策方法，本章利用微软 Excel 软件在“公式”和“规划求解”两方面的强大功能，对生产与存储问题、订购与销售问题、餐巾供应问题、资源分配问题等进行分析、建模和求解，解决实际经营管理中的优化问题。

动态规划也适用于人生规划，它是人类智慧的体现。“千里之行，始于足下”，完成任何一项伟大的事业总是从小事做起的，小目标的达成是实现大目标的基础。

6.1 生产与存储问题

在生产和经营管理中，经常会遇到如何合理安排生产与库存的问题，要求既要满足市场需要，又要尽量降低成本。因此，合理制订生产策略，确定不同时期的生产量和库存量，在满足产品需求量的条件下，可使得总收益最大或总成本（生产成本+库存成本）最小。

例 6-1

某皮鞋公司根据去年的市场需求分析预测今年的需求：第一季度 3 000 双、第二季度 4 000 双、第三季度 8 000 双、第四季度 7 000 双。企业现在每个季度最多可以生产 6 000 双皮鞋。为了满足所有的预测需求，前两个季度必须有一定的库存才能满足后两个季度的需求。已知每双皮鞋的销售利润为 20 元，每个季度的库存成本为 8 元。请制订该公司今年每个季度的生产计划，以使公司的年利润最大。

【解】 今年市场总需求量为 3 000+4 000+8 000+7 000=22 000（双），而该公司最多可生产 4×6 000=24 000（双），所以该公司可以满足市场总需求。

（1）决策变量。本问题是要制订该公司今年每个季度的生产计划，所以设公司四个季度生产的皮鞋数量分别为 x_1，x_2，x_3，x_4，四个季度皮鞋的期末库存量分别为 s_1，s_2，s_3，s_4。可将这些决策变量及市场需求列于表 6－1 中。

表 6－1　例 6－1 的决策变量及市场需求　　单位：双

	生产数量	市场需求	期末库存
第一季度	x_1	3 000	s_1
第二季度	x_2	4 000	s_2
第三季度	x_3	8 000	s_3
第四季度	x_4	7 000	s_4

（2）目标函数。本问题的目标是公司的年利润最大，而

每个季度的利润＝该季度的销售利润－该季度的库存成本

所以有

$$\max z = 20 \times (3\,000 + 4\,000 + 8\,000 + 7\,000) - 8(s_1 + s_2 + s_3 + s_4)$$

（3）约束条件。

① 因为第三、第四季度的市场需求量较大，超过了企业的生产能力，所以第一、第二季度除了满足本季度的市场需求外，还要多生产一些作为库存，以满足第三、第四季度的需要。则有

本季度期末库存＝上季度期末库存＋本季度生产－本季度市场需求

即类似于动态规划的状态转移方程：$s_k = s_{k-1} + x_k - d_k$。

第一季度：第一季度没有期初库存，该季度的市场需求为 3 000 双，则有

$$s_1 = x_1 - 3\,000$$

第二季度：第二季度的期初库存为第一季度的期末库存，市场需求为 4 000 双，则有

$$s_2 = s_1 + x_2 - 4\,000$$

同理，第三季度：

$$s_3 = s_2 + x_3 - 8\,000$$

第四季度：

$$s_4 = s_3 + x_4 - 7\,000$$

② 每季度的生产能力限制：$x_i \leqslant 6\,000$（$i=1$，2，3，4）。

③ 非负：x_i，$s_i \geqslant 0$（$i=1$，2，3，4）。

于是，得到例 6－1 的线性规划模型：

$$\max z = 20 \times (3\,000 + 4\,000 + 8\,000 + 7\,000) - 8(s_1 + s_2 + s_3 + s_4)$$

$$\text{s.t.} \begin{cases} s_1 = x_1 - 3\,000 \\ s_2 = s_1 + x_2 - 4\,000 \\ s_3 = s_2 + x_3 - 8\,000 \\ s_4 = s_3 + x_4 - 7\,000 \\ 0 \leqslant x_i \leqslant 6\,000 \quad (i=1,2,3,4) \\ s_i \geqslant 0 \quad (i=1,2,3,4) \end{cases}$$

例 6－1 的电子表格模型如图 6－1 所示，参见“例 6－1. xlsx”。

	A	B	C	D	E	F	G	H	I	J
1	例6-1									
2										
3		单位利润	20							
4		单位库存成本	8							
5										
6			市场	生产		生产		实际		期末
7			需求	数量		能力		库存		库存
8		一季度	3000	4000	<=	6000		1000	=	1000
9		二季度	4000	6000	<=	6000		3000	=	3000
10		三季度	8000	6000	<=	6000		1000	=	1000
11		四季度	7000	6000	<=	6000		0	=	0
12										
13		销售总利润	440000							
14		库存总成本	40000							
15		总利润	400000							

名称	单元格
单位库存成本	C4
单位利润	C3
库存总成本	C14
期末库存	J8:J11
生产能力	F8:F11
生产数量	D8:D11
实际库存	H8:H11
市场需求	C8:C11
销售总利润	C13
总利润	C15

	H
6	实际
7	库存
8	=D8-C8
9	=J8+D9-C9
10	=J9+D10-C10
11	=J10+D11-C11

	B	C
13	销售总利润	=单位利润*SUM(市场需求)
14	库存总成本	=单位库存成本*SUM(期末库存)
15	总利润	=销售总利润-库存总成本

规划求解参数

设置目标:(T) 总利润

到: ◉ 最大值(M) ○ 最小值(N) ○ 目标值:(V)

通过更改可变单元格:(B)

生产数量,期末库存

遵守约束:(U)

生产数量 <= 生产能力

实际库存 = 期末库存

☑ 使无约束变量为非负数(K)

选择求解方法:(E) 单纯线性规划

图 6－1　例 6－1 的电子表格模型

利用Excel求得的结果是：当第一季度生产4 000双皮鞋，第二、第三、第四季度分别生产6 000双皮鞋时，该皮鞋公司既能满足市场需求，又能获得最大利润40万元（400 000元）。

例6-2

某毛毯厂是一个小型生产商，致力于生产家用和办公用的毛毯。四个季度的生产能力、市场需求、每平方米的生产成本以及库存成本如表6-2所示。毛毯厂需要确定每个季度生产多少毛毯，才能使总成本（生产成本和库存成本）最小。

表6-2 毛毯厂各季度生产、市场与库存的有关数据

季度	生产能力（平方米）	市场需求（平方米）	生产成本（元/平方米）	库存成本（元/平方米）
一	600	400	200	25
二	300	500	500	25
三	500	400	300	25
四	400	400	300	

【解】该问题每个季度的生产能力、市场需求、生产成本都有所不同。四个季度的市场总需求量为400＋500＋400＋400＝1 700（平方米），而毛毯厂最多可生产毛毯600＋300＋500＋400＝1 800（平方米），所以可以满足市场需求。

本问题可以用例6-1的方法来求解，即有

本季度期末库存＝上季度期末库存＋本季度生产－本季度市场需求

这里介绍另外一种解法，即用第4章介绍过的网络最优化问题中的最小费用流问题的方法来求解。通过建立一个网络模型来描述该问题。首先根据四个季度建立四个生产节点和四个需求节点，每个生产节点由一个流出弧连接对应的需求节点，弧的流量表示该季度生产的毛毯数量。相对于每个需求节点，一个流出弧表示该季度毛毯的期末库存，即供应下一个季度需求节点的毛毯数量。图6-2显示了这个网络模型。

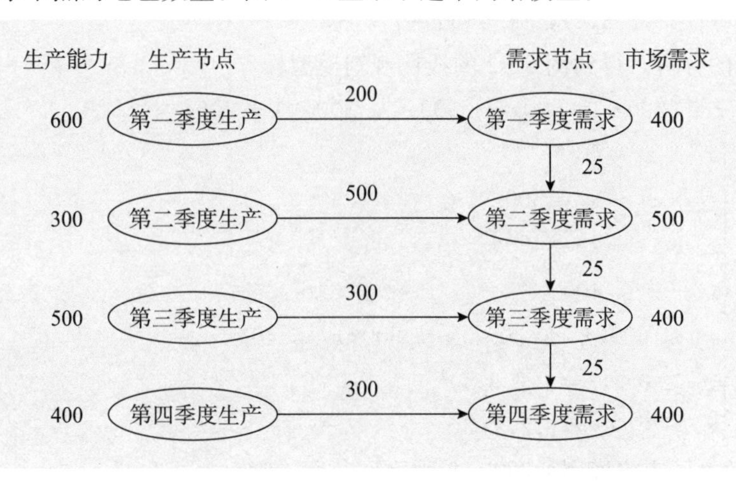

图6-2 用最小费用流问题的方法求解例6-2的网络模型

（1）决策变量。从成本的角度看，最后一个季度（第四季度）是不应该有期末库存的，所以设四个季度生产的毛毯数量分别为 x_1，x_2，x_3，x_4，前三个季度毛毯的期末库存量分别为 s_1，s_2，s_3，可以在图 6－2 的网络模型中看到这些决策变量（从左指向右的 4 条弧分别表示 x_1，x_2，x_3，x_4，从上指向下的 3 条弧分别表示 s_1，s_2，s_3，共 7 条弧）。

（2）目标函数。本问题的目标是总成本（生产总成本和库存总成本）最小，而生产总成本为 $200x_1+500x_2+300x_3+300x_4$，库存总成本为 $25(s_1+s_2+s_3)$，所以目标函数为：

$$\min z=(200x_1+500x_2+300x_3+300x_4)+25(s_1+s_2+s_3)$$

（3）约束条件。

① 上一个季度的期末库存与本季度的生产应能够满足本季度的市场需求，即图 6－2 网络模型中的需求节点的净流量为市场需求（即类似于动态规划的状态转移方程 $s_k=s_{k-1}+x_k-d_k$ 的变形：$s_{k-1}+x_k-s_k=d_k$）。

第一季度需求节点：第一季度没有期初库存，生产数量为 x_1，市场需求为 400，则有

$$x_1-s_1=400$$

第二季度需求节点：第二季度的期初库存为第一季度的期末库存 s_1，生产数量为 x_2，市场需求为 500，则有

$$s_1+x_2-s_2=500$$

同理，第三季度需求节点：

$$s_2+x_3-s_3=400$$

第四季度需求节点：第四季度有期初库存（第三季度的期末库存 s_3），为了使总成本最小，应没有期末库存，则有

$$s_3+x_4=400$$

② 每个季度生产的毛毯数量不超过生产能力：

$$x_1\leqslant 600,\quad x_2\leqslant 300,\quad x_3\leqslant 500,\quad x_4\leqslant 400$$

③ 非负：

$$x_i\geqslant 0(i=1,2,3,4),\quad s_i\geqslant 0(i=1,2,3)$$

根据上面的分析，得到例 6－2 的线性规划模型：

$$\min z=(200x_1+500x_2+300x_3+300x_4)+25(s_1+s_2+s_3)$$

$$\text{s. t.}\begin{cases}x_1-s_1=400\\ s_1+x_2-s_2=500\\ s_2+x_3-s_3=400\\ s_3+x_4=400\\ x_1\leqslant 600,x_2\leqslant 300,x_3\leqslant 500,x_4\leqslant 400\\ x_i\geqslant 0\quad (i=1,2,3,4)\\ s_i\geqslant 0\quad (i=1,2,3)\end{cases}$$

例 6－2 的电子表格模型如图 6－3 所示，参见“例 6－2. xlsx”。

利用 Excel 求得的结果是：在第一季度生产毛毯 600 平方米、库存 200 平方米，第二、

第三、第四季度分别生产毛毯 300 平方米、400 平方米、400 平方米且没有库存的情况下，总成本最小，为 51.5 万元（515 000 元）。其中，生产总成本为 51 万元（510 000 元），库存总成本为 0.5 万元（5 000 元）。

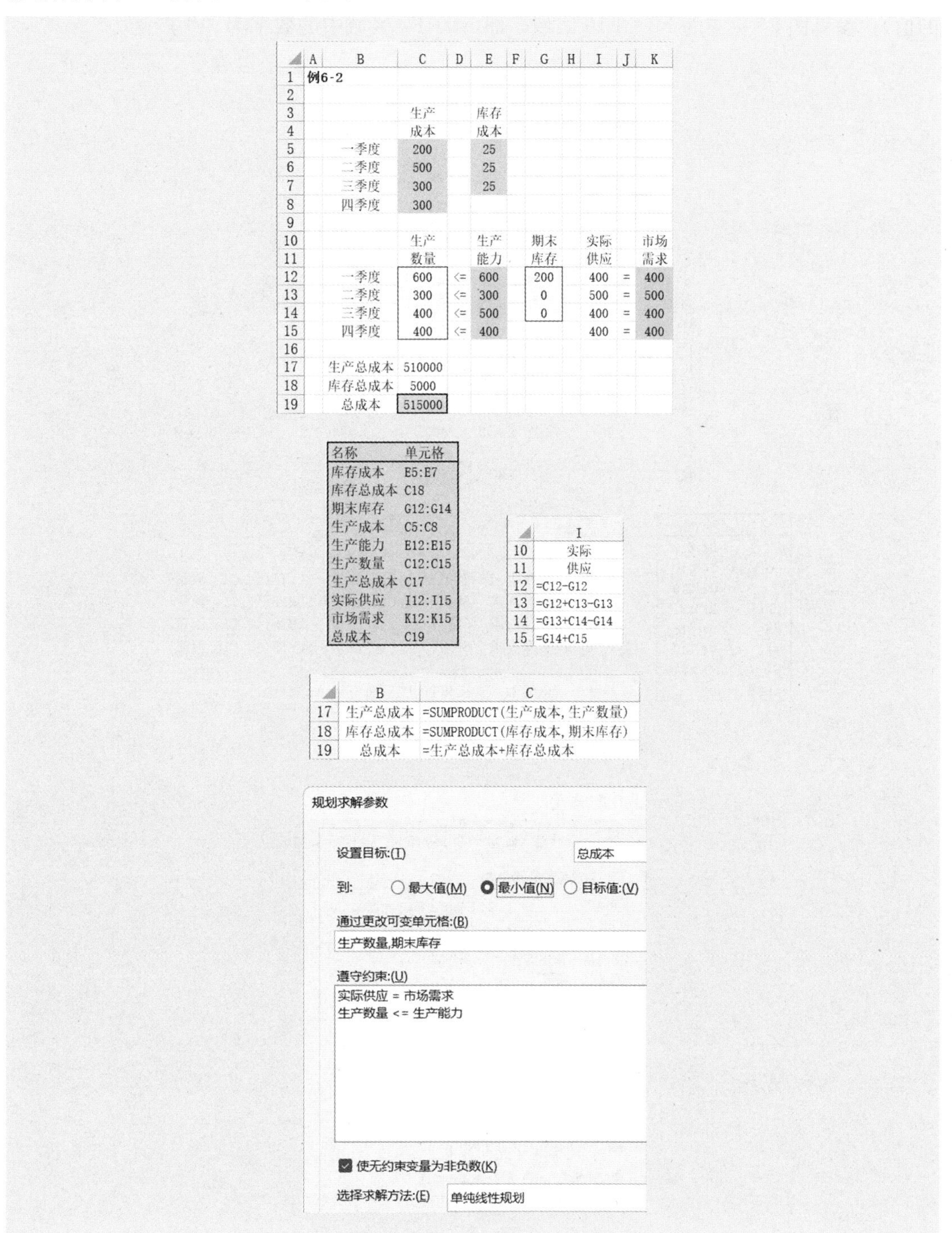

	A	B	C	D	E	F	G	H	I	J	K
1	例6-2										
2											
3			生产		库存						
4			成本		成本						
5		一季度	200		25						
6		二季度	500		25						
7		三季度	300		25						
8		四季度	300								
9											
10			生产		生产		期末		实际		市场
11			数量		能力		库存		供应		需求
12		一季度	600	<=	600		200		400	=	400
13		二季度	300	<=	300		0		500	=	500
14		三季度	400	<=	500		0		400	=	400
15		四季度	400	<=	400				400	=	400
16											
17		生产总成本	510000								
18		库存总成本	5000								
19		总成本	515000								

名称	单元格
库存成本	E5:E7
库存总成本	C18
期末库存	G12:G14
生产成本	C5:C8
生产能力	E12:E15
生产数量	C12:C15
生产总成本	C17
实际供应	I12:I15
市场需求	K12:K15
总成本	C19

	I
10	实际
11	供应
12	=C12-G12
13	=G12+C13-G13
14	=G13+C14-G14
15	=G14+C15

	B	C
17	生产总成本	=SUMPRODUCT(生产成本,生产数量)
18	库存总成本	=SUMPRODUCT(库存成本,期末库存)
19	总成本	=生产总成本+库存总成本

图 6－3　例 6－2 的电子表格模型

例 6-2 的电子表格模型还可以如图 6-4 所示，参见“例 6-2（最小费用流问题).xlsx”。需要说明的是：为了在 Excel“规划求解参数”对话框中方便地添加约束条件，这里将“期末库存”的容量取值为 9 999（相对极大值，比四个季度的市场总需求 1 700 大的值），参见图 6-4 中的 F8∶F10 区域。而 F4∶F7 区域中的数字为“生产能力”。

	A	B	C	D	E	F	G
1	例6-2（最小费用流问题）						
2							
3		从	到	流量		容量	单位成本
4		一季度生产	一季度需求	600	<=	600	200
5		二季度生产	二季度需求	300	<=	300	500
6		三季度生产	三季度需求	400	<=	500	300
7		四季度生产	四季度需求	400	<=	400	300
8		一季度需求	二季度需求	200	<=	9999	25
9		二季度需求	三季度需求	0	<=	9999	25
10		三季度需求	四季度需求	0	<=	9999	25
11							
12			需求节点	净流量		市场需求	
13			一季度需求	-400	=	-400	
14			二季度需求	-500	=	-500	
15			三季度需求	-400	=	-400	
16			四季度需求	-400	=	-400	
17							
18			总成本	515000			

名称	单元格
从	B4:B10
单位成本	G4:G10
到	C4:C10
净流量	D13:D16
流量	D4:D10
容量	F4:F10
市场需求	F13:F16
总成本	D18

	C	D
12	需求节点	净流量
13	一季度需求	=SUMIF(从, C13, 流量)-SUMIF(到, C13, 流量)
14	二季度需求	=SUMIF(从, C14, 流量)-SUMIF(到, C14, 流量)
15	三季度需求	=SUMIF(从, C15, 流量)-SUMIF(到, C15, 流量)
16	四季度需求	=SUMIF(从, C16, 流量)-SUMIF(到, C16, 流量)
17		
18	总成本	=SUMPRODUCT(单位成本, 流量)

规划求解参数

设置目标:(T) 总成本

到: ○ 最大值(M) ● 最小值(N) ○ 目标值:(V)

通过更改可变单元格:(B)

流量

遵守约束:(U)

净流量 = 市场需求

流量 <= 容量

☑ 使无约束变量为非负数(K)

选择求解方法:(E) 单纯线性规划

图 6-4　例 6-2 的电子表格模型（最小费用流问题）

例 6-3

某厂根据订货合同进行生产，已知今后四个季度对某产品的需求量如表 6-3 所示。如果某个季度生产，则需要生产准备费用 3 万元，每件产品的生产成本为 1 万元。由于生产能力的限制，每个季度的产量最多不超过 6 件。每件产品一个季度的存储费用为 5 000 元，并且第一季度开始时与第四季度结束时均没有产品库存。在上述条件下该厂应该如何安排各季度的生产与库存，可使总费用最小？

表 6-3 某产品每个季度的需求量

季度	一	二	三	四
需求量（件）	2	3	2	4

【解】根据题意，对于每个季度来说，如果该季度生产，则需要生产准备费用 3 万元；如果该季度不生产，则无需生产准备费用（费用为 0）。本问题是一个有固定成本（生产准备费用）的生产与存储问题。

（1）决策变量。设四个季度生产的产品数量分别为 x_1，x_2，x_3，x_4，四个季度产品的期末库存量分别为 s_1，s_2，s_3，s_4。

引入隐性 0-1 变量：y_i 为第 i 季度是否生产（$i=1, 2, 3, 4$），1 表示生产，0 表示不生产。

可将这些决策变量及需求量列于表 6-4 中。

表 6-4 例 6-3 的决策变量及需求量

季度	生产数量	是否生产	需求量	期末库存量
一	x_1	y_1	2	s_1
二	x_2	y_2	3	s_2
三	x_3	y_3	2	s_3
四	x_4	y_4	4	s_4

（2）目标函数。本问题的目标是总费用最小，而总费用＝每季度生产准备费用＋生产成本＋库存费用，即：

$$\min z=3(y_1+y_2+y_3+y_4)+1(x_1+x_2+x_3+x_4)+0.5(s_1+s_2+s_3+s_4)$$

（3）约束条件。

① 对于每个季度来说，生产、需求和库存三者之间满足：

本季度期末库存＝上季度期末库存＋本季度生产－本季度需求

即类似于动态规划的状态转移方程：$s_k=s_{k-1}+x_k-d_k$。

第一季度：第一季度开始时没有产品库存，市场需求量为 2，则有

$$s_1=x_1-2$$

第二季度：第一季度有期末库存 s_1，则有

$$s_2=s_1+x_2-3$$

同理，第三季度：

$$s_3 = s_2 + x_3 - 2$$

第四季度：

$$s_4 = s_3 + x_4 - 4$$

② 生产能力限制：每个季度如果生产，则需要 3 万元的生产准备费用，而且每件产品的生产成本是一样的，显然在尽可能少的季度开工生产可以节约费用。

产品的生产数量与是否生产的关系为：生产数量≤生产能力×是否生产。即

$$x_i \leqslant 6y_i \quad (i=1,2,3,4)$$

③ 根据要求，第四季度结束时没有产品库存：

$$s_4 = 0$$

④ 非负：

$$x_i, s_i \geqslant 0 \quad (i=1,2,3,4)$$

⑤ 隐性 0-1 变量：

$$y_i = 0,1 \quad (i=1,2,3,4)$$

于是，得到例 6-3 的线性规划模型：

$$\min z = 3(y_1+y_2+y_3+y_4) + 1(x_1+x_2+x_3+x_4) + 0.5(s_1+s_2+s_3+s_4)$$

$$\text{s.t.}\begin{cases} s_1 = x_1 - 2 \\ s_2 = s_1 + x_2 - 3 \\ s_3 = s_2 + x_3 - 2 \\ s_4 = s_3 + x_4 - 4 \\ 0 \leqslant x_i \leqslant 6y_i \quad (i=1,2,3,4) \\ s_i \geqslant 0 \quad (i=1,2,3,4) \\ s_4 = 0 \\ y_i = 0,1 \quad (i=1,2,3,4) \end{cases}$$

例 6-3 的电子表格模型如图 6-5 所示，参见“例 6-3.xlsx”。

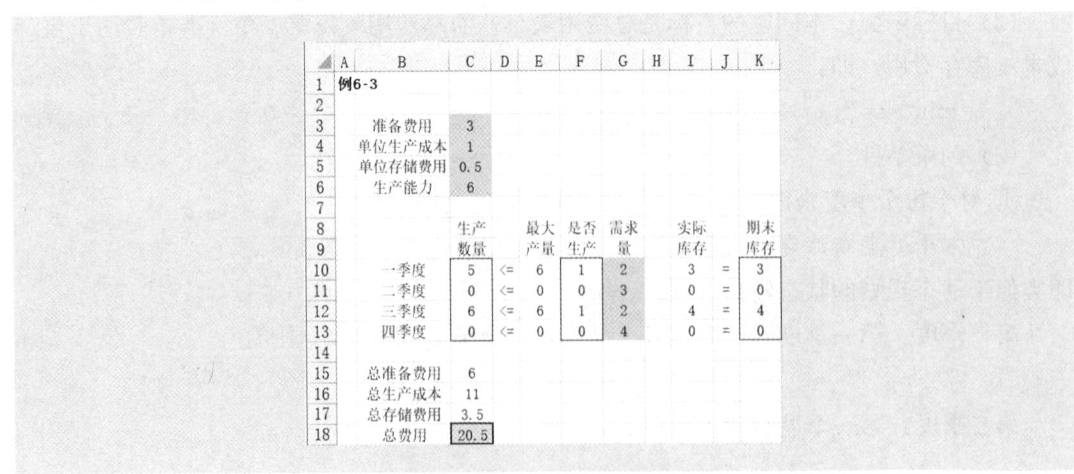

	A	B	C	D	E	F	G	H	I	J	K
1	例6-3										
2											
3		准备费用	3								
4		单位生产成本	1								
5		单位存储费用	0.5								
6		生产能力	6								
7											
8			生产		最大	是否	需求		实际		期末
9			数量		产量	生产	量		库存		库存
10		一季度	5	<=	6	1	2		3	=	3
11		二季度	0	<=	0	0	3		0	=	0
12		三季度	6	<=	6	1	2		4	=	4
13		四季度	0	<=	0	0	4		0	=	0
14											
15		总准备费用	6								
16		总生产成本	11								
17		总存储费用	3.5								
18		总费用	20.5								

图 6-5　例 6-3 的电子表格模型

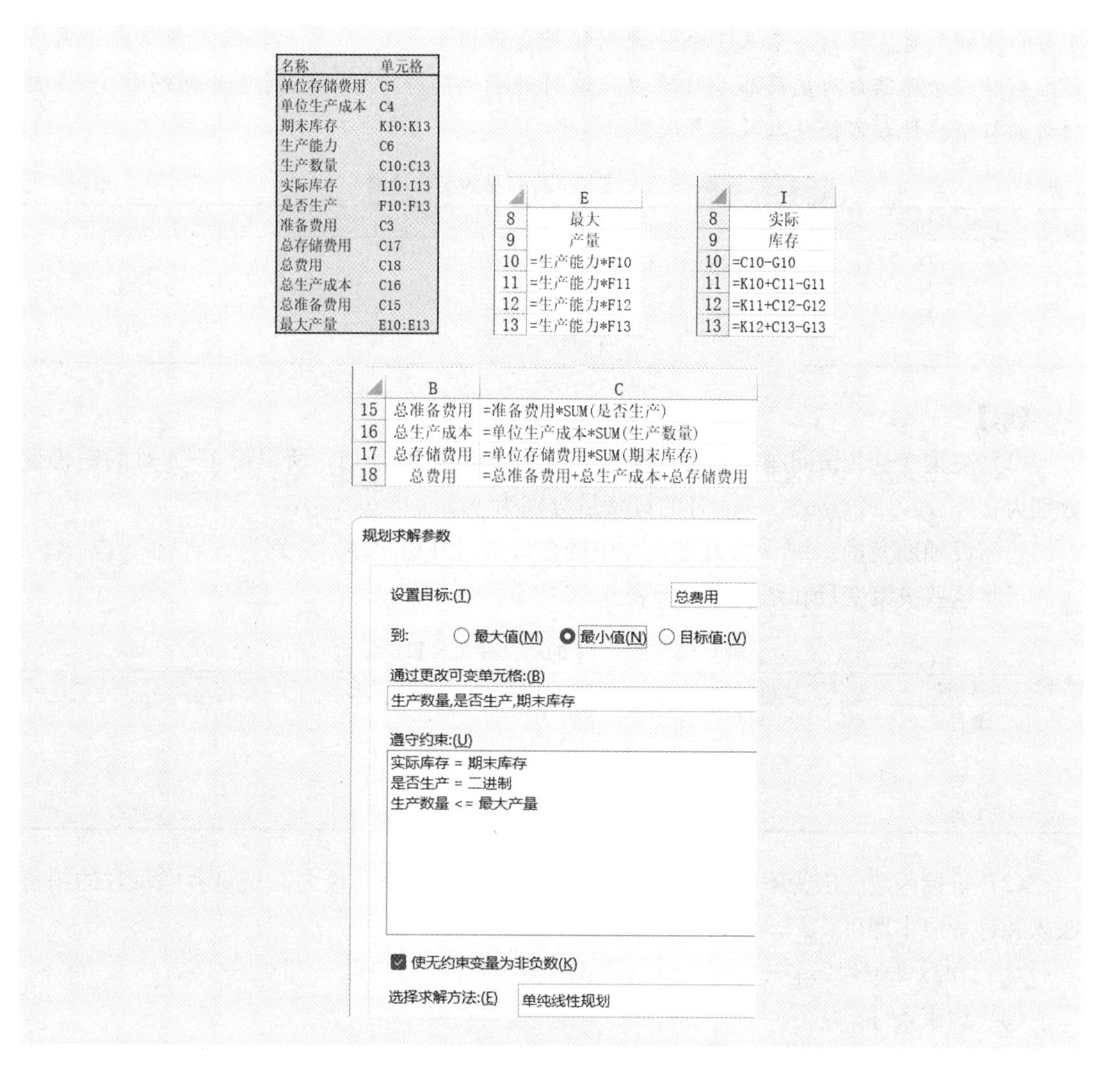

名称	单元格
单位存储费用	C5
单位生产成本	C4
期末库存	K10:K13
生产能力	C6
生产数量	C10:C13
实际库存	I10:I13
是否生产	F10:F13
准备费用	C3
总存储费用	C17
总费用	C18
总生产成本	C16
总准备费用	C15
最大产量	E10:E13

	E
8	最大
9	产量
10	=生产能力*F10
11	=生产能力*F11
12	=生产能力*F12
13	=生产能力*F13

	I
8	实际
9	库存
10	=C10-G10
11	=K10+C11-G11
12	=K11+C12-G12
13	=K12+C13-G13

	B	C
15	总准备费用	=准备费用*SUM(是否生产)
16	总生产成本	=单位生产成本*SUM(生产数量)
17	总存储费用	=单位存储费用*SUM(期末库存)
18	总费用	=总准备费用+总生产成本+总存储费用

图 6－5（续）

利用 Excel 求解的结果是：当第一、第三季度生产，第二、第四季度不生产时，总费用最小。具体而言，第一季度生产 5 件产品、期末库存 3 件，第三季度生产 6 件产品、期末库存 4 件时，总费用最小，为 20.5 万元。其中，总准备费用为 6 万元，总生产成本为 11 万元，总存储费用为 3.5 万元。

6.2 订购与销售问题

例 6－4

某商店在未来的 4 个月里，准备利用它的一个仓库来专门经销某种商品，仓库最多能储存这种商品 1 000 单位。假定该商品每月只能卖仓库现有的货。当商店在某月订货时，下月初才能到货。该商品未来 4 个月预测的买卖价格如表 6－5 所示，假定商店在 1 月开始经销时，仓库储存有该商品 500 单位。试问若不计库存费用，该商店如何制订 1—4 月的订购与销售计划可使预期获利最大？

表 6－5　未来 4 个月商品的买卖价格

单位：元

月份	订购单价	销售单价
1 月	10	12
2 月	9	8
3 月	11	13
4 月	15	17

【解】

（1）决策变量。该问题需要制订 1—4 月的订购与销售计划，所以设 1—4 月的销售量分别为 x_1，x_2，x_3，x_4，1—4 月的订货量分别为 y_1，y_2，y_3，y_4。

还需设辅助变量：1—4 月月初仓库中的存货量（月初库存）分别为 s_1，s_2，s_3，s_4。

可将这些决策变量和到货量列于表 6－6 中。

表 6－6　例 6－4 的决策变量及到货量

月份	月初库存	销售量	订货量	到货量＝上月订货量
1 月	$s_1=500$	x_1	y_1	
2 月	s_2	x_2	y_2	y_1
3 月	s_3	x_3	y_3	y_2
4 月	s_4	x_4	y_4	y_3

（2）目标函数。因为不考虑库存费用，所以要使预期获利最大，只要考虑每月的销售收入和订货成本即可：

$$\max z=(12x_1+8x_2+13x_3+17x_4)-(10y_1+9y_2+11y_3+15y_4)$$

（3）约束条件。

① 因为当月订货，下月初才能到货，所以该商店每月可销售的货是上月的月末库存和上月的订货，而上月的月末库存＝上月的月初库存－上月的销售量。也就是说，每月的月初库存、销售量与订货量之间的关系为（以每月月初为结算时点）：

本月的月初库存＝上月的月初库存－上月的销售量＋上月的订货量（本月到货）

类似于动态规划的状态转移方程：$s_k=s_{k-1}-x_{k-1}+y_{k-1}$。

1 月：月初库存（已知）为

$$s_1=500$$

销售量为 x_1，订货量为 y_1，每月销售量不超过月初库存，即

$$x_1\leqslant s_1$$

2 月：月初库存为

$$s_2=s_1-x_1+y_1$$

本月销售量和订货量分别为 x_2 和 y_2，每月销售量不超过月初库存，即

$$x_2\leqslant s_2$$

同理，3 月：

$$s_3=s_2-x_2+y_2,\ x_3\leqslant s_3$$

4 月：

$$s_4=s_3-x_3+y_3,\ x_4\leqslant s_4$$

② 仓库的容量限制：月初库存不超过仓库的最大容量 1 000，则有

$$s_i\leqslant 1\ 000\quad (i=1,2,3,4)$$

③ 非负：

$$x_i,y_i,s_i\geqslant 0\quad (i=1,2,3,4)$$

于是，得到例 6－4 的线性规划模型：

$$\max z=(12x_1+8x_2+13x_3+17x_4)-(10y_1+9y_2+11y_3+15y_4)$$

$$\text{s. t.}\begin{cases} s_1=500,x_1\leqslant s_1 \\ s_2=s_1-x_1+y_1,x_2\leqslant s_2 \\ s_3=s_2-x_2+y_2,x_3\leqslant s_3 \\ s_4=s_3-x_3+y_3,x_4\leqslant s_4 \\ s_i\leqslant 1\ 000\quad (i=1,2,3,4) \\ x_i,y_i,s_i\geqslant 0\quad (i=1,2,3,4) \end{cases}$$

例 6－4 的电子表格模型如图 6－6 所示，参见“例 6－4. xlsx”。

	A	B	C	D	E	F	G	H	I
1	例6-4								
2									
3			订货单价		销售单价				
4		1月	10		12				
5		2月	9		8				
6		3月	11		13				
7		4月	15		17				
8									
9			订货量		销售量		月初库存		仓库容量
10		1月	0		500	<=	500	<=	1000
11		2月	1000		0	<=	0	<=	1000
12		3月	1000		1000	<=	1000	<=	1000
13		4月	0		1000	<=	1000	<=	1000
14									
15		订货成本	20000						
16		销售收入	36000						
17		总收益	16000						

名称	单元格
仓库容量	I10:I13
订货成本	C15
订货单价	C4:C7
订货量	C10:C13
销售单价	E4:E7
销售量	E10:E13
销售收入	C16
月初库存	G10:G13
总收益	C17

	G
9	月初库存
10	500
11	=G10-E10+C10
12	=G11-E11+C11
13	=G12-E12+C12

图 6－6　例 6－4 的电子表格模型

图 6-6（续）

Excel 求解结果（最优策略）如表 6-7 所示。也就是说，2 月和 3 月的订货量皆为 1 000 单位，1 月的销售量为 500 单位，3 月和 4 月的销售量皆为 1 000 单位，此时预期获利最大，为 16 000 元。

表 6-7　未来 4 个月商品的订购和销售计划

月份	月初库存	销售量	订货量
1 月	500	500	0
2 月	0	0	1 000
3 月	1.000	1 000	1 000
4 月	1 000	1 000	0

因为本题不涉及市场需求和库存费用的情况，收益来自货物的差价，对于一批货物，本月订货下月初才能到货，下个月甚至以后几个月才能卖出（销售），因此需要综合考虑每批货物的差价，在订购价格低的月份订货，在销售价格高的月份卖出，以此来保证 4 个月后的预期总收益最大。另外，4 月的订货量显然应为零，因为只有订货成本而没有销售收入。

需要说明的是：在用 Excel 求解有库存（或剩余量）的问题时，辅助变量“库存 s_i”经常不用可变单元格（填充颜色为“黄色”）表示，而用输出单元格（公式，无填充颜色）来替代，但此时要求在“约束条件”中加入“库存 $\geqslant 0$ 或某个值”的约束。如在图 6-6 中，没有“月初库存”可变单元格，而用“月初库存”（即动态规划的状态转移方程：

$s_k = s_{k-1} - x_{k-1} + y_{k-1}$）输出单元格来替代。

6.3 餐巾供应问题

餐巾供应问题源于美国空军的后勤供应研究。空军某航空部队需要某种飞机零件（餐巾），以适应军事上预计的需要（每天的顾客人数），当时有以下的供应选择：买新零件（买新餐巾）、快速修理零件（洗衣店甲）、一般速度修理零件（洗衣店乙）。一般速度修理费用较低，快速修理费用较高，买新的当然费用更高。由于不少实际问题具有这类特点，因此餐巾供应问题有一定的应用价值。

例 6－5

某饭店宴席部预计一周内每天接待的客人数如表 6－8 所示。

表 6－8　预计一周内每天接待的客人数

星期	一	二	三	四	五	六	日
客人数	100	120	140	160	140	180	200

规定每位客人每天用餐巾一条。所用餐巾可购买新的，每条成本 6 元，或者用已经洗净的餐巾。附近有两家洗衣店：甲店洗净一条餐巾收费 3 元，隔一天送回；乙店洗净一条餐巾收费 2 元，隔两天送回。假定每周开始时没有旧餐巾。问饭店后勤部应如何安排每天餐巾的供应，才能使总成本（费用）最小？

【解】

（1）决策变量。根据题意，设星期 i 购买的新餐巾数为 x_i 条，客人使用后送去洗衣店甲清洗的脏餐巾数为 y_i 条，送去洗衣店乙清洗的脏餐巾数为 z_i 条，未送去清洗的脏餐巾数（可以理解为脏餐巾的期末库存）为 s_i 条。由于甲店隔一天送回，所以星期六使用后的脏餐巾不再送去甲店清洗（因为若再经过一天，则下星期一才能送回）；同样，由于乙店隔两天送回，所以星期五使用后的脏餐巾也不再送去乙店清洗（因为若再经过两天，则下星期一才能送回）。可将这些决策变量及预计一周每天接待的客人数列于表 6－9 中。

表 6－9　例 6－5 的决策变量、客人数及送回的餐巾数

星期	新购的餐巾数	甲店送回的餐巾数	乙店送回的餐巾数	客人数	送去甲店的脏餐巾数	送去乙店的脏餐巾数	未送洗的脏餐巾数
一	x_1			100	y_1	z_1	s_1
二	x_2			120	y_2	z_2	s_2
三	x_3	y_1		140	y_3	z_3	s_3
四	x_4	y_2	z_1	160	y_4	z_4	s_4
五	x_5	y_3	z_2	140	y_5		s_5
六	x_6	y_4	z_3	180			s_6
日	x_7	y_5	z_4	200			s_7

（2）目标函数。该问题的目标是一周餐巾的总成本（费用）最小。

而总费用＝新购餐巾的总费用＋送去甲店清洗的总费用＋送去乙店清洗的总费用，即：

$$\min z = 6\sum_{i=1}^{7} x_i + 3\sum_{j=1}^{5} y_j + 2\sum_{k=1}^{4} z_k$$

（3）约束条件。

① 满足每天餐巾的需要量：

$$\begin{matrix}\text{当日购买的}\\\text{新餐巾数}\end{matrix} + \begin{matrix}\text{甲店当日送回的}\\\text{洗净的餐巾数}\end{matrix} + \begin{matrix}\text{乙店当日送回的}\\\text{洗净的餐巾数}\end{matrix} = \begin{matrix}\text{当日所需的}\\\text{餐巾数}\end{matrix}$$

从而有（见表 6－9 中的第 1～5 列）

星期一：$x_1=100$；

星期二：$x_2=120$；

星期三：$x_3+y_1=140$；

星期四：$x_4+y_2+z_1=160$；

星期五：$x_5+y_3+z_2=140$；

星期六：$x_6+y_4+z_3=180$；

星期日：$x_7+y_5+z_4=200$。

② 每天处理的脏餐巾数：

$$\begin{matrix}\text{当日未送去清洗的}\\\text{脏餐巾数}\end{matrix} = \begin{matrix}\text{前一天未送去}\\\text{清洗的脏餐巾数}\end{matrix} + \begin{matrix}\text{当日用过的}\\\text{脏餐巾数}\end{matrix} - \begin{matrix}\text{当日送去甲店和}\\\text{乙店的脏餐巾数}\end{matrix}$$

即类似于动态规划的状态转移方程：$s_k=s_{k-1}+d_k-y_k-z_k$（d_k 为每天的客人数）。于是有

星期一：$s_1=100-y_1-z_1$；

星期二：$s_2=s_1+120-y_2-z_2$；

星期三：$s_3=s_2+140-y_3-z_3$；

星期四：$s_4=s_3+160-y_4-z_4$；

星期五：$s_5=s_4+140-y_5$；

星期六：$s_6=s_5+180$；

星期日：$s_7=s_6+200$。

③ 非负：

$$x_i, y_j, z_k, s_i \geqslant 0 \quad (i=1,2,\cdots,7;\ j=1,2,\cdots,5;\ k=1,2,3,4)$$

例 6－5 的电子表格模型如图 6－7 所示，参见“例 6－5. xlsx”。

根据 Excel 的求解结果，每天新购的餐巾数、每天客人使用后送去洗衣店清洗的脏餐巾数如表 6－10 所示，此时的总费用最小，为每周 3 940 元。

一周新购的餐巾总数为 380 条，客人使用后送去洗衣店甲清洗的脏餐巾总数为 340 条，送去洗衣店乙清洗的脏餐巾总数为 320 条。

	A	B	C	D	E	F	G	H
1	例6-5							
2								
3			新购餐巾	甲店清洗	乙店清洗			
4		单位费用	6	3	2			
5								
6		星期	新购的餐巾数	甲店送回的餐巾数	乙店送回的餐巾数	可用的餐巾数		需要的餐巾数
7		一	100			100	=	100
8		二	120			120	=	120
9		三	140	0		140	=	140
10		四	20	40	100	160	=	160
11		五	0	60	80	140	=	140
12		六	0	100	80	180	=	180
13		日	0	140	60	200	=	200
14								
15		星期	当日用过的脏餐巾数	送去甲店的脏餐巾数	送去乙店的脏餐巾数	可送洗的脏餐巾数		未送洗的脏餐巾数
16		一	100	0	100	0	=	0
17		二	120	40	80	0	=	0
18		三	140	60	80	0	=	0
19		四	160	100	60	0	=	0
20		五	140	140		0	=	0
21		六	180			180	=	180
22		日	200			380	=	380
23								
24		餐巾数合计	380	340	320			
25								
26		总费用	3940					

名称	单元格
餐巾数合计	C24:E24
单位费用	C4:E4
可送洗的脏餐巾数	F16:F22
可用的餐巾数	F7:F13
送去甲店的脏餐巾数	D16:D20
送去乙店的脏餐巾数	E16:E19
未送洗的脏餐巾数	H16:H22
新购的餐巾数	C7:C13
需要的餐巾数	H7:H13
总费用	C26

	D	E	F
6	甲店送回的餐巾数	乙店送回的餐巾数	可用的餐巾数
7			=C7
8			=C8
9	=D16		=C9+D9
10	=D17	=E16	=C10+D10+E10
11	=D18	=E17	=C11+D11+E11
12	=D19	=E18	=C12+D12+E12
13	=D20	=E19	=C13+D13+E13

图 6-7　例 6-5 的电子表格模型

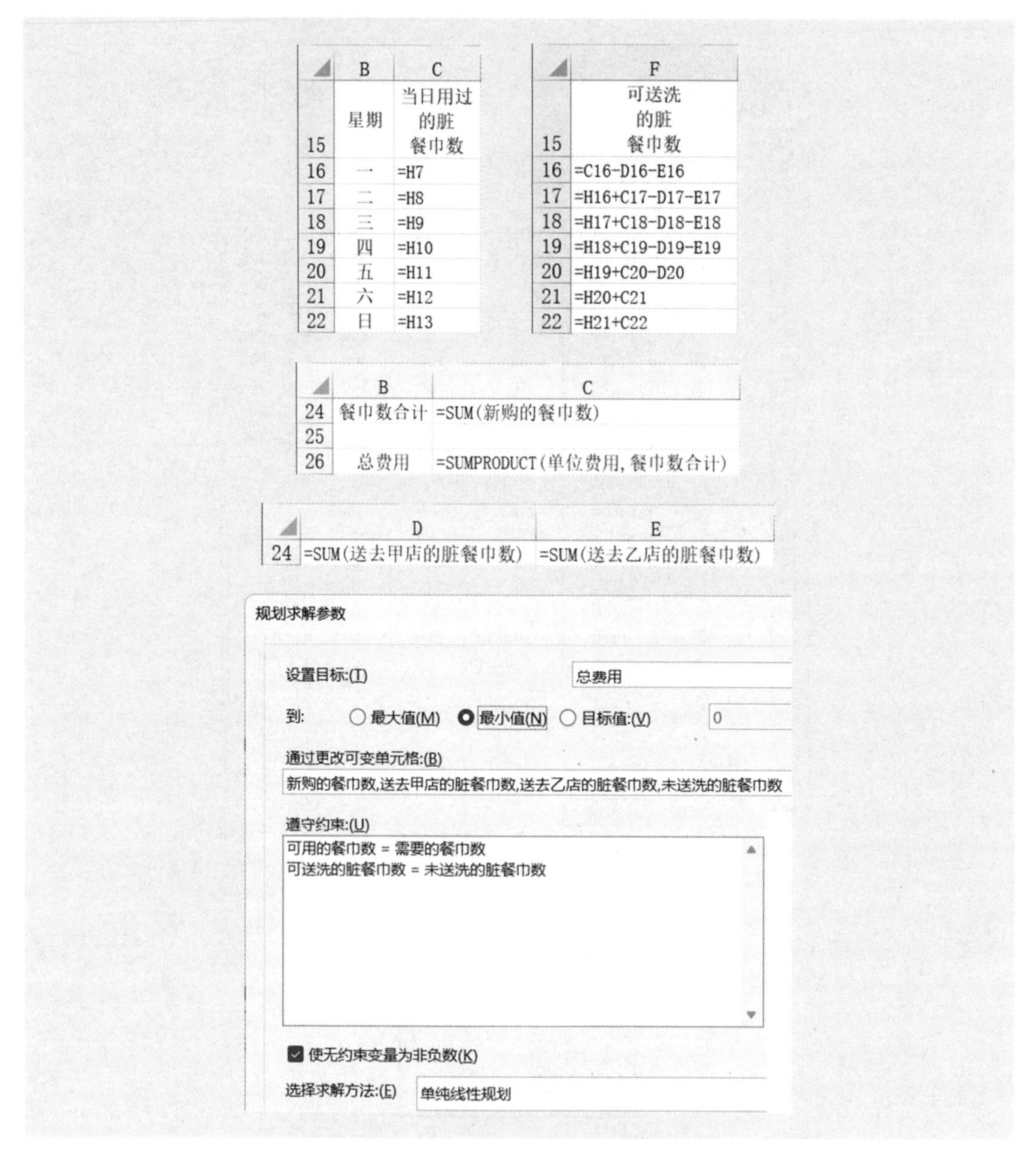

图 6-7（续）

表 6-10　一周各天餐巾的供应情况

星期	新购的餐巾数	甲店送回的餐巾数	乙店送回的餐巾数	客人数	送去甲店的脏餐巾数	送去乙店的脏餐巾数	未送洗的脏餐巾数
一	100			100	0	100	0
二	120			120	40	80	0
三	140	0		140	60	80	0
四	20	40	100	160	100	60	0
五	0	60	80	140	140		0

续表

星期	新购的餐巾数	甲店送回的餐巾数	乙店送回的餐巾数	客人数	送去甲店的脏餐巾数	送去乙店的脏餐巾数	未送洗的脏餐巾数
六	0	100	80	180			180
日	0	140	60	200			380
合计	380	340	320	1 040			

最后还有 380 条脏餐巾没有送去清洗，也就是一周新购的所有餐巾（380 条）都要另做处理，原因是“假定每周开始时没有旧餐巾”。

6.4 资源分配问题

资源分配问题是将数量一定的若干种资源（例如原材料、资金、机器设备、劳动力等），合理地分配给若干使用者，使总收益最大。

6.4.1 资源的多元分配问题

现有数量为 M 的资金，计划分配给 n 个工厂，用于扩大再生产。假设：

x_i＝分配给第 i 个工厂的资金

$g_i(x_i)$＝第 i 个工厂得到 x_i 的资金后所获得的利润

问题：如何确定各工厂的资金数，使总利润达到最大?

例 6－6

某公司拟将 500 万元资金投放给下属的 A、B、C 三家企业，各企业获得资金后的收益如表 6－11 所示。求总收益最大的投资分配方案。

表 6－11　三家企业投放不同资金的收益　　单位：百万元

投资	收益		
	企业 A	企业 B	企业 C
1	2	0	1
2	2	1	2
3	3	2	3
4	3	4	4
5	3	7	5

【解】

（1）决策变量。由于企业收益与投资的关系是非线性关系，这里投资金额的分配是以百万元作为单位，每家企业的投资最多只能取离散值 1、2、3、4、5（百万元）中的一个，所以用类似于指派问题（分派问题）的决策变量。

设 x_{ij} 表示是否向企业 i 投资 j（百万元），1 表示投资，0 表示不投资，如表 6－12 所示。

表 6-12　三家企业投放不同资金的决策变量表　　单位：百万元

投资	收益		
	企业 A	企业 B	企业 C
1	x_{A1}	x_{B1}	x_{C1}
2	x_{A2}	x_{B2}	x_{C2}
3	x_{A3}	x_{B3}	x_{C3}
4	x_{A4}	x_{B4}	x_{C4}
5	x_{A5}	x_{B5}	x_{C5}

（2）目标函数。本问题的目标是总收益最大，而给各企业投放的资金不同，所获得的收益也不同。

对于企业 A，收益为是否投资 j（百万元）乘以相应的收益，即：

$$2x_{A1}+2x_{A2}+3x_{A3}+3x_{A4}+3x_{A5}$$

同理，对于企业 B，收益为：

$$0x_{B1}+1x_{B2}+2x_{B3}+4x_{B4}+7x_{B5}$$

对于企业 C，收益为：

$$1x_{C1}+2x_{C2}+3x_{C3}+4x_{C4}+5x_{C5}$$

所以目标函数为：

$$\begin{aligned}\max z=&(2x_{A1}+2x_{A2}+3x_{A3}+3x_{A4}+3x_{A5})\\&+(0x_{B1}+1x_{B2}+2x_{B3}+4x_{B4}+7x_{B5})\\&+(1x_{C1}+2x_{C2}+3x_{C3}+4x_{C4}+5x_{C5})\end{aligned}$$

（3）约束条件。

① 每家企业投放的资金最多只能取离散值 1、2、3、4、5（百万元）中的一个：

对于企业 A：

$$x_{A1}+x_{A2}+x_{A3}+x_{A4}+x_{A5}\leqslant 1$$

对于企业 B：

$$x_{B1}+x_{B2}+x_{B3}+x_{B4}+x_{B5}\leqslant 1$$

对于企业 C：

$$x_{C1}+x_{C2}+x_{C3}+x_{C4}+x_{C5}\leqslant 1$$

② 资金限制（投资总额为 500 万元）：

$$\begin{aligned}&(1x_{A1}+2x_{A2}+3x_{A3}+4x_{A4}+5x_{A5})+(1x_{B1}+2x_{B2}+3x_{B3}+4x_{B4}+5x_{B5})\\&+(1x_{C1}+2x_{C2}+3x_{C3}+4x_{C4}+5x_{C5})\leqslant 5\end{aligned}$$

③ 0-1 变量：

$$x_{ij}=0,1\quad (i=A,B,C;j=1,2,3,4,5)$$

于是，得到例 6-6 的线性规划模型：

$$\begin{aligned}\max z=&(2x_{A1}+2x_{A2}+3x_{A3}+3x_{A4}+3x_{A5})\\&+(0x_{B1}+1x_{B2}+2x_{B3}+4x_{B4}+7x_{B5})\\&+(1x_{C1}+2x_{C2}+3x_{C3}+4x_{C4}+5x_{C5})\end{aligned}$$

$$\text{s. t.}\begin{cases}x_{A1}+x_{A2}+x_{A3}+x_{A4}+x_{A5}\leqslant 1\\ x_{B1}+x_{B2}+x_{B3}+x_{B4}+x_{B5}\leqslant 1\\ x_{C1}+x_{C2}+x_{C3}+x_{C4}+x_{C5}\leqslant 1\\ (1x_{A1}+2x_{A2}+3x_{A3}+4x_{A4}+5x_{A5})+(1x_{B1}+2x_{B2}+3x_{B3}+4x_{B4}+5x_{B5})\\ +(1x_{C1}+2x_{C2}+3x_{C3}+4x_{C4}+5x_{C5})\leqslant 5\\ x_{ij}=0,1\quad (i=A,B,C;\ j=1,2,3,4,5)\end{cases}$$

例 6－6 的电子表格模型如图 6－8 所示，参见“例 6－6. xlsx”。为了查看方便，在最优解（是否投资）C11 ∶ E15 区域中，利用 Excel 的“条件格式”功能①，将“0”值单元格的字体颜色设置成“黄色”，与填充颜色（背景色）相同。

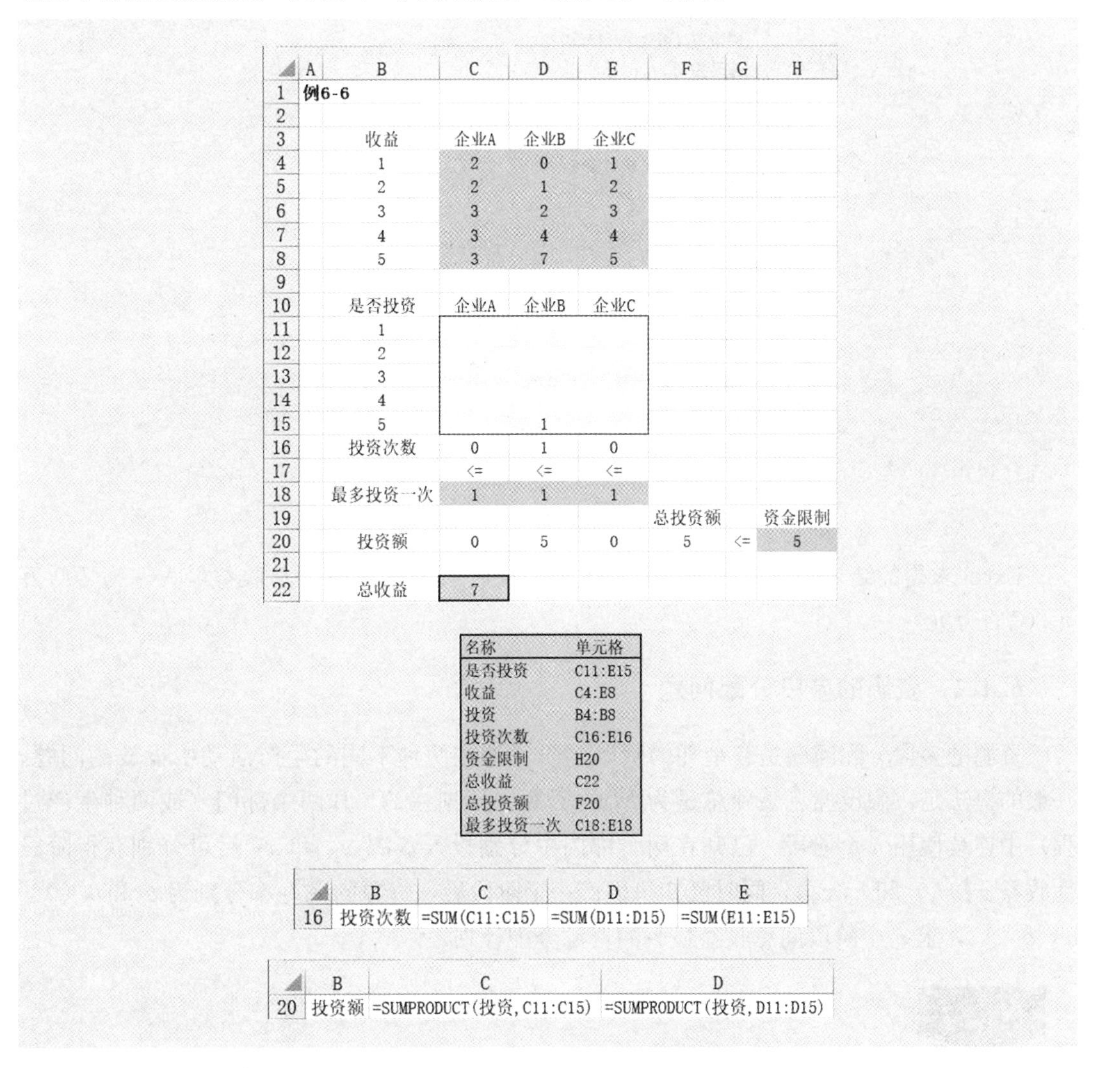

	A	B	C	D	E	F	G	H
1	例6-6							
2								
3		收益	企业A	企业B	企业C			
4		1	2	0	1			
5		2	2	1	2			
6		3	3	2	3			
7		4	3	4	4			
8		5	3	7	5			
9								
10		是否投资	企业A	企业B	企业C			
11		1						
12		2						
13		3						
14		4						
15		5		1				
16		投资次数	0	1	0			
17			<=	<=	<=			
18		最多投资一次	1	1	1			
19						总投资额		资金限制
20		投资额	0	5	0	5	<=	5
21								
22		总收益	7					

名称	单元格
是否投资	C11:E15
收益	C4:E8
投资	B4:B8
投资次数	C16:E16
资金限制	H20
总收益	C22
总投资额	F20
最多投资一次	C18:E18

	B	C	D	E
16	投资次数	=SUM(C11:C15)	=SUM(D11:D15)	=SUM(E11:E15)

	B	C	D
20	投资额	=SUMPRODUCT(投资,C11:C15)	=SUMPRODUCT(投资,D11:D15)

图 6－8　例 6－6 的电子表格模型

① 设置（或清除）条件格式的操作参见第 3 章附录。

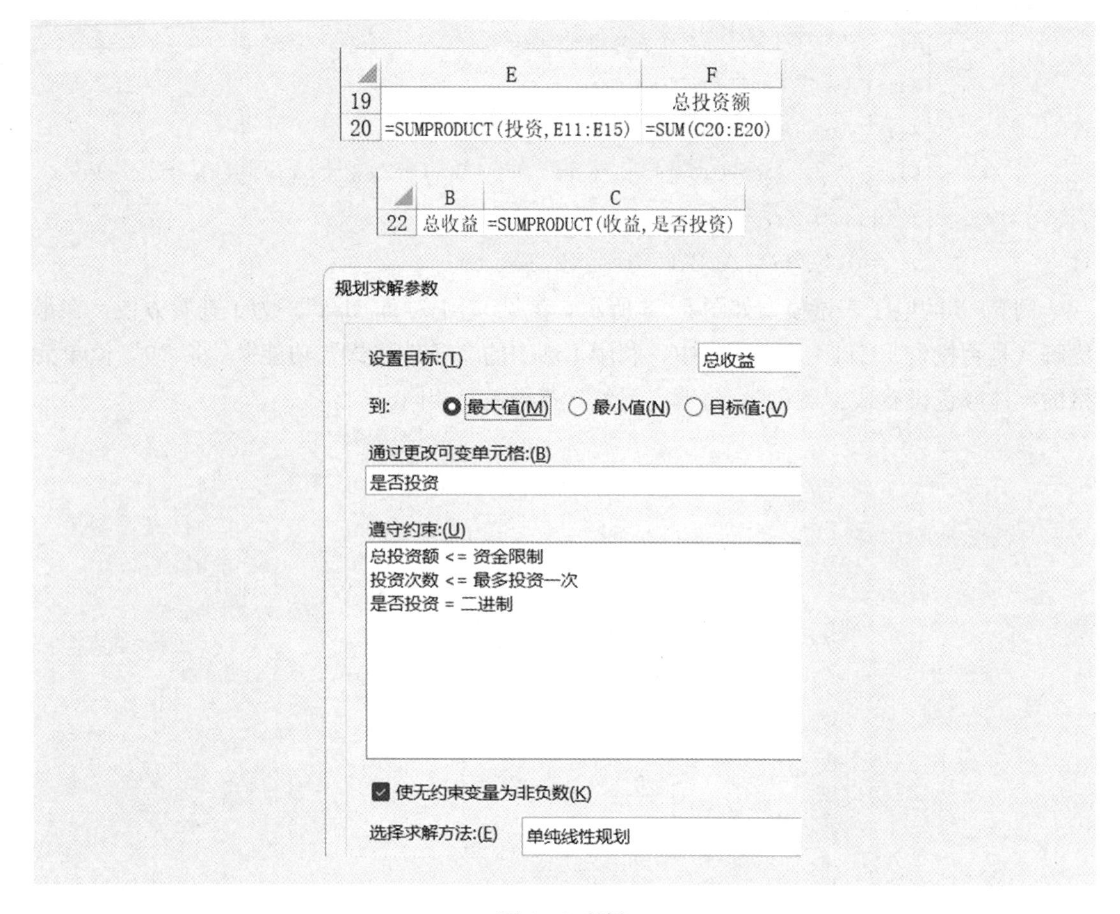

图 6-8（续）

Excel 求得的结果是：把 500 万元资金全部投放给企业 B 时，总收益最大，为 700 万元（7 百万元）。

6.4.2 资源的多段分配问题

资源的多段分配问题是有消耗的资源多阶段地在两种不同的生产活动中投放的问题。一般的提法是：假设拥有某种总量为 M 的资源，计划在 A、B 两个部门（或两种生产过程）中连续使用 n 个阶段，已知在两个部门中分别投入资源 x_A 和 x_B 后可分别获得阶段性收益 $g(x_A)$ 和 $h(x_B)$，同时已知每生产一个阶段后，资源的完好率分别为 a 和 b（$0<a$，$b<1$），求 n 个阶段间总收益最大的资源分配计划。

例 6-7

某厂现有 100 台机床，能够加工 2 种零件，要安排 1—4 月的任务，根据以往的经验，这些机床用来加工第 1 种零件，1 个月后损坏率为 1/3，而用来加工第 2 种零件时，1 个月后损坏率为 1/10。又知道，每台机床加工第 1 种零件时每个月的收益为 10 万元，加工第

2 种零件时每个月的收益为 7 万元。试问：怎样分配机床，才能使总收益最大？

【解】

（1）决策变量。本问题要做的决策是分配机床，机床可加工 2 种零件，时间为 4 个月，所以设 x_{ij} 为第 i 个月分配加工第 j 种零件的机床数量（$i=1$，2，3，4；$j=1$，2）。根据题意，可将决策变量（每月分配机床数量）及每月完好机床（可用机床）数量列于表 6 - 13 中。

表 6 - 13　例 6 - 7 分配机床的决策变量及每月完好机床数量　　单位：台

月份	每月分配机床数量		每月完好机床数量	
	第 1 种零件	第 2 种零件	第 1 种零件	第 2 种零件
1 月	x_{11}	x_{12}	100	
2 月	x_{21}	x_{22}	$\frac{2}{3}x_{11}$	$\frac{9}{10}x_{12}$
3 月	x_{31}	x_{32}	$\frac{2}{3}x_{21}$	$\frac{9}{10}x_{22}$
4 月	x_{41}	x_{42}	$\frac{2}{3}x_{31}$	$\frac{9}{10}x_{32}$

（2）目标函数。本问题的目标是该厂 4 个月的总收益最大，即：

$$\max z=10(x_{11}+x_{21}+x_{31}+x_{41})+7(x_{12}+x_{22}+x_{32}+x_{42})$$

（3）约束条件。

① 由题目中给出的信息可知，加工第 1 种零件的机床完好率为 2/3，加工第 2 种零件的机床完好率为 9/10。

因为只有把机床投入到零件的加工中才会有收益，闲置机床是没有收益的，所以每个月都要把所有机床投入使用才能使总收益最大，于是有

当月分配的机床数量＝上月使用后完好的机床数量

对照表 6 - 13，可知：

1 月：机床刚投入使用，没有折损，可以使用的机床有 100 台，所以有

$$x_{11}+x_{12}=100$$

2 月：1 月加工生产第 1 种和第 2 种零件的机床损坏后的总数为 2 月可以分配使用的机床数量，所以有

$$x_{21}+x_{22}=\frac{2}{3}x_{11}+\frac{9}{10}x_{12}$$

同理，3 月：

$$x_{31}+x_{32}=\frac{2}{3}x_{21}+\frac{9}{10}x_{22}$$

4 月：

$$x_{41}+x_{42}=\frac{2}{3}x_{31}+\frac{9}{10}x_{32}$$

② 机床数量非负：

$$x_{ij} \geqslant 0 \quad (i=1,2,3,4; j=1,2)$$

于是，得到例 6－7 的线性规划模型：

$$\max z = 10(x_{11}+x_{21}+x_{31}+x_{41}) + 7(x_{12}+x_{22}+x_{32}+x_{42})$$

$$\text{s.t.} \begin{cases} x_{11}+x_{12}=100 \\ x_{21}+x_{22}=\dfrac{2}{3}x_{11}+\dfrac{9}{10}x_{12} \\ x_{31}+x_{32}=\dfrac{2}{3}x_{21}+\dfrac{9}{10}x_{22} \\ x_{41}+x_{42}=\dfrac{2}{3}x_{31}+\dfrac{9}{10}x_{32} \\ x_{ij} \geqslant 0 \quad (i=1,2,3,4;\ j=1,2) \end{cases}$$

例 6－7 的电子表格模型如图 6－9 所示，参见“例 6－7. xlsx”。

	A	B	C	D	E	F	G
1	例6-7						
2							
3			第1种零件	第2种零件			
4		完好率	2/3	9/10			
5		单位收益	10	7			
6							
7		机床数量	第1种零件	第2种零件	实际分配		可用机床
8		1月	0	100	100	=	100
9		2月	0	90	90	=	90
10		3月	81	0	81	=	81
11		4月	54	0	54	=	54
12		机床合计	135	190			
13							
14		总收益	2680				

名称	单元格
单位收益	C5:D5
机床合计	C12:D12
机床数量	C8:D11
可用机床	G8:G11
实际分配	E8:E11
完好率	C4:D4
总收益	C14

	B	C	D
12	机床合计	=SUM(C8:C11)	=SUM(D8:D11)

	E	F	G
7	实际分配		可用机床
8	=SUM(C8:D8)	=	100
9	=SUM(C9:D9)	=	=SUMPRODUCT(完好率,C8:D8)
10	=SUM(C10:D10)	=	=SUMPRODUCT(完好率,C9:D9)
11	=SUM(C11:D11)	=	=SUMPRODUCT(完好率,C10:D10)

图 6－9　例 6－7 的电子表格模型

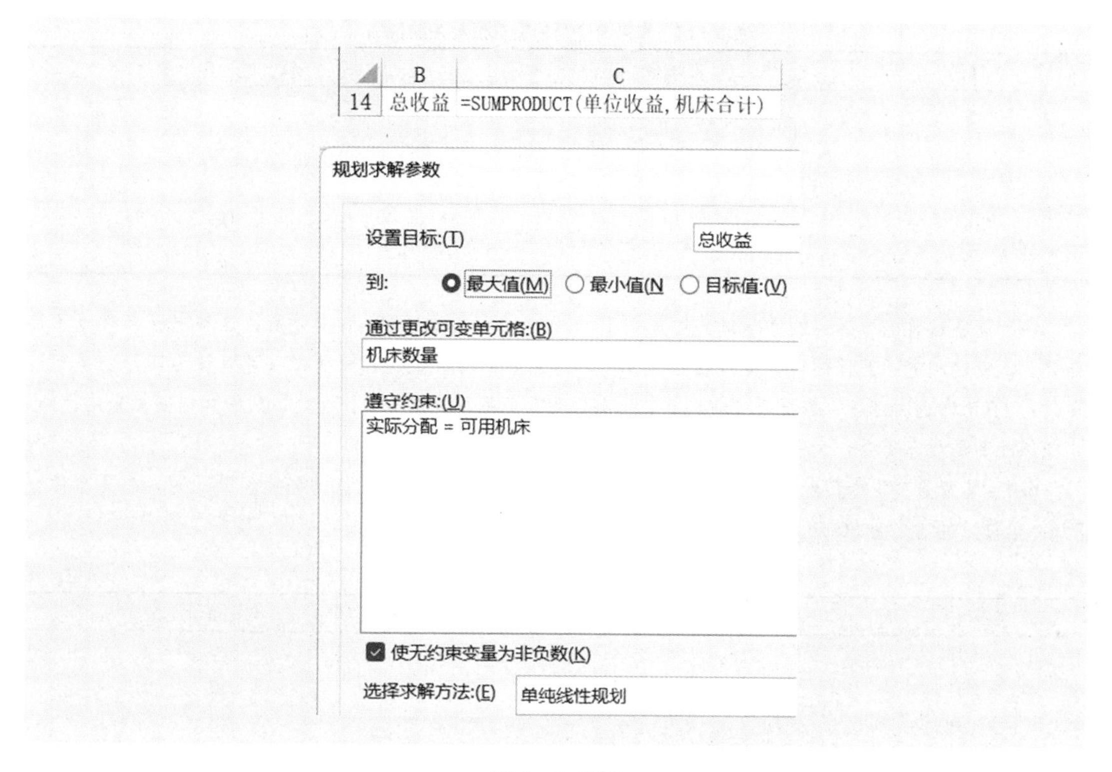

图 6-9（续）

由 Excel 的求解结果可知：当 1 月和 2 月将所有完好的机床用于加工第 2 种零件，3 月和 4 月将所有完好的机床用于加工第 1 种零件时，该厂 4 个月的总收益最大，为 2 680 万元。

习题

6.1 某厂生产一种产品，估计该产品在未来 4 个月的销售量分别为 400 件、500 件、300 件和 200 件。如果该月生产，则准备费用为 5 万元，每件产品的生产费用为 100 元，存储费用每件每月为 100 元。假定 1 月初的存货为 100 件，4 月底的存货为零。试求该厂在这 4 个月内的最优生产计划。

6.2 某电视机厂为生产电视而需生产喇叭。根据以往记录，一年中 4 个季度所需喇叭数分别为 3 万、2 万、3 万、2 万只。设在仓库内存储每万只喇叭需要存储费 0.2 万元/季度。每生产一批喇叭需要装配费 2 万元，每万只喇叭的生产成本为 1 万元。问应该怎样安排 4 个季度的生产，才能使总费用最小？

6.3 某制造厂收到装有电子控制部件的机械产品的订货，制订了未来 5 个月的生产计划。除了其中的电子部件需要外购外，其他部件均由本厂制造。负责购买电子部件的采购人员必须满足生产部门提出的需求计划。经过与若干电子部件生产厂家的谈判，采购人员确定了计划阶段 5 个月中该电子部件可能的最理想的价格。表 6-14 给出了需求量与采购价格的有关数据。

表 6-14　未来 5 个月的需求量与采购价格

月份	需求量（千个）	采购价格（元/个）
1	5	10
2	10	11
3	6	13
4	9	10
5	4	12

该厂储备这种电子部件的仓库最大容量是 12 000 个。无初始库存，5 个月后，这种电子部件也不再需要。假设这种电子部件的订货每月初安排一次，而提供货物所需的时间很短（可以认为实际上是即时提货），不允许退回订货。假设每 1 000 个电子部件到月底的库存费是 2 500 元，试问如何安排采购计划，才能够既满足生产需要，又使采购费用和库存费用最小？

6.4　某贸易公司专门经营某商品的批发业务，公司有库容 5 000 单位的仓库。开始时，公司有库存 2 000 单位，并有资金 80 万元，估计第一季度该商品的价格如表 6-15 所示。

表 6-15　第一季度商品的买卖价格　　单位：元

月份	进货单价	出货单价
1 月	350	370
2 月	320	340
3 月	370	340

公司每月只能批发（出售）库存的商品，且订购的商品下月初才能到货，并规定“货到付款”。公司希望本季度末的库存为 3 000 单位，问采取什么样的买进卖出策略，可使公司 3 个月的总利润最大？

6.5　一个合资食品企业面临某种食品 1—4 月的生产计划问题。4 个月的需求分别为 4 500 吨、3 000 吨、5 500 吨、4 000 吨。目前（1 月初）该企业有 100 个熟练工人，正常工作时每人每月可以完成 40 吨，每吨成本为 200 元。由于市场需求浮动较大，该企业可通过下列方法调节生产：

（1）利用加班增加生产，但加班生产产品每人每月不能超过 10 吨，加班时每吨成本为 300 元；

（2）利用库存来调节生产，库存费用为 60 元/吨·月，最大库存能力为 1 000 吨。

请为该企业建立一个线性规划模型，在满足需求的前提下，使 4 个月的总费用最小。假定该企业在 1 月初的库存为零，要求 4 月底的库存为 500 吨。

6.6　某厂计划期分为 8 个阶段，每个阶段所需的生产专用工具数如表 6-16 所示，到阶段末，凡在此阶段内使用过的工具都要送去修理后才能再使用。修理可以两种方式进行：一种称为慢修，费用低些（每修一个需 30 元），但时间长些（3 个阶段）；另一种称为快修，费用高些（每修一个需 40 元），但时间短些（1 个阶段）。新购一个这样的工具需 60 元。

表 6-16　每个阶段所需的生产专用工具数

阶段	1	2	3	4	5	6	7	8
所需工具数	10	14	13	20	15	17	19	20

工厂管理层希望知道，选择怎样的方案（每个阶段初新购工具数、每个阶段末送去快修和慢修的工具数），才能使计划期内工具的总费用最小。此时计划期内新购工具总数、送去快修和慢修的工具总数分别是多少？

6.7　公司现有资金 8 000 万元，可以投资 A、B、C 三个项目。每个项目的投资收益与投入该项目

的资金有关。A、B、C 三个项目的投资收益和投入资金的关系如表 6-17 所示。求对三个项目的最优投资分配方案，使公司投资的总收益最大。

表 6-17　三个项目投入不同资金的收益　　单位：千万元

投入资金	项目 A	项目 B	项目 C
2	8	9	10
4	15	20	28
6	30	35	35
8	38	40	43

6.8　某企业计划委派 10 个推销员到 4 个地区推销产品，每个地区委派 1～4 名推销员。各地区月收益（万元）与推销员人数的关系如表 6-18 所示。企业应如何委派 4 个地区的推销员人数，才能使月总收益最大？

表 6-18　委派人数与各地区月收益的关系

委派人数	地区 A	地区 B	地区 C	地区 D
1	40	50	60	70
2	70	120	200	240
3	180	230	230	260
4	240	240	270	300

6.9　某公司有 500 台完好的机器可以在高低两种不同的负荷下生产。在高负荷下生产，每台机器每年可获利 50 万元，机器损坏率为 70%；在低负荷下生产，每台机器每年可获利 30 万元，机器损坏率为 30%。预计五年后有新的机器出现，旧机器将全部被淘汰。要求制订一个五年计划，在每年开始时，合理安排两种不同负荷下生产的机器数量，使五年总收益最大。

6.10　现有某种原料 100 吨，可用于两种方式的生产，原料用于生产后，除产生一定的收益外，还可以回收一部分。原料在第一种生产方式下的收益是 6 万元/吨，原料回收率仅为 0.1；原料在第二种生产方式下的收益是 5 万元/吨，原料回收率为 0.4。计划进行 3 个阶段的生产，问每个阶段应如何分配两种生产方式下原料的投入量，才能使得总收益最大？

第 7 章 非线性规划

本章内容要点

- 非线性规划的基本概念；
- 二次规划；
- 可分离规划。

前 6 章所涉及的规划问题的目标函数和约束条件都是线性的。但在许多实际问题中，往往会遇到目标函数或约束条件是非线性的情况，这类规划问题就是非线性规划问题。本章将介绍非线性规划问题的基本概念，并就这类问题的某些简单情形进行介绍。

7.1 非线性规划的基本概念

在规划问题中，如果目标函数或约束条件中有一个是决策变量的非线性函数，则这类规划问题称为非线性规划问题。本章将介绍其中一类比较简单的情形，即目标函数是决策变量的非线性函数，而约束条件是线性的。

7.1.1 非线性规划的数学模型

例 7－1

用一根长度为 400 米的绳子，围成一块矩形的菜地，问长和宽各为多少米时菜地的面积最大？

【解】 本问题是一个小学数学问题，现在把它当作一个规划问题来求解。

(1) 决策变量。设矩形菜地的长为 x_1 米，宽为 x_2 米。

(2) 目标函数。本问题的目标是使菜地的面积最大，即：$\max S=x_1x_2$。

(3) 约束条件。

① 绳子长度（矩形菜地的周长）为 400 米：$2(x_1+x_2)=400$；

② 非负：x_1，$x_2\geqslant 0$。

于是，得到例 7－1 的数学规划模型：

$$\max S=x_1x_2$$

$$\text{s.t.}\begin{cases}2(x_1+x_2)=400\\x_1,x_2\geqslant 0\end{cases}$$

在例 7－1 中，目标函数（菜地面积 S）是决策变量（菜地的长 x_1 和宽 x_2）的非线性函数，所以该规划问题为非线性规划问题。

例 7－1 的电子表格模型如图 7－1 所示，参见“例 7－1. xlsx”。在利用 Excel 的“规划求解”功能求解非线性规划问题时，只需在“规划求解参数”对话框的“选择求解方法”下拉列表中，选择“非线性 GRG”即可。

Excel 求解结果为：当菜地的长和宽均为 100 米时，菜地的面积最大，为 1 万（10 000）平方米。

7.1.2 非线性规划的求解方法

通过利用 Excel 规划求解或者其他软件包，求解线性规划问题是一件很容易的事情，每天都可以解决许多大型问题。最先进的软件包现在已经成功地解决了许多非常大型的问题，而且获得的解被证实是最优的。

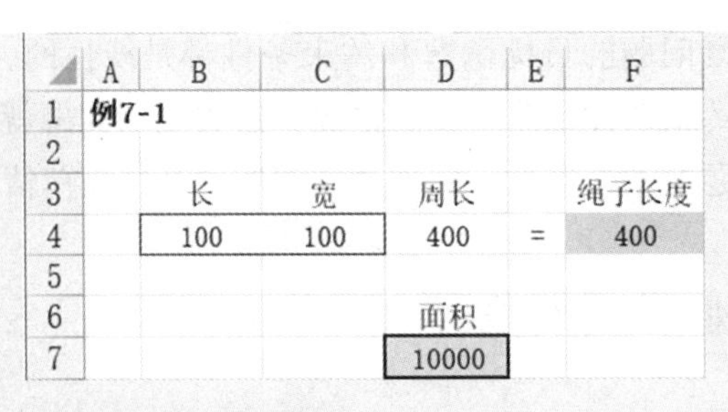

名称	单元格
宽	C4
面积	D7
绳子长度	F4
长	B4
周长	D4

	D
3	周长
4	=2*(长+宽)
5	
6	面积
7	=长*宽

规划求解参数

设置目标:(T) 面积

到: 最大值(M) 最小值(N) 目标值:(V)

通过更改可变单元格:(B)

长,宽

遵守约束:(U)

周长 = 绳子长度

使无约束变量为非负数(K)

选择求解方法:(E) 非线性 GRG

图 7-1　例 7-1 的电子表格模型

尽管最近几年已经取得了惊人的进步，但求解非线性规划问题仍然不是一件轻松的事情。这通常比求解线性规划问题困难得多，而且，即使求得一个解，有时也不能保证其是最优的。

例 7-2

求解复杂的非线性规划问题：

$$\max\ y = 0.5x^5 - 6x^4 + 24.5x^3 - 39x^2 + 20x$$

$$\text{s.t.}\begin{cases} x \leqslant 5 \\ x \geqslant 0 \end{cases}$$

【解】 在这个例子中，只有一个决策变量，约束条件比较简单。然而，从图7－2① 中可以看出利用Excel“规划求解”功能求解该问题很麻烦。在电子表格中建立该问题简单明了，x（C5）作为可变单元格，y（C8）作为目标单元格。当 $x=0$ 作为初始值输入可变单元格时，图7－2左上角的电子表格显示规划求解的结果是：最优解 $x=0.371$，最优值 $y=3.19$。然而，当 $x=3$ 作为初始值时，如图7－2最上面中间的电子表格所示，规划求解结果是：最优解 $x=3.126$，最优值 $y=6.13$。在右上角的电子表格中尝试输入 $x=4.7$ 作为初始值，此时的规划求解结果是：最优解 $x=5$，最优值 $y=0$。为什么会出现这种情况？

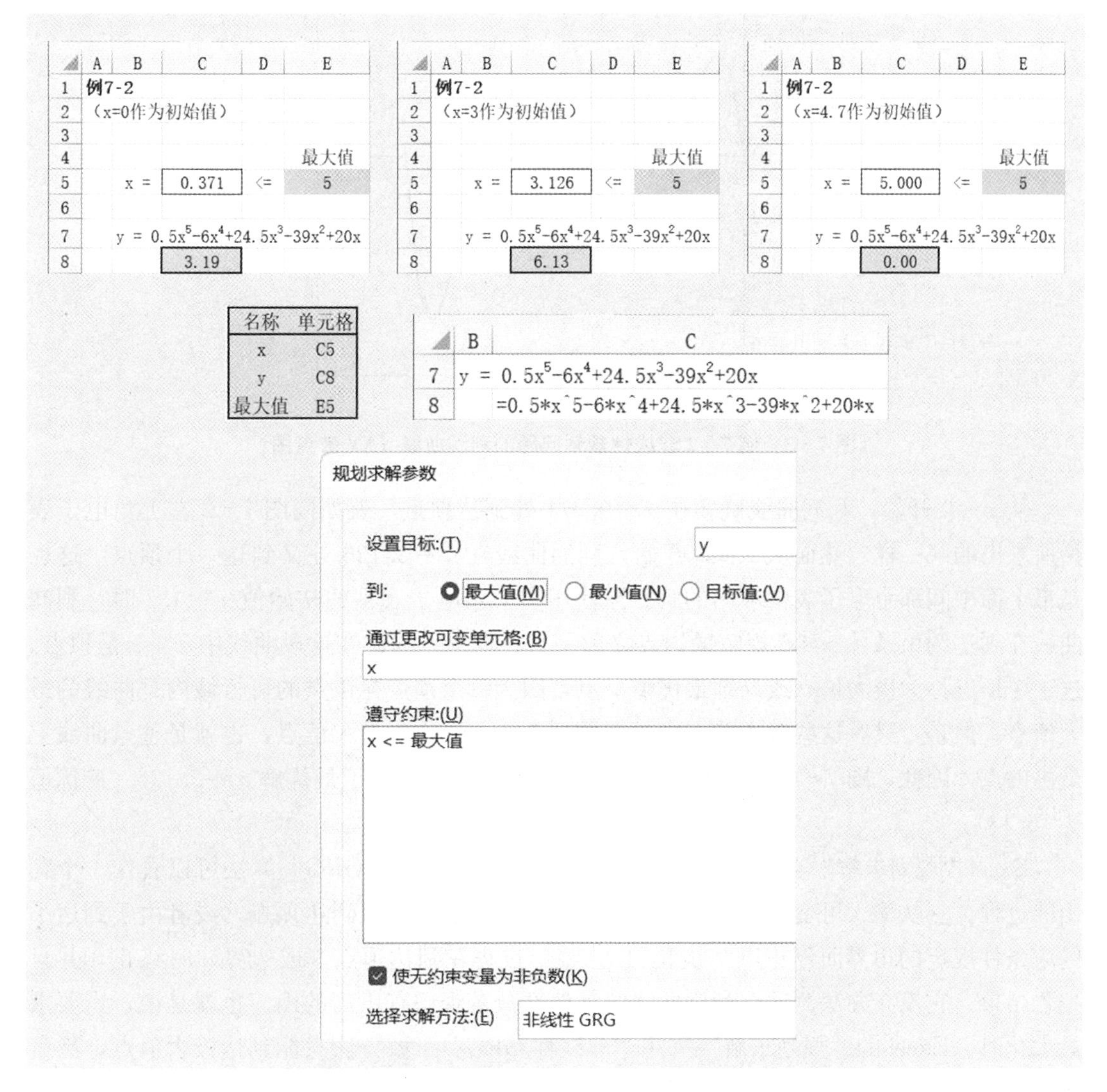

图7－2　例7－2的电子表格模型（采用“非线性GRG”求解方法）

---

① 一个复杂的非线性规划的例子（参见“例7－2.xlsx”），当输入三个不同的初始值时，Excel的“规划求解”功能采用“非线性GRG”求解方法给出了三个不同的（局部）最优解。

画出这么复杂的目标函数的利润曲线是一项困难的工作，但是如果能在 Excel 规划求解之前画出非线性规划问题的利润（或成本）曲线（XY 散点图），将有助于问题的求解，也有助于解释 Excel 规划求解出现的问题。例 7－2 的利润曲线（XY 散点图）如图 7－3 所示。

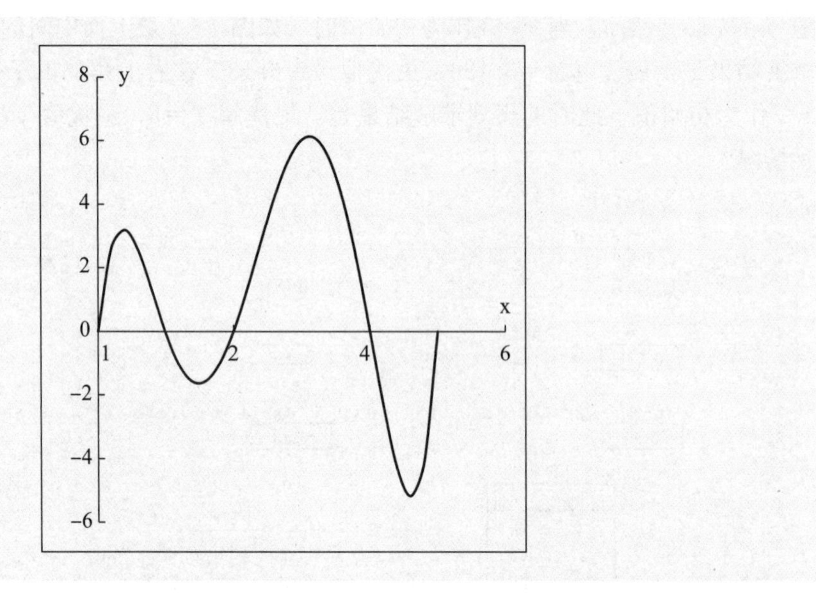

图 7－3　例 7－2 非线性规划问题的利润曲线（XY 散点图）

从 $x=0$ 开始，利润曲线确实在 $x=0.371$ 处到达顶点，就如同图 7－2 左上角电子表格所求出的解一样。然而从 $x=3$ 开始，利润曲线在 $x=3.126$ 处又到达一个顶点，这也是最上面中间那个电子表格求出的解。当使用右上角电子表格的初始值 $x=4.7$ 时，利润曲线在到达约束条件 $x \leqslant 5$ 规定的边界之前一直在向上，因此在这段曲线中 $x=5$ 是顶点。这三个顶点称为极大值（或局部最优值）点，因为每个顶点在该点的可行域内是曲线的最大值点。但是，只有这些极大值点中最大的那个才可以作为最大值点，也就是整条曲线上最高的点，因此，图 7－2 最上面中间的电子表格成功地找到了最优解 $x=3.126$（最优值 $y=6.13$）。

Excel“规划求解”功能用于求解非线性问题的“非线性 GRG”算法可以看作一个爬山的过程。它从输入可变单元格的初始值出发开始爬山，直至到达顶点（或者由于到达了约束条件规定的边界而停止进一步爬山）。整个过程在到达顶点（或边界）时终止，并且报告结果。它没有办法测试在利润曲线的其他部分是否还有更高的山。也就是说，当要求最大化时，Excel 的“规划求解”采用“非线性 GRG”求解方法只能到达极大值点，然后停止。这个极大值点可能是最大值点，也可能不是。

当目标被要求是最小化而不是最大化时，该算法就转变方向，往下走，直至到达谷底（或被边界阻止）。同样，它没有办法测试在成本曲线的其他部分是否还有更低的谷底。

正是局部最优解的存在，才使得非线性规划问题的求解要比线性规划问题的求解复杂得多。当求得一个最优解时，常常无法确定该最优解是否为全局最优解。

但在某些情况（如 7.2 节将要介绍的边际收益递减的二次规划问题）下，可以确保所求得的最优解就是全局最优解。据此，边际收益递减的二次规划问题称为简单型的非线性规划问题，因为其利润曲线（要求最大化时）只有一个山坡，该山坡（或边界）顶点处的极大值也是最大值，于是 Excel 的“规划求解”采用“非线性 GRG”求解方法得到的解必然是最优的。同样，边际收益递减的成本曲线最小化时，也只有一个凹谷，所以谷底（或边界）处的极小值就是最小值。

图 7－2 指出，处理复杂的有几个极大值的非线性规划问题，一种方法就是重复应用 Excel 的“规划求解”（采用“非线性 GRG”求解方法），用不同的初始值进行测试，然后从这些局部最优解中挑选出最优的一个。虽然这种方法仍然不能保证找到全局最优解，但它毕竟对找到一个相当好的解给予了很大的可能。因此，对一些相对较小的问题而言，这是一种合理的方法。

Excel 的“规划求解”功能有一个搜索程序（算法），称为“演化”求解方法（evolutionary solver），它有时会从利润曲线上当前的山坡跳到另一个更有希望的山坡上，因此这种算法可能最终自动就到达了更高的山坡上，而不管把什么样的初始值输入可变单元格。

比如，在图 7－4 中（参见“例 7－2. xlsx”），把 $x=0$ 作为初始值，采用“演化”求解方法的规划求解成功地找到了全局最优解 $x=3.126$（最优值 $y=6.13$）。

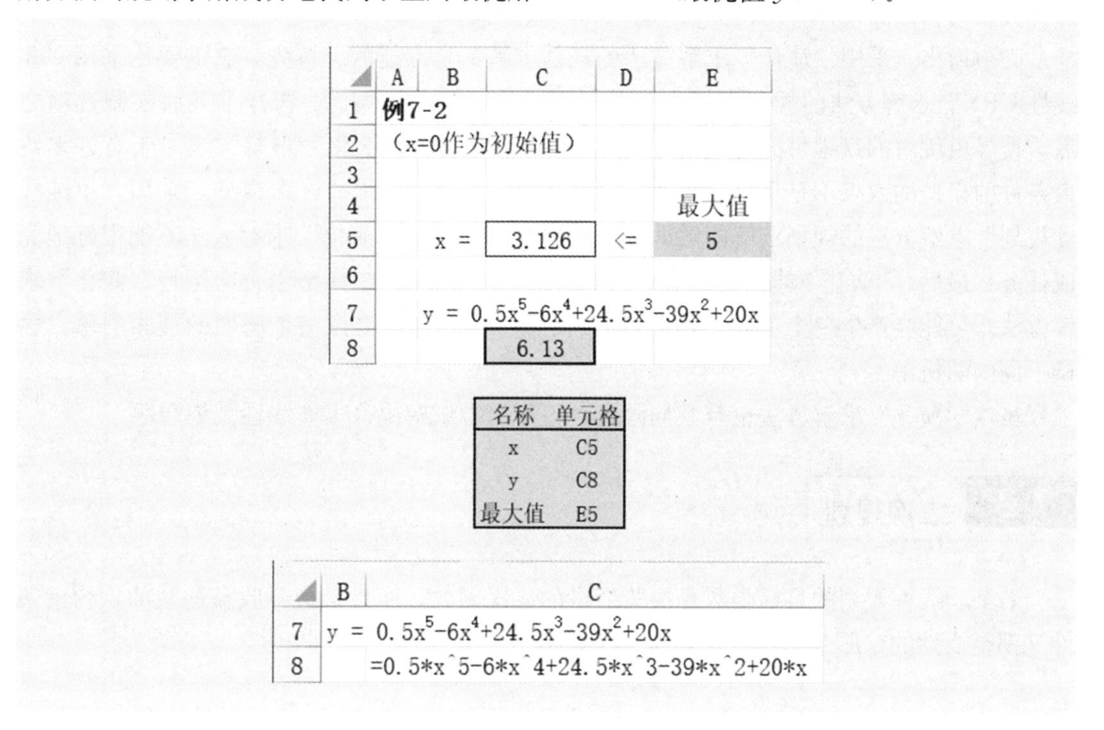

图 7－4　例 7－2 的电子表格模型（采用“演化”求解方法）

规划求解参数
设置目标:(T) y
到: 最大值(M) 最小值(N) 目标值:(V)
通过更改可变单元格:(B)
x
遵守约束:(U)
x <= 最大值
使无约束变量为非负数(K)
选择求解方法:(E) 演化

图 7-4（续）

“演化”求解方法的基本原理是根据遗传学、进化论和适者生存原理建立的，因此，这种类型的算法通常称为遗传算法（genetic algorithm）。

必须指出，采用“演化”求解方法的规划求解不是万能的。首先，它需要比采用“非线性 GRG”求解方法的规划求解更长的时间才能找到最终解。① 选择了某些限制选项之后，搜寻更优解的过程可能持续几小时甚至几天。其次，“演化”求解方法对于有许多约束条件的模型的效果不是很好，例如，对于第 1～6 章所介绍的许多模型，采用“单纯线性规划”求解方法的规划求解能够即刻求解这些模型，但“演化”求解方法不能很好地完成任务。最后，“演化”求解方法是一个随机过程，在同一个模型中再次运行“演化”求解方法，可能会产生一个不同的最终解。“演化”求解方法更像一个聪明的搜索引擎，尝试不同的随机解。

虽然“演化”求解方法也有其局限性，但可以尝试解决许多非线性规划问题。

7.2 二次规划

若某非线性规划的目标函数是决策变量的二次函数，而且是边际收益递减的，约束条件又都是线性的，那么称这种规划为二次规划。

---

① 在“规划求解结果”对话框中，在右边“报告”列表框中选择“运算结果报告”选项，单击“确定”按钮。这时，生成一个名为“运算结果报告”的新工作表。在该“运算结果报告”工作表中，可以看到规划求解的引擎（“单纯线性规划”“非线性 GRG”“演化”）和求解时间。

在实际常见的管理决策问题中，决策变量总是受到某些现实条件的约束，在有限域内变动。比如，产品产量就要受原材料供应、生产能力（包括机器设备、人员等）的约束。因此，决策变量在有限域内变动的边际收益递减的二次规划存在最优解，且此最优解与初始值无关，即局部最优解就是全局最优解。

实际上，二次规划是非线性规划中比较简单的一种，只要问题不是很复杂，Excel 的“规划求解”功能就能求解。

在营销过程中，营销成本往往是非线性的，而且随着销量的增加，单位营销成本也在增加，也就是说，单位利润会随着销量的增加而减少（边际收益递减）。

例 7－3

考虑非线性营销成本的例 1－1。

在例 1－1 中，增加考虑新产品（门和窗）的营销成本。原来估计每扇门的营销成本是 75 元，每扇窗的营销成本是 200 元。因此，当时估计的门和窗的单位利润分别是 300 元和 500 元。也就是说，如果不考虑营销成本，每扇门的毛利润是 375 元，每扇窗的毛利润是 700 元。

已知门和窗的营销成本随着销量的增加而呈现非线性增长，若设 x_1 为门的每周产量，x_2 为窗的每周产量，则门每周的营销成本为 $25x_1^2$，窗每周的营销成本为 $60x_2^2$。

【解】 新的模型考虑了非线性的营销成本，所以在原来模型的基础上，需要修改目标函数。

（1）决策变量。设 x_1 为门的每周产量，x_2 为窗的每周产量。

（2）目标函数。

① 门的每周销售毛利润为 $375x_1$，每周营销成本为 $25x_1^2$，因此，门的每周净利润为 $375x_1-25x_1^2$；

② 窗的每周销售毛利润为 $700x_2$，每周营销成本为 $60x_2^2$，因此，窗的每周净利润为 $700x_2-60x_2^2$。

本问题的目标是两种新产品的总利润最大，即：

$$\max z=375x_1-25x_1^2+700x_2-60x_2^2$$

（3）约束条件。依旧是原有的三个车间每周可用工时限制和非负约束。

$$\text{s. t.}\begin{cases} x_1\leqslant 4 & \text{（车间 1）}\\ 2x_2\leqslant 12 & \text{（车间 2）}\\ 3x_1+2x_2\leqslant 18 & \text{（车间 3）}\\ x_1,x_2\geqslant 0 & \text{（非负）}\end{cases}$$

于是，得到例 7－3 的二次规划模型：

$$\max z=375x_1-25x_1^2+700x_2-60x_2^2$$

$$\text{s. t.}\begin{cases}x_1 \leqslant 4\\2x_2 \leqslant 12\\3x_1+2x_2 \leqslant 18\\x_1,x_2 \geqslant 0\end{cases}$$

例 7－3 的电子表格模型如图 7－5 所示，参见“例 7－3. xlsx”。

	A	B	C	D	E	F	G	H
1	例7-3							
2								
3			门	窗				
4		单位毛利润	375	700				
5								
6			每个产品所需工时		实际使用		可用工时	
7		车间 1	1	0	2.95	<=	4	
8		车间 2	0	2	9.14	<=	12	
9		车间 3	3	2	18	<=	18	
10								
11			门	窗				
12		每周产量	2.95	4.57			销售毛利润	4306.64
13								
14		营销成本	218.02	1253.27			总营销成本	1471.29
15								
16							总利润	2835.35

名称	单元格
窗的每周产量	D12
单位毛利润	C4:D4
可用工时	G7:G9
每周产量	C12:D12
门的每周产量	C12
实际使用	E7:E9
销售毛利润	H12
营销成本	C14:D14
总利润	H16
总营销成本	H14

	E
6	实际使用
7	=SUMPRODUCT(C7:D7, 每周产量)
8	=SUMPRODUCT(C8:D8, 每周产量)
9	=SUMPRODUCT(C9:D9, 每周产量)

	B	C	D
14	营销成本	=25*门的每周产量^2	=60*窗的每周产量^2

	G	H
12	销售毛利润	=SUMPRODUCT(单位毛利润, 每周产量)
13		
14	总营销成本	=SUM(营销成本)
15		
16	总利润	=销售毛利润-总营销成本

图 7－5 例 7－3 的电子表格模型

规划求解参数

设置目标:(T)　总利润

到:　◉ 最大值(M)　○ 最小值(N)　○ 目标值:(V)

通过更改可变单元格:(B)

每周产量

遵守约束:(U)

实际使用 <= 可用工时

☑ 使无约束变量为非负数(K)

选择求解方法:(E)　非线性 GRG

图 7-5（续）

Excel 求解结果为：当门的每周产量为 2.95 扇，窗的每周产量为 4.57 扇时，总利润最大，为每周 2 835.35 元。

将图 7-5 中的模型与 1.3 节的图 1-19 中例 1-1 的模型相比较，可发现两者之间有四个显著的差别：

第一，“单位利润”被不包含营销成本的“单位毛利润”取代。

第二，在计算目标“总利润”时将营销成本考虑在内，故电子表格增加了四个输出单元格：销售毛利润（H12）、营销成本（C14∶D14）和总营销成本（H14）。

第三，在 1.3 节的图 1-19 中，总利润（G12）的公式使用了 SUMPRODUCT 函数，该函数是线性规划的主要特征。而在图 7-5 中，由于目标函数是非线性的，所以需要用别的方法来计算。

第四，在“规划求解参数”对话框中，图 1-19 在“选择求解方法”中选择了“单纯线性规划”，然而由于图 7-5 中的模型是非线性的，故在“选择求解方法”中选择了“非线性 GRG”。

7.3 可分离规划

当利润（或成本）曲线是分段直线时，可分离规划技术可将非线性规划问题转化为相应的线性规划问题。这有助于非常有效地求解问题，并且可以对转化后的线性规划问题进行敏感性分析。

可分离规划技术为利润（或成本）曲线上的每段直线引入新的决策变量，以代替原来单一的决策变量，也就是为利润（或成本）曲线上的每个线段给出一个分离的决策变量。

7.3.1 边际收益递减的可分离规划

例 7-4

需要加班的例 1-1。

工厂接到了一个特别的订单，要求在接下来的四个月里在车间 1 和车间 2 生产手工艺品。为了完成这一订单就必须从原产品的生产中调出一部分工人，因此，为了能够最大限度地利用每个车间的机器和设备的生产能力，剩下的工人就必须加班。

表 7-1 给出了车间 1 和车间 2 每周在正常工作时间和加班时间生产门和窗的最大数量及单位利润。车间 3 不需要加班，约束条件也不需要改变。第 4 列是第 2 列和第 3 列的数据之和，表示车间 1 最初的约束（$x_1 \leqslant 4$）和车间 2 最初的约束（$2x_2 \leqslant 12$，所以 $x_2 \leqslant 6$）。最后两列是基于原始营销成本估计（不是例 7-3 经过调整的营销成本）的正常工作时间和加班时间生产的产品的单位利润。

表 7-1 需要加班的相关数据

产品	每周最大产量（扇）			单位利润（元）	
	正常生产	加班生产	总计	正常生产	加班生产
门	3	1	4	300	200
窗	3	3	6	500	100
$3x_1+2x_2 \leqslant 18$					

【解】

（1）决策变量。例 1-1 中的决策变量是：门的每周产量 x_1，窗的每周产量 x_2。由于加班生产的产品单位利润减少，所以利用可分离规划技术，将正常工作时间和加班时间的产量分开，引入新的决策变量：

- x_{1R}为正常工作时间内门的每周产量，x_{1O}为加班时间内门的每周产量；
- x_{2R}为正常工作时间内窗的每周产量，x_{2O}为加班时间内窗的每周产量。

而且有：$x_1=x_{1R}+x_{1O}$，$x_2=x_{2R}+x_{2O}$。

（2）目标函数。本问题的目标是两种新产品的总利润最大。由于正常工作时间和加班时间生产的产品的单位利润不同，所以在目标函数中用的是新引入的决策变量：

$$\max z=300x_{1R}+200x_{1O}+500x_{2R}+100x_{2O}$$

（3）约束条件。

① 原有的例 1-1 的三个车间每周可用工时限制还是有效的，只不过要用（$x_{1R}+x_{1O}$）代替 x_1，用（$x_{2R}+x_{2O}$）代替 x_2。

$$\begin{cases} x_{1R}+x_{1O}\leqslant 4 & (车间\ 1) \\ 2(x_{2R}+x_{2O})\leqslant 12 & (车间\ 2) \\ 3(x_{1R}+x_{1O})+2(x_{2R}+x_{2O})\leqslant 18 & (车间\ 3) \end{cases}$$

② 正常工作时间和加班时间的每周最大产量约束：

$$x_{1R}\leqslant 3,\ x_{1O}\leqslant 1,\ x_{2R}\leqslant 3,\ x_{2O}\leqslant 3$$

③ 非负：

$$x_{1R},x_{1O},x_{2R},x_{2O}\geqslant 0$$

于是，得到例 7－4 的线性规划模型：

$$\max z=300x_{1R}+200x_{1O}+500x_{2R}+100x_{2O}$$

$$\text{s. t.}\begin{cases} x_{1R}+x_{1O}\leqslant 4 \\ 2(x_{2R}+x_{2O})\leqslant 12 \\ 3(x_{1R}+x_{1O})+2(x_{2R}+x_{2O})\leqslant 18 \\ x_{1R}\leqslant 3,\ x_{1O}\leqslant 1,\ x_{2R}\leqslant 3,\ x_{2O}\leqslant 3 \\ x_{1R},x_{1O},x_{2R},x_{2O}\geqslant 0 \end{cases}$$

例 7－4 的电子表格模型如图 7－6 所示，参见“例 7－4. xlsx”。

	A	B	C	D	E	F	G
1	例7-4						
2							
3		单位利润	门	窗			
4		正常生产	300	500			
5		加班生产	200	100			
6							
7			每个产品所需工时		实际使用		可用工时
8		车间 1	1	0	4	<=	4
9		车间 2	0	2	6	<=	12
10		车间 3	3	2	18	<=	18
11							
12			每周产量			每周最大产量	
13			门	窗		门	窗
14		正常生产	3	3	<=	3	3
15		加班生产	1	0	<=	1	3
16		总产量	4	3			
17							
18		总利润	2600				

名称	单元格
单位利润	C4:D5
可用工时	G8:G10
每周产量	C14:D15
每周最大产量	F14:G15
实际使用	E8:E10
总产量	C16:D16
总利润	C18

	E
7	实际使用
8	=SUMPRODUCT(C8:D8, 总产量)
9	=SUMPRODUCT(C9:D9, 总产量)
10	=SUMPRODUCT(C10:D10, 总产量)

	B	C	D
16	总产量	=SUM(C14:C15)	=SUM(D14:D15)

图 7－6　例 7－4 的电子表格模型

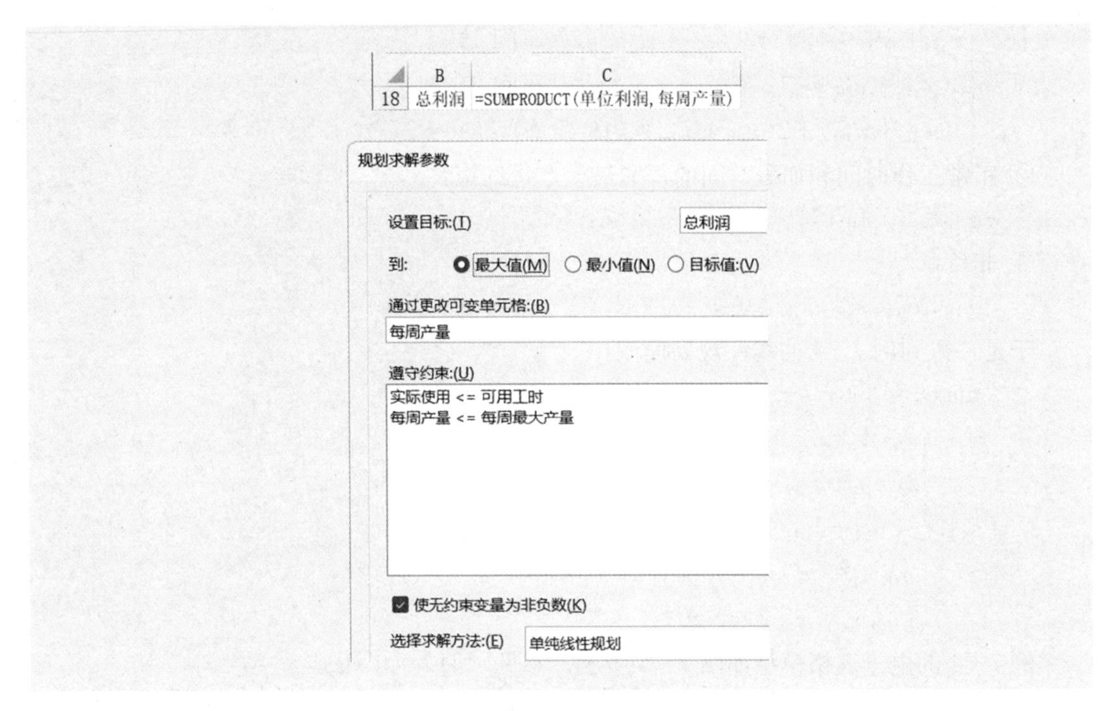

图 7－6（续）

Excel 求解结果为：每周生产 4 扇门（正常工作时间生产 3 扇，加班时间生产 1 扇）；每周生产 3 扇窗（都是正常工作时间生产，加班时间不生产），此时每周可获得的总利润最大，为 2 600 元。

如图 7－6 所示，可变单元格“每周产量”包含了四个决策变量。新的约束条件“每周产量<＝每周最大产量”；新的输出单元格“总产量”是每种产品在正常工作时间和加班时间的产量总和。故“实际使用＝SUMPRODUCT(每个产品所需工时，总产量)”。在其他方面该模型基本上与例 1－1 的线性规划模型一致。需要注意的是：在“规划求解参数”对话框的“选择求解方法”中选择“单纯线性规划”，因为该方法建立的新模型是线性规划模型。可分离规划技术具有将原始模型重新建模以适应线性规划的能力，因此是一种很有价值的技术。

由于总产量＝每种产品在正常工作时间内和加班时间内的产量总和，也就是说，有 $x_1=x_{1R}+x_{1O}$，$x_2=x_{2R}+x_{2O}$，所以例 7－4 的数学模型也可以写为：

$$\max z=300x_{1R}+200x_{1O}+500x_{2R}+100x_{2O}$$

$$\text{s. t.}\begin{cases}x_1=x_{1R}+x_{1O}\\x_2=x_{2R}+x_{2O}\\x_1\leqslant 4\\2x_2\leqslant 12\\3x_1+2x_2\leqslant 18\\x_{1R}\leqslant 3,x_{1O}\leqslant 1,x_{2R}\leqslant 3,x_{2O}\leqslant 3\\x_1,x_2,x_{1R},x_{1O},x_{2R},x_{2O}\geqslant 0\end{cases}$$

在这个模型的构建过程中，还有很重要的一点没有明确考虑到：依据管理层的原则，在正常工作时间没有完全利用之前，不能加班。而该模型中没有体现这一限制的约束条件。因此，在模型中，当 $x_{1R}<3$ 时 $x_{1O}>0$，以及当 $x_{2R}<3$ 时 $x_{2O}>0$，都是可行的。值得庆幸的是，这样的解在模型中虽然是可行的，但绝对不是最优的。因为对于每种产品，加班的单位利润小于正常工作的单位利润（边际收益递减），因此，为了使总利润最大化，最优解肯定会先自动地用完正常工作时间，才开始采取加班的措施。问题的关键是边际收益递减，如果缺少这一条件，这种方法的线性规划模型是无法求得合理的最优解的。

7.3.2 边际收益递增的可分离规划

例 7-5

原油采购与加工问题。某公司用两种原油（A 和 B）混合加工成两种汽油（甲和乙），甲和乙两种汽油含原油 A 的最低比例分别为 50%和 60%，每吨售价分别为 4 800 元和 5 600 元。该公司现有原油 A 和 B 的库存量分别为 500 吨和 1 000 吨，还可以从市场上买到不超过 1 500 吨的原油 A。原油 A 的市场价为：购买量不超过 400 吨时的单价为 10 000 元/吨；购买量超过 400 吨但不超过 900 吨时，超过 400 吨的部分单价为 8 000 元/吨；购买量超过 900 吨时，超过 900 吨的部分单价为 6 000 元/吨。该公司应如何安排原油的采购和加工？

【解】安排原油的采购和加工的目标是获得的总利润最大。题目中给出的是两种汽油的售价和原油 A 的采购价。利润为销售汽油的收入与购买原油 A 的支出之差。这里的难点在于原油 A 的采购价与购买量的关系比较复杂，是分段直线函数关系，而且是边际收益递增（边际成本递减）的。如何用线性规划、整数规划来求解是关键所在。

设原油 A 用于混合加工甲和乙两种汽油的数量分别为 x_{A1} 和 x_{A2}，原油 B 用于混合加工甲和乙两种汽油的数量分别为 x_{B1} 和 x_{B2}，则总收入为 $0.48(x_{A1}+x_{B1})+0.56(x_{A2}+x_{B2})$ 万元。

设原油 A 的购买量为 x 吨，一个自然的想法是将原油 A 的采购量 x 分解为三个分量，即用 x_1，x_2，x_3 分别表示以价格 1 万元/吨、0.8 万元/吨、0.6 万元/吨采购的原油 A 的吨数，则采购的总支出为 $1x_1+0.8x_2+0.6x_3$ 万元，且 $x=x_1+x_2+x_3$。

于是目标函数（总利润最大）为：

$$\max z=0.48(x_{A1}+x_{B1})+0.56(x_{A2}+x_{B2})-(1x_1+0.8x_2+0.6x_3)$$

应该注意到，只有当以 1 万元/吨的价格购买 $x_1=400$ 吨后，才能以 0.8 万元/吨的价格购买 x_2（$x_2>0$）；同理，只有当以 0.8 万元/吨的价格购买 $x_2=500$ 吨后，才能以 0.6 万元/吨的价格购买 x_3（$x_3>0$）。由于利润是边际收益递增的（原油 A 的采购价格越来越便宜），因此，需要引入 0-1 变量，令 $y_1=1$，$y_2=1$，$y_3=1$ 分别表示以 1 万元/吨、0.8 万元/吨、0.6 万元/吨的价格采购原油 A。

首先，原油 A 的采购量 x_1，x_2，x_3 与是否采购 y_1，y_2，y_3 之间的关系有（M 为相对极大值）：

$$x_i \leqslant My_i \quad (i=1,2,3)$$

$$x_1 \leqslant 400，x_2 \leqslant 900-400，x_3 \leqslant 1\ 500-900$$

合并可得：$x_1 \leqslant 400y_1$，$x_2 \leqslant 500y_2$，$x_3 \leqslant 600y_3$。

其次，只有当以 1 万元/吨的价格购买 $x_1=400$ 吨后，才能以 0.8 万元/吨的价格购买 x_2（$x_2>0$），这个条件表示为（第 5 章介绍的最少产量问题）：$x_1 \geqslant 400y_2$；同理，只有当以 0.8 万元/吨的价格购买 $x_2=500$ 吨后，才能以 0.6 万元/吨的价格购买 x_3（$x_3>0$），于是有：$x_2 \geqslant 500y_3$。

合并以上这些约束，可以确定（限制）原油 A 的采购量 x_1，x_2，x_3 与是否采购 y_1，y_2，y_3 之间的关系：

$$\begin{cases} 400y_2 \leqslant x_1 \leqslant 400y_1 \\ 500y_3 \leqslant x_2 \leqslant 500y_2 \\ x_3 \leqslant 600y_3 \\ x_1, x_2, x_3 \geqslant 0 \\ y_1, y_2, y_3 = 0, 1 \end{cases}$$

下面具体分析这些约束之间的关系：

（1）当 $y_1=0$ 时，由 $400y_2 \leqslant x_1 \leqslant 400y_1$ 可知：$x_1 \leqslant 400y_1 = 400 \times 0 = 0$（即 $x_1 \leqslant 0$），又因为 $x_1 \geqslant 0$（非负），所以有 $x_1=0$；而 $400y_2 \leqslant x_1=0$，所以有 $400y_2=0$（即 $y_2=0$）。再由 $500y_3 \leqslant x_2 \leqslant 500y_2$ 可知：$x_2 \leqslant 500y_2 = 500 \times 0 = 0$（即 $x_2 \leqslant 0$），又因为 $x_2 \geqslant 0$（非负），所以有 $x_2=0$；而 $500y_3 \leqslant x_2=0$，所以有 $500y_3=0$（即 $y_3=0$）。也就是说，当 $y_1=0$ 时，y_2 和 y_3 也必定都等于 0；当 $y_2=0$ 时，y_3 也必定等于 0。

（2）当 $y_1=1$ 时，由 $400y_2 \leqslant x_1 \leqslant 400y_1$ 可知：y_2 可以等于 0，也可以等于 1。此时，如果 $y_2=0$，则有 $0 \leqslant x_1 \leqslant 400$；如果 $y_2=1$，则有 $x_1=400$。也就是说，如果要以 0.8 万元/吨的价格购买原油 A（$y_2=1$），则先要以 1 万元/吨的价格购买 $x_1=400$ 吨。换句话说，只有当以 1 万元/吨的价格购买 $x_1=400$ 吨后，才能以 0.8 万元/吨的价格购买 x_2（$y_2=1$）。

（3）同理，当 $y_2=1$ 时，由 $500y_3 \leqslant x_2 \leqslant 500y_2$ 可知：y_3 可以等于 0，也可以等于 1。此时，如果 $y_3=0$，则有 $0 \leqslant x_2 \leqslant 500$；如果 $y_3=1$，则有 $x_2=500$。也就是说，如果要以 0.6 万元/吨的价格购买原油 A（$y_3=1$），则先要以 0.8 万元/吨的价格购买 $x_2=500$ 吨。换句话说，只有当以 0.8 万元/吨的价格购买 $x_2=500$ 吨后，才能以 0.6 万元/吨的价格购买 x_3（$y_3=1$）。

其他约束条件包括混合加工两种汽油用的原油 A 和原油 B 库存量的限制、原油 A 购买量的限制以及两种汽油含原油 A 的比例限制，表示为：

$$\begin{cases}x=x_1+x_2+x_3\\ x\leqslant 1\ 500\\ x_{A1}+x_{A2}\leqslant 500+x\\ x_{B1}+x_{B2}\leqslant 1\ 000\\ x_{A1}\geqslant 50\%(x_{A1}+x_{B1})\\ x_{A2}\geqslant 60\%(x_{A2}+x_{B2})\\ x_{A1},x_{A2},x_{B1},x_{B2},x\geqslant 0\end{cases}$$

于是，得到例 7－5 的混合 0－1 线性规划模型：

$$\max z=0.48(x_{A1}+x_{B1})+0.56(x_{A2}+x_{B2})-(1x_1+0.8x_2+0.6x_3)$$

$$\text{s. t.}\begin{cases}x=x_1+x_2+x_3\\ x\leqslant 1\ 500\\ x_{A1}+x_{A2}\leqslant 500+x\\ x_{B1}+x_{B2}\leqslant 1\ 000\\ x_{A1}\geqslant 50\%(x_{A1}+x_{B1})\\ x_{A2}\geqslant 60\%(x_{A2}+x_{B2})\\ 400y_2\leqslant x_1\leqslant 400y_1\\ 500y_3\leqslant x_2\leqslant 500y_2\\ x_3\leqslant 600y_3\\ x_{A1},x_{A2},x_{B1},x_{B2}\geqslant 0\\ x,x_1,x_2,x_3\geqslant 0\\ y_1,y_2,y_3=0,1\end{cases}$$

例 7－5 的电子表格模型如图 7－7 所示，参见“例 7－5. xlsx”。

	A	B	C	D	E	F	G	H
1	例7-5							
2								
3			汽油甲	汽油乙				
4		单位售价	0.48	0.56				
5								
6		原油混合量	汽油甲	汽油乙	实际使用		可用量	库存量
7		原油A	0	1500	1500	<=	1500	500
8		原油B	0	1000	1000	<=	1000	1000
9		汽油总量	0	2500				
10								
11			规格要求		混合比例			
12		甲，原油A	0	>=	0	50%	汽油甲	
13		乙，原油A	1500	>=	1500	60%	汽油乙	
14								
15		原油A	最大购买量	购买单价	是否采购			
16		0～400	400	1	1			
17		401～900	500	0.8	1			
18		901～1500	600	0.6	1			
19								
20		原油A	最少量		购买量		最大量	
21		0～400	400	<=	400	<=	400	
22		401～900	500	<=	500	<=	500	
23		901～1500	0	<=	100	<=	600	
24								
25		总收入	1400					
26		总支出	860					
27		总利润	540					

图 7－7　例 7－5 的电子表格模型

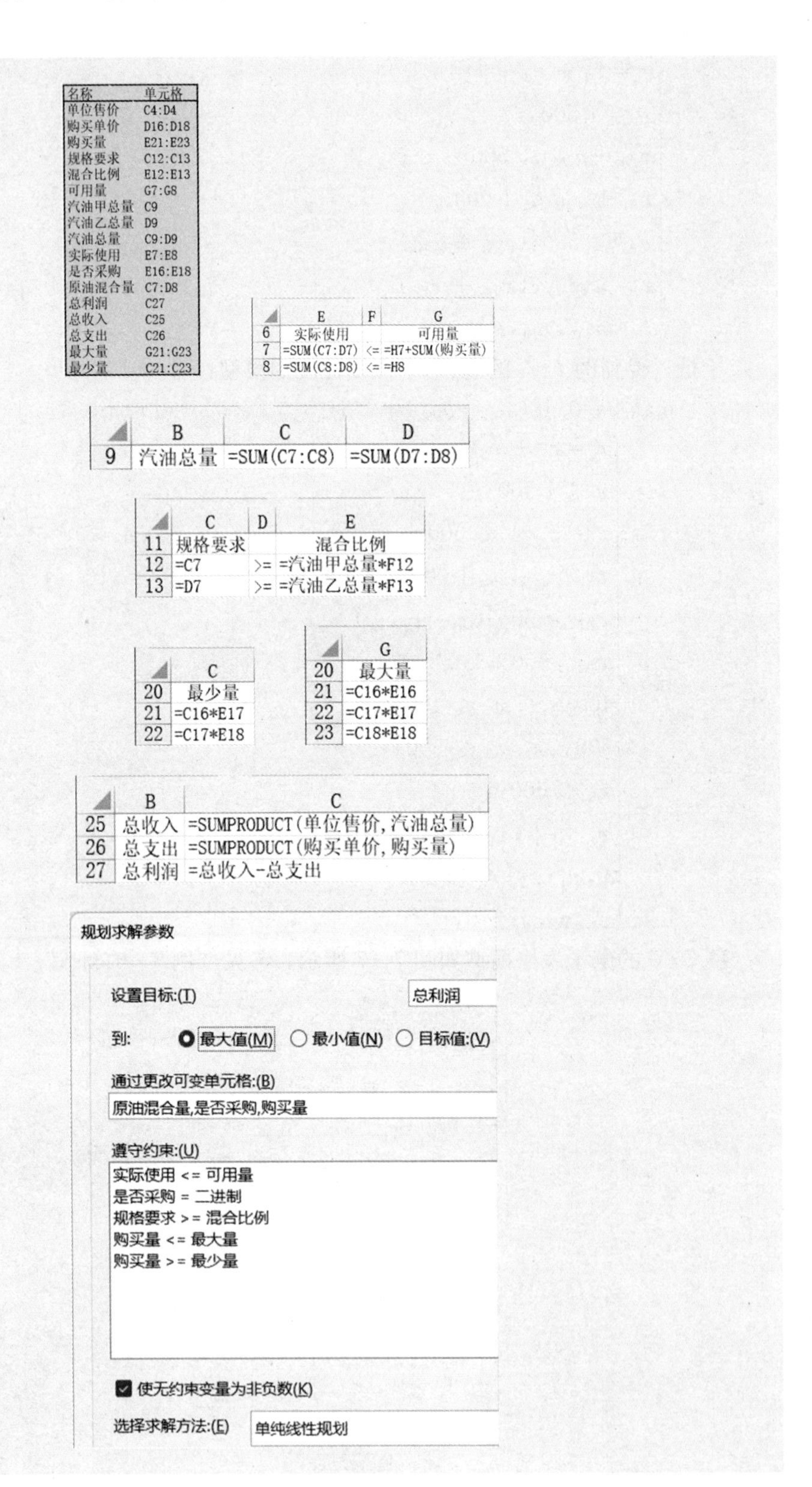

名称	单元格
单位售价	C4:D4
购买单价	D16:D18
购买量	E21:E23
规格要求	C12:C13
混合比例	E12:E13
可用量	G7:G8
汽油甲总量	C9
汽油乙总量	D9
汽油总量	C9:D9
实际使用	E7:E8
是否采购	E16:E18
原油混合量	C7:D8
总利润	C27
总收入	C25
总支出	C26
最大量	G21:G23
最少量	C21:C23

	E	F	G
6	实际使用		可用量
7	=SUM(C7:D7)	<=	=H7+SUM(购买量)
8	=SUM(C8:D8)	<=	=H8

	B	C	D
9	汽油总量	=SUM(C7:C8)	=SUM(D7:D8)

	C	D	E
11	规格要求		混合比例
12	=C7	>=	=汽油甲总量*F12
13	=D7	>=	=汽油乙总量*F13

	C
20	最少量
21	=C16*E17
22	=C17*E18

	G
20	最大量
21	=C16*E16
22	=C17*E17
23	=C18*E18

	B	C
25	总收入	=SUMPRODUCT(单位售价,汽油总量)
26	总支出	=SUMPRODUCT(购买单价,购买量)
27	总利润	=总收入-总支出

图 7-7（续）

Excel 求解结果为：购买 1 000 吨原油 A，与库存的 500 吨原油 A 和 1 000 吨原油 B 一起，共混合加工 2 500 吨汽油乙，此时利润最大，为 540 万元。

习题

7.1　某公司生产两种高档玩具。除了春节前后销量会大幅增加外，一年中其他时间销量大致为平均水平。因为这两种玩具的生产要求大量的工艺和经验，所以公司一直都维持着稳定的员工人数，只在 12 月份（春节前）加班以增加产量。已知 12 月份（春节前）的生产能力和产品的单位利润如表 7－2 所示。

表 7－2　公司 12 月份的生产能力和产品的单位利润

	生产能力（个）		单位利润（元）	
	正常生产	加班生产	正常生产	加班生产
高档玩具 1	3 000	2 000	150	50
高档玩具 2	5 000	3 000	100	75

除了员工人数不足外，12 月份的生产还有两个约束。第一个约束是公司的供电商在 12 月份最多只能提供 10 000 单位的电量，而每加工 1 个玩具 1 和 1 个玩具 2 分别需要消耗 1 单位的电量。第二个约束是配件的供应商在 12 月份只能提供 15 000 单位的产品，而每加工 1 个玩具 1 需要 2 单位的配件，每加工 1 个玩具 2 需要 1 单位的配件。

公司需要决定 12 月份生产多少个高档玩具，才能实现总利润最大化。

7.2　某厂生产 A、B、C 三种产品，单位产品所需资源为：

产品 A：需要 1 小时的技术准备、10 小时的加工和 3 千克的材料；

产品 B：需要 2 小时的技术准备、4 小时的加工和 2 千克的材料；

产品 C：需要 1 小时的技术准备、5 小时的加工和 1 千克的材料。

可利用的技术准备总时间为 100 小时，加工总时间为 700 小时，材料总量为 400 千克。考虑到销售时对销售量的优惠，利润定额确定如表 7－3 所示。

表 7－3　三种产品的单位利润

产品 A		产品 B		产品 C	
销售量（件）	单位利润（元）	销售量（件）	单位利润（元）	销售量（件）	单位利润（元）
0～40	1 000	0～50	600	0～100	500
40～100	900	50～100	400	100 以上	400
100～150	800	100 以上	300		
150 以上	700				

试确定可使总利润最大化的产品生产计划。

第8章 线性目标规划

本章内容要点

- 目标规划的基本概念和数学模型；
- 优先目标规划；
- 加权目标规划。

线性规划的特征是在满足一组约束的条件下，优化一个单一目标（如总利润最大或总成本最小）。而在现实生活中最优只是相对的，或者说没有绝对意义上的最优，只有相对意义上的满意。

1978 年诺贝尔经济学奖获得者西蒙（H. A. Simon）教授提出“满意行为模型要比最大化行为模型丰富得多”，否定了企业的决策者是“经济人”的概念和“最大化”的行为准则，提出了“管理人”的概念和“令人满意”的行为准则，对现代企业管理的决策科学进行了开创性的研究。

前 7 章所涉及的决策方法均为单目标决策方法，最优方案则是使得某个目标函数达到最优的那个方案。然而在实际问题中，所要决策的问题往往具有多个目标，这就是说，人们希望所选择的方案不仅要能满足某个目标，而且要尽可能同时满足若干个预定目标，这就是多目标决策问题。例如，当某市政府做出一项重大决策时，其目标常常涉及城市发展、市民就业、环境保护等多个目标；当一位大学毕业生选择工作时，其目标可能包括较高的工资、较多的机会、未来提升的可能性、良好的工作环境；等等。

企业管理中经常碰到多目标决策问题。企业拟订生产计划时，不仅要考虑总产值，而且要考虑利润、产品质量和设备利用率等。有些目标之间往往互相矛盾，例如，企业利润可能同环境保护目标相矛盾。如何统筹兼顾多种目标、选择合理方案，是十分复杂的问题。应用目标规划可能较好地解决这类问题。目标规划的应用范围很广，包括生产计划、投资计划、市场战略、人事管理、环境保护、土地利用等。

8.1 目标规划的基本概念和数学模型

美国学者查恩斯（A. Charnes）和库伯（W. W. Cooper）于 1961 年提出了一种多目标规划的处理方法，该方法首先确定各个目标希望达到的预定值，并按重要程度对这些目标排序，然后利用线性规划方法求出一个使得与各目标预定值的总偏差最小的方案。这种在多个目标中进行权衡折中、最终找到一个尽可能同时接近多个目标预定值的方案的数学方法称为目标规划。在目标规划中，如果每个目标都是决策变量的线性函数，则称该目标规划为线性目标规划（linear goal programming，LGP）。本章只介绍线性目标规划（简称目标规划）。

线性目标规划在求解的算法上可以看作一般线性规划的延伸，但其建模的思路与一般线性规划有很大不同，主要表现在以下两个方面：

（1）线性规划是在满足所有约束条件的情况下求出最优解，也就是说，其最优解必定在可行域内；而线性目标规划则可以在互相有冲突的约束条件下（即可行域之外）寻找满意解。

（2）线性规划对所有约束条件都同等看待，而线性目标规划则可以根据实际情况区分约束条件的轻重缓急。

线性目标规划由于具有以上特点，所以具有统筹兼顾地处理多个目标的能力。

在多目标决策问题中，如果不可能同时满足所有目标，就需要在多个目标之间进行权衡。因此，首先要判断这些目标的重要程度的次序，即确定各个目标的优先级。一般来说，并不是所有目标预定值都能同时实现，这种实际（实现）值与目标预定值之间的差距称为偏差。若实际值比目标预定值小，则称其差距为负偏差；若实际值超出目标预定值，则称其差距为正偏差。

应用线性目标规划模型处理有优先级的多目标决策问题时，与一般线性规划模型相比，有以下主要区别：

（1）模型的决策变量除了问题所要求的决策变量外，还要将各目标的偏差（包括正偏差和负偏差）作为决策变量，以确定各实际值与各目标预定值的最佳差距。

（2）根据偏差的定义，目标规划模型应增加目标约束条件：

实际值－正偏差＋负偏差＝目标预定值

8.1.1 引例

对于第 1 章的例 1-1，我们已经很熟悉了，它是一个求使得总利润最大的单一目标线性规划问题。设每周生产门和窗两种新产品的数量分别为 x_1 扇和 x_2 扇，其线性规划模型为：

$$\max z = 300x_1 + 500x_2$$

$$\text{s.t.}\begin{cases} x_1 \leqslant 4 \\ 2x_2 \leqslant 12 \\ 3x_1 + 2x_2 \leqslant 18 \\ x_1, x_2 \geqslant 0 \end{cases}$$

求得最优解为 $x_1^* = 2$，$x_2^* = 6$，最优值为 $z^* = 3\ 600$。即最优方案为：每周生产 2 扇门和 6 扇窗，此时总利润最大，为每周 3 600 元。

现在工厂领导要考虑市场等一系列其他因素，提出如下三个目标：

目标 1：根据市场信息，窗的销量有下降的趋势，故希望窗的产量不超过门产量的 2 倍；

目标 2：车间 3 另有新的生产任务，因此希望车间 3 节省 4 个工时用于新的生产任务；

目标 3：应尽可能达到并超过计划的每周总利润 3 000 元。

例 8-1

在工厂三个车间的工时不能超计划使用的前提下，考虑上述三个目标，应如何安排生产，才能使这些目标依次实现？

【解】 为了建立目标规划数学模型，仍设每周生产门和窗两种新产品的数量分别为 x_1 扇和 x_2 扇，由于车间工时的限制，显然有如下资源约束（绝对约束）：

$$\begin{cases} x_1 \leqslant 4 & (8-1) \\ 2x_2 \leqslant 12 & (8-2) \\ 3x_1 + 2x_2 \leqslant 18 & (8-3) \end{cases}$$

设 d_1^+ 表示窗的产量多于门的产量 2 倍的数量，d_1^- 表示窗的产量少于门的产量 2 倍的数量，分别称它们为产量比较的正偏差变量和负偏差变量。因此，对于目标 1 的约束（希望 $x_2 \leqslant 2x_1$，即希望 $x_2 - 2x_1 \leqslant 0$），有（目标约束 1）：

$$x_2 - 2x_1 - d_1^+ + d_1^- = 0 \tag{8-4}$$

同样设 d_2^+ 和 d_2^- 分别表示安排生产时，车间 3 使用工时多于 14 小时和少于 14 小时的正偏差变量和负偏差变量，则对于目标 2 的约束（希望 $3x_1 + 2x_2 = 14$），有（目标约束 2）：

$$3x_1 + 2x_2 - d_2^+ + d_2^- = 14 \tag{8-5}$$

又设 d_3^+ 和 d_3^- 分别表示安排生产时，总利润多于计划利润 3 000 元和少于计划利润 3 000 元的正偏差变量和负偏差变量，则对于目标 3 的约束（希望 $300x_1 + 500x_2 \geqslant 3\,000$），有（目标约束 3）：

$$300x_1 + 500x_2 - d_3^+ + d_3^- = 3\,000 \tag{8-6}$$

假设例 8－1 三个目标的优先顺序为目标 1、目标 2 和目标 3，则例 8－1 优先目标规划的目标函数依次为：

$$\min z_1 = d_1^+$$

$$\min z_2 = d_2^+ + d_2^-$$

$$\min z_3 = d_3^-$$

8.1.2　目标规划的基本概念和数学模型

目标规划的基本思想是化多目标为单一目标，下面引入与建立目标规划数学模型有关的概念。

1. 决策变量和偏差变量

决策变量又称控制变量，用 x_j 表示。

在目标规划中，引入正偏差变量和负偏差变量，分别用 d_i^+ 和 d_i^- 表示。正偏差变量 d_i^+ 表示实际值超过目标预定值的部分（超出量）；负偏差变量 d_i^- 表示实际值未达到目标预定值的部分（不足量）。

因为实际值不可能既超过目标预定值，又未达到目标预定值，所以一定有 $d_i^+ \cdot d_i^- = 0$，即正偏差变量 d_i^+ 和负偏差变量 d_i^- 两者中至少有一个为零。事实上，当 $d_i^+ > 0$ 时，说明实际值超过目标预定值（实际值比目标预定值大），此时有 $d_i^- = 0$；同样，当 $d_i^- > 0$ 时，也有 $d_i^+ = 0$。目标规划一般有多个目标预定值，每个目标预定值都有一对偏差变量 d_i^+ 和 d_i^-。

2. 绝对约束和目标约束

目标规划的约束条件有两类：绝对约束和目标约束。

（1）绝对约束是指必须严格满足的等式约束或不等式约束，它们是硬约束。如例 8－1

优先目标规划数学模型约束条件中的式（8-1）、式（8-2）和式（8-3）。

（2）目标约束是目标规划特有的，它把目标预定值作为约束右边的常数项（约束右边项），并在这些约束中加入正、负偏差变量。由于允许发生偏差，因此目标约束是软约束，具有一定的弹性。如例 8-1 优先目标规划数学模型约束条件中的式（8-4）、式（8-5）和式（8-6）。目标约束不会不满足，但可能偏差过大。

目标规划中的子目标可以实现，此时偏差为零；也可以不实现，此时正偏差或负偏差为正。所有“目标”均可利用以下公式转化为“目标约束”：

$$f_i(x_1,x_2,\cdots,x_n)-d_i^+ + d_i^- = g_i$$

（实际值－正偏差＋负偏差＝目标预定值）

对于目标约束 $f_i(x_1, x_2, \cdots, x_n)-d_i^+ + d_i^- = g_i$，有

① 当 $f_i(x_1, x_2, \cdots, x_n) > g_i$（实际值比目标预定值大）时，有 $d_i^+ > 0$（正偏差为正）；

② 当 $f_i(x_1, x_2, \cdots, x_n) < g_i$（实际值比目标预定值小）时，有 $d_i^- > 0$（负偏差为正）；

③ 当 $f_i(x_1, x_2, \cdots, x_n) = g_i$（实际值等于目标预定值）时，有 $d_i^+ = 0$，$d_i^- = 0$（正、负偏差均为零）。

3. 优先因子（优先级）与权系数

在目标规划中，各目标有主次或轻重缓急的不同，因此，必须确定它们的优先级。要求对首要目标（即优先级最高的目标，第一目标）赋予优先因子（优先级）P_1，对次级目标（第二目标）赋予优先因子（优先级）P_2，等等，并规定 $P_1 \gg P_2 \gg \cdots$，表示 P_1 比 P_2 有更高的优先级，即首先尽可能满足 P_1 级目标（第一目标）的要求，这时不考虑次级目标；在 P_1 级目标（第一目标）的满足状态不变的前提下，尽可能满足 P_2 级目标（第二目标）的要求；依此类推。

若要区别具有相同优先因子的两个目标的差别，可分别赋予它们不同的权系数（罚数权重）ω_{lk}，这些都由决策者视具体情况而定。

4. 目标规划的目标函数

目标规划的目标函数是由各目标约束的正、负偏差变量和赋予的相应的优先因子及权系数组成的。当每一目标值确定后，决策者的愿望是尽可能缩小与目标值的偏差，因此目标规划的目标函数中仅仅包含偏差变量，并始终寻求最小值（总是最小化）。

对于目标约束 $f_i(x_1, x_2, \cdots, x_n)-d_i^+ + d_i^- = g_i$，相应的目标函数的基本形式有三种：

（1）要求（希望）实际值恰好达到（=）目标预定值，即正、负偏差都要尽可能地小（超出量和不足量都越少越好），则目标函数为：

$$\min z_i = d_i^+ + d_i^-$$

（2）要求（希望）实际值不超过（⩽）目标预定值，即正偏差要尽可能地小（超出量越少越好，但允许实际值达不到目标预定值），则目标函数为：

$$\min z_i = d_i^+$$

（3）要求（希望）实际值超过（⩾）目标预定值，即负偏差要尽可能地小（不足量越

少越好，但超出量不限)，则目标函数为：

$$\min z_i = d_i^-$$

对于实际问题中出现的不同表述形式，目标规划的一般处理方法如表 8－1 所示。

表 8－1　目标规划中偏差的性质

实际问题中的表述	目标函数中的体现	可能的计算结果	现实目的
希望恰好实现目标	$d_i^+ + d_i^-$	偏差均为零，或有一个不为零的正数	努力使两种偏差中的任意一个最小
希望超过预定目标	d_i^-	d_i^- 可为正数或零	努力使不足量最小
希望不超过预定目标	d_i^+	d_i^+ 可为正数或零	努力使超出量最小

对于例 8－1，按决策者所要求的，分别赋予三个目标优先因子 P_1，P_2，P_3，则例 8－1 的目标规划数学模型为：

$$\min z = P_1 d_1^+ + P_2(d_2^+ + d_2^-) + P_3 d_3^-$$

$$\text{s. t.} \begin{cases} x_1 \leqslant 4 \\ 2x_2 \leqslant 12 \\ 3x_1 + 2x_2 \leqslant 18 \\ x_2 - 2x_1 - d_1^+ + d_1^- = 0 \\ 3x_1 + 2x_2 - d_2^+ + d_2^- = 14 \\ 300x_1 + 500x_2 - d_3^+ + d_3^- = 3\,000 \\ x_1, x_2 \geqslant 0 \\ d_i^+, d_i^- \geqslant 0 \quad (i = 1,2,3) \end{cases}$$

目标规划的一般数学模型为（式中 ω_{lk}^+，ω_{lk}^- 为权系数）：

$$\min z = \sum_{l=1}^{L} P_l \sum_{k=1}^{K} (\omega_{lk}^+ d_k^+ + \omega_{lk}^- d_k^-)$$

$$\text{s. t.} \begin{cases} \sum_{j=1}^{n} a_{ij} x_j \leqslant (=, \geqslant) b_i \quad (i = 1,2,\cdots,m) \\ \sum_{j=1}^{n} c_{kj} x_j - d_k^+ + d_k^- = g_k \quad (k = 1,2,\cdots,K) \\ x_j \geqslant 0 \quad (j = 1,2,\cdots,n) \\ d_k^+, d_k^- \geqslant 0 \quad (k = 1,2,\cdots,K) \end{cases}$$

建立目标规划的数学模型时，需要确定目标值、优先级、权系数等，它们都具有一定的主观性和模糊性，可以用专家评定法予以量化。

本章介绍两个简单的目标规划：

（1）优先目标规划：依次考虑各目标的目标规划；

（2）加权目标规划：考虑权系数（罚数权重）的目标规划。

8.2 优先目标规划

在例 8-1 中，开始时三个目标是不分先后的，然而权责不同的管理者往往看重不同的目标：销售科长看重目标 1，车间 3 的主任看重目标 2，经理看重目标 3。在多目标决策问题中，决策者往往根据自己对目标的重视程度，赋予每个目标一定的优先级，从而将所有目标排序（$P_1 \gg P_2 \gg \cdots \gg P_K$）。优先目标规划就是按照目标的先后顺序，逐一满足优先级较高的目标，最终得到一个满意解。假如所有目标都得到满足，满意解就是最优解。

8.2.1 优先目标规划的数学模型

优先目标规划的求解是经过多次规划求解实现的。也就是说，目标规划的求解分以下几步进行：

第一步是将第一目标（即优先级最高的目标）的偏差最小化作为目标函数，求出第一个最优解。这表明，首先尽可能满足第一目标的要求。

第二步是再增加一个如下的约束条件：

第一目标的偏差=第一步已求出的最优偏差

然后将第二目标的偏差最小化作为目标函数，求出第二个最优解。这表明，在第一目标的满足状态不变的前提下，尽可能满足第二目标的要求。

第三步是再增加一个如下的约束条件：

第二目标的偏差=第二步已求出的最优偏差

然后将第三目标的偏差最小化作为目标函数，求出第三个最优解。这表明，在第一目标和第二目标的满足状态不变的前提下，尽可能满足第三目标的要求。

如此进行下去，直到以最后一个目标的偏差最小化作为目标函数进行优化求解为止。这时得到的最优解就是问题的满意解。

可见优先目标规划是按目标的优先级进行权衡的，最终在多个目标下，甚至在多个相互矛盾的目标下，寻找满意解。同时，优先目标规划的求解过程是经过多次规划求解实现的。

由于优先目标规划是经过多次规划求解来寻找满意解的，所以其计算工作量较大。幸运的是，Excel 为优先目标规划的求解提供了极大的方便。下面以例 8-1 的求解为例，说明优先目标规划的 Excel 解法。

对于例 8-1，假设三个目标的优先级依次为目标 1（P_1）、目标 2（P_2）、目标 3（P_3）。由于有三个目标要依次考虑，所以求解要分三步进行：

第一步：首先尽可能实现 P_1 级目标，这时不考虑次级目标，也就是进行第一次规划求解——寻找尽可能满足目标 1 的最优解。

① 在 Excel 中建立以优先级 1 的目标（目标 1）的正偏差最小化为目标函数的电子表格模型，如图 8-1 所示，参见“例 8-1 优先级 1. xlsx”。

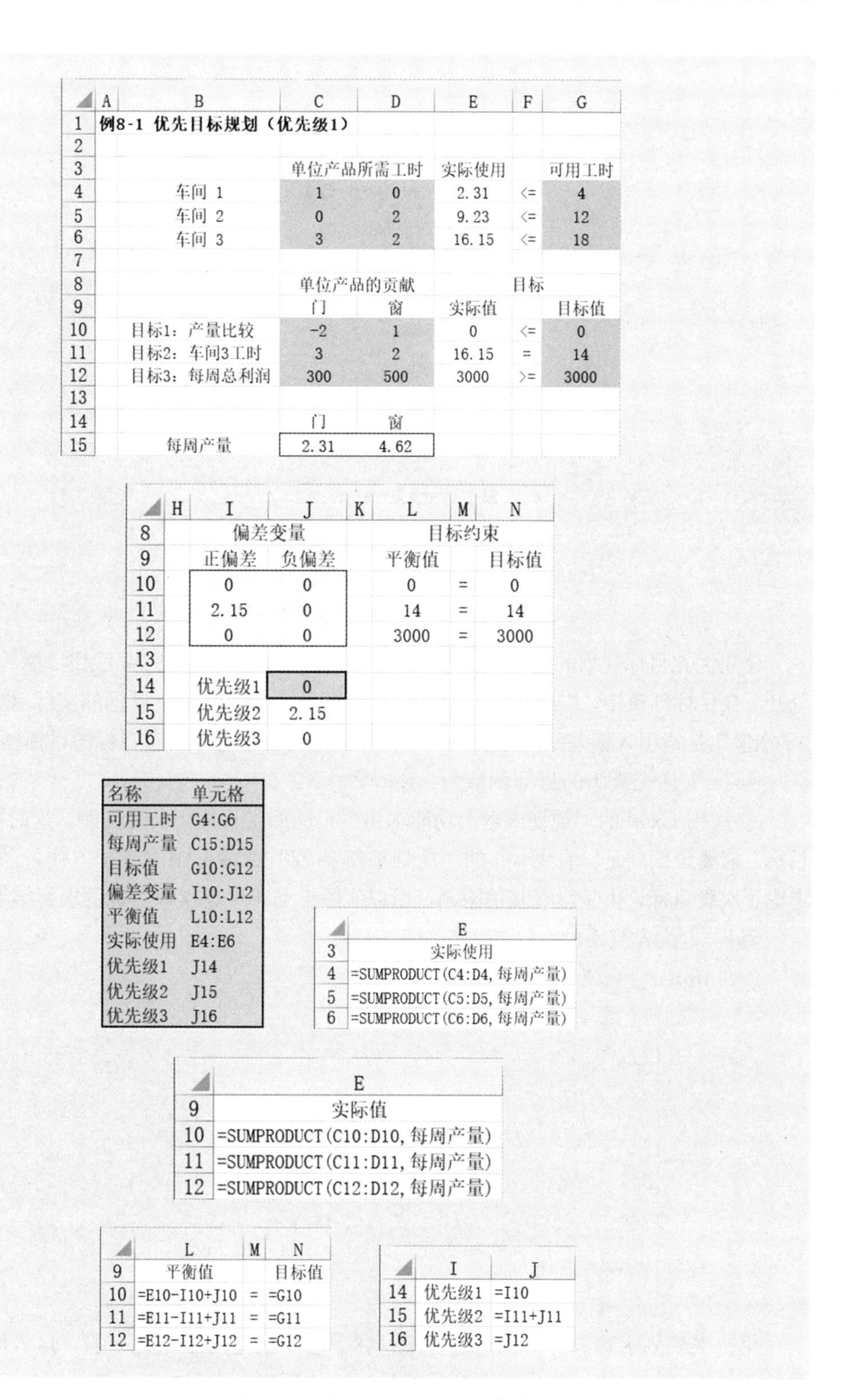

	A	B	C	D	E	F	G
1	例8-1 优先目标规划（优先级1）						
2							
3			单位产品所需工时		实际使用		可用工时
4		车间 1	1	0	2.31	<=	4
5		车间 2	0	2	9.23	<=	12
6		车间 3	3	2	16.15	<=	18
7							
8			单位产品的贡献			目标	
9			门	窗	实际值		目标值
10		目标1：产量比较	-2	1	0	<=	0
11		目标2：车间3工时	3	2	16.15	=	14
12		目标3：每周总利润	300	500	3000	>=	3000
13							
14			门	窗			
15		每周产量	2.31	4.62			

	H	I	J	K	L	M	N
8		偏差变量			目标约束		
9		正偏差	负偏差		平衡值		目标值
10		0	0		0	=	0
11		2.15	0		14	=	14
12		0	0		3000	=	3000
13							
14		优先级1	0				
15		优先级2	2.15				
16		优先级3	0				

名称	单元格
可用工时	G4:G6
每周产量	C15:D15
目标值	G10:G12
偏差变量	I10:J12
平衡值	L10:L12
实际使用	E4:E6
优先级1	J14
优先级2	J15
优先级3	J16

	E
3	实际使用
4	=SUMPRODUCT(C4:D4, 每周产量)
5	=SUMPRODUCT(C5:D5, 每周产量)
6	=SUMPRODUCT(C6:D6, 每周产量)

	E
9	实际值
10	=SUMPRODUCT(C10:D10, 每周产量)
11	=SUMPRODUCT(C11:D11, 每周产量)
12	=SUMPRODUCT(C12:D12, 每周产量)

	L	M	N
9	平衡值		目标值
10	=E10-I10+J10	=	=G10
11	=E11-I11+J11	=	=G11
12	=E12-I12+J12	=	=G12

	I	J
14	优先级1	=I10
15	优先级2	=I11+J11
16	优先级3	=J12

图 8－1　例 8－1 优先级 1 的电子表格模型

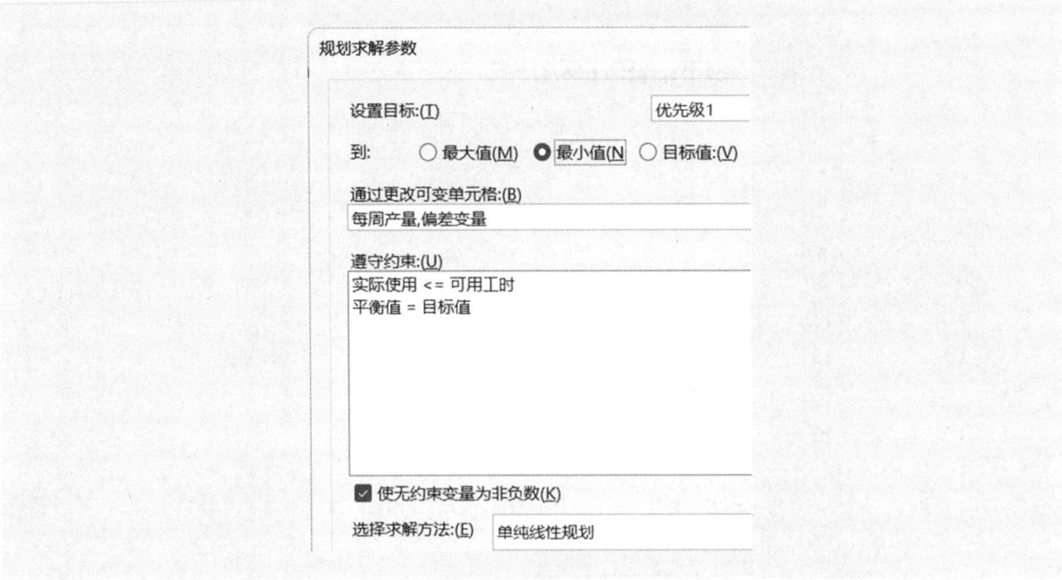

规划求解参数

设置目标:(T) 优先级1

到: ○ 最大值(M) ● 最小值(N) ○ 目标值:(V)

通过更改可变单元格:(B)

每周产量,偏差变量

遵守约束:(U)

实际使用 <= 可用工时

平衡值 = 目标值

☑ 使无约束变量为非负数(K)

选择求解方法:(E) 单纯线性规划

图 8－1（续）

建立优先目标规划的电子表格模型时，要将绝对约束（硬约束）和目标约束（软约束）分开。在目标约束中，“实际值”是指引入偏差变量之前，三个目标的实际（实现）值，而“平衡值”是指引入偏差变量之后，三个目标的最终值，等于三个目标的目标预定值。

例 8－1 优先级 1 的目标函数为：$\min z_1=d_1^+$。

② 利用 Excel 的“规划求解”功能求出尽可能满足目标 1 的最优解，这时可不考虑次级目标。需要说明的是：在 Excel 的“规划求解参数”对话框中，为了方便，通过“软约束”考虑了次级目标，由于没有其他限制，所以实际上与不考虑次级目标的求解结果相同。

例 8－1 优先级 1 的线性规划数学模型为：

$$\min z_1=d_1^+$$

$$\text{s. t.}\begin{cases}x_1\leqslant 4\\2x_2\leqslant 12\\3x_1+2x_2\leqslant 18\\x_2-2x_1-d_1^++d_1^-=0\\3x_1+2x_2-d_2^++d_2^-=14\\300x_1+500x_2-d_3^++d_3^-=3\ 000\\x_1,x_2\geqslant 0\\d_1^+,d_1^-,d_2^+,d_2^-,d_3^+,d_3^-\geqslant 0\end{cases}$$

第一次规划求解求得的最优解可使目标 1 的正偏差为零（$z_1=0$），这表明，满足了优先级 1 的目标（也就是最优先要满足的目标）的要求，即目标 1（第一目标）可以实现。

第二步：在保证已求得的 P_1 级目标正偏差不变的前提下考虑 P_2 级目标。也就是进行第二次规划求解——在保证已求得的目标 1 正偏差不变的前提下，寻找尽可能满足优先级 2 的目标（目标 2）的最优解。为此，在第一步规划模型的基础上，做如下改变：

① 增加一个约束条件。为保证优先级 1 的目标正偏差不变，需要增加一个约束条件，那就是第一步得到的目标 1 正偏差不变，即：

$$d_1^+ = 0$$

在 L14 单元格中输入第一步中得到的目标 1 的正偏差值（本题中为 0），则增加的约束条件如下：

优先级 1=0　或　J14=L14

上述约束条件的左边是目标 1 的正偏差，右边是目标 1 正偏差的已达值。

② 修改目标函数。将优先级 2 的目标偏差最小化作为模型的目标函数，表示尽可能满足目标 2 的要求。优先级 2 的目标函数为：$\min z_2 = d_2^+ + d_2^-$。

以优先级 2 的目标（目标 2）的偏差最小化为目标函数的例 8－1 的电子表格模型如图 8－2 所示，参见“例 8－1 优先级 2. xlsx”。

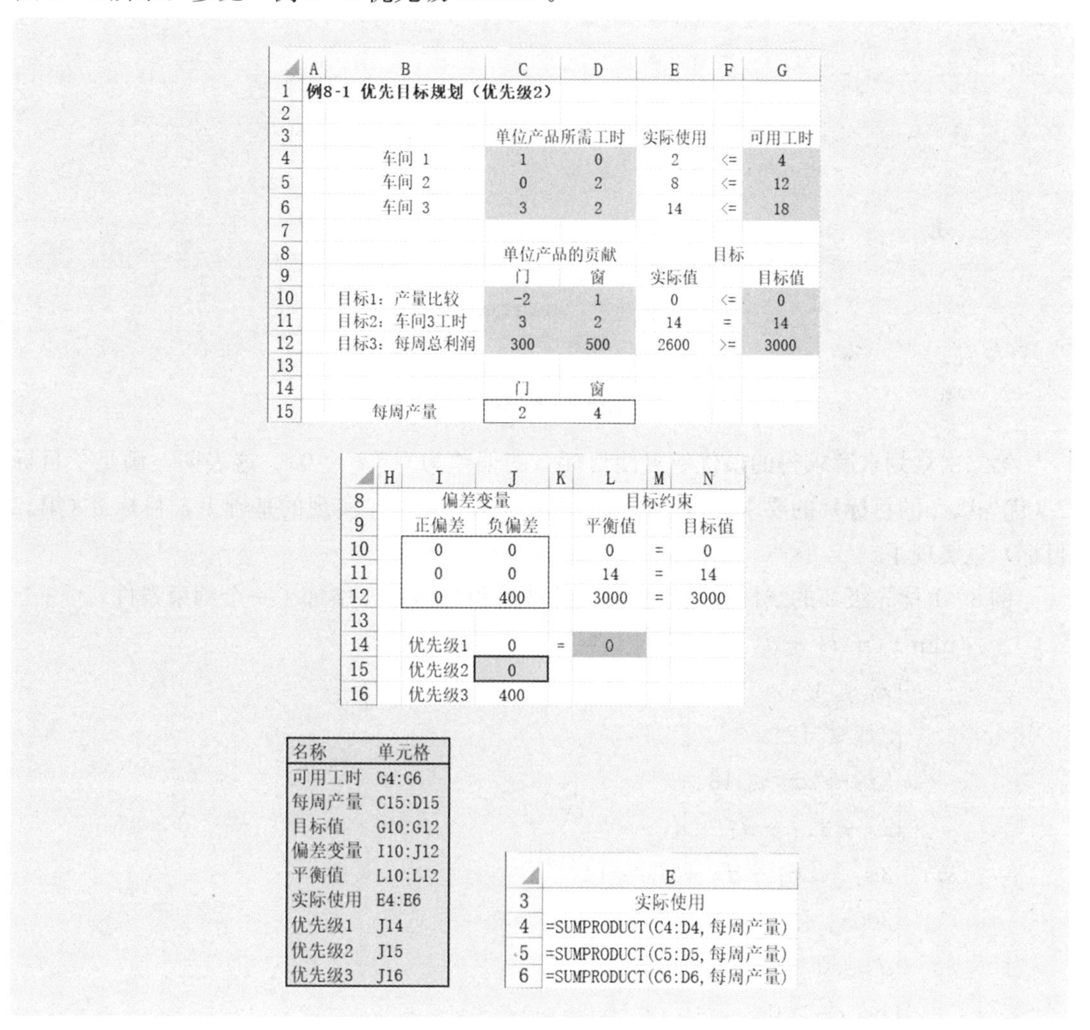

	A	B	C	D	E	F	G
1	例8-1 优先目标规划（优先级2）						
2							
3			单位产品所需工时		实际使用		可用工时
4		车间 1	1	0	2	<=	4
5		车间 2	0	2	8	<=	12
6		车间 3	3	2	14	<=	18
7							
8			单位产品的贡献			目标	
9			门	窗	实际值		目标值
10		目标1：产量比较	-2	1	0	<=	0
11		目标2：车间3工时	3	2	14	=	14
12		目标3：每周总利润	300	500	2600	>=	3000
13							
14			门	窗			
15		每周产量	2	4			

	H	I	J	K	L	M	N
8		偏差变量			目标约束		
9		正偏差	负偏差		平衡值		目标值
10		0	0		0	=	0
11		0	0		14	=	14
12		0	400		3000	=	3000
13							
14		优先级1	0	=	0		
15		优先级2	0				
16		优先级3	400				

名称	单元格
可用工时	G4:G6
每周产量	C15:D15
目标值	G10:G12
偏差变量	I10:J12
平衡值	L10:L12
实际使用	E4:E6
优先级1	J14
优先级2	J15
优先级3	J16

	E
3	实际使用
4	=SUMPRODUCT(C4:D4, 每周产量)
5	=SUMPRODUCT(C5:D5, 每周产量)
6	=SUMPRODUCT(C6:D6, 每周产量)

图 8－2　例 8－1 优先级 2 的电子表格模型

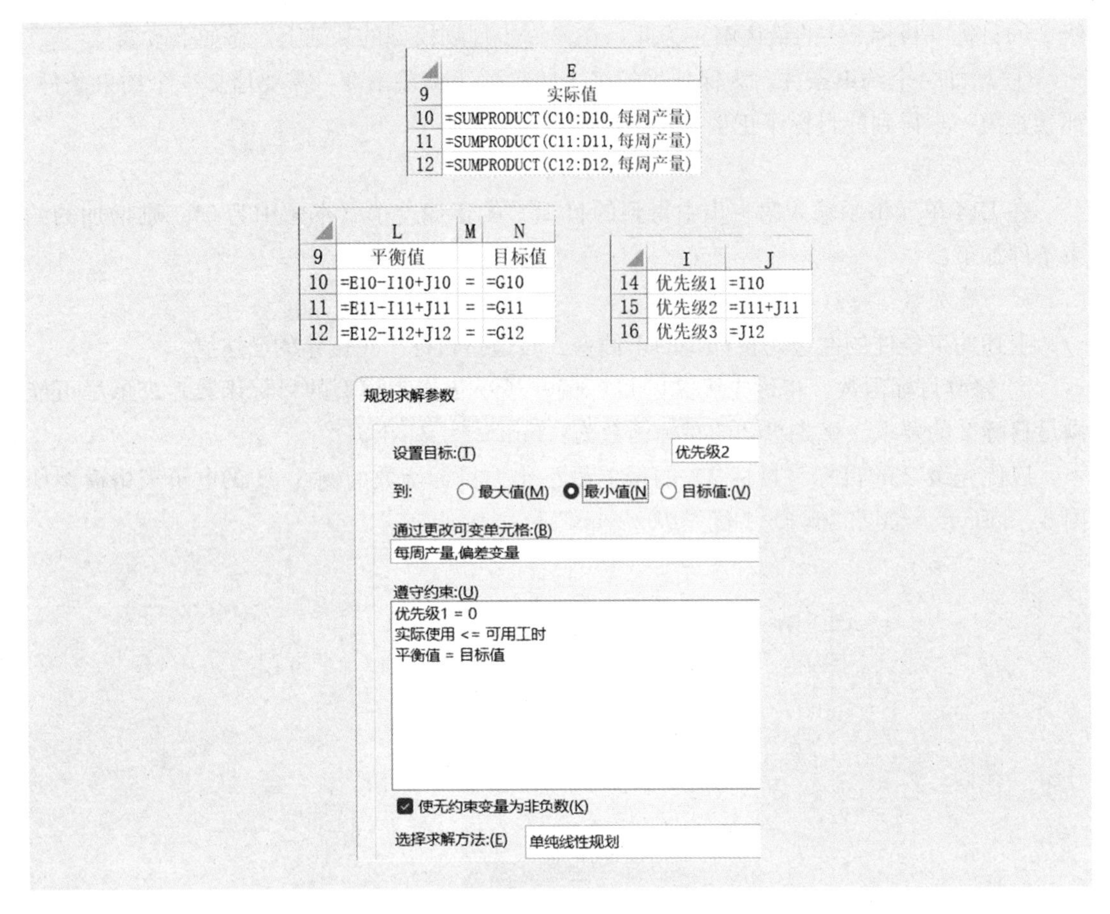

	E
9	实际值
10	=SUMPRODUCT(C10:D10, 每周产量)
11	=SUMPRODUCT(C11:D11, 每周产量)
12	=SUMPRODUCT(C12:D12, 每周产量)

	L	M	N
9	平衡值		目标值
10	=E10-I10+J10	=	=G10
11	=E11-I11+J11	=	=G11
12	=E12-I12+J12	=	=G12

	I	J
14	优先级1	=I10
15	优先级2	=I11+J11
16	优先级3	=J12

图 8-2（续）

第二次规划求解求得的最优解可使目标 2 的偏差为 0（$z_2=0$）。这表明，满足了目标 2（优先级 2 的目标）的要求。也就是在目标 1（第一目标）实现的基础上，目标 2（第二目标）也实现了。

例 8-1 优先级 2 的线性规划模型为（修改了目标函数，增加了一个约束条件）：

$$\min z_2 = d_2^+ + d_2^-$$

$$\text{s. t.} \begin{cases} x_1 \leqslant 4 \\ 2x_2 \leqslant 12 \\ 3x_1 + 2x_2 \leqslant 18 \\ x_2 - 2x_1 - d_1^+ + d_1^- = 0 \\ 3x_1 + 2x_2 - d_2^+ + d_2^- = 14 \\ 300x_1 + 500x_2 - d_3^+ + d_3^- = 3\ 000 \\ d_1^+ = 0 \\ x_1, x_2 \geqslant 0 \\ d_1^+, d_1^-, d_2^+, d_2^-, d_3^+, d_3^- \geqslant 0 \end{cases}$$

第三步：在保证已求得的 P_1 级和 P_2 级目标偏差不变的前提下考虑 P_3 级目标。也就是进行第三次规划求解——在保证已求得的优先级 1 和优先级 2 目标偏差不变的前提下，寻找尽可能满足优先级 3 的目标（目标 3）的最优解。为此，在第二步规划模型的基础上，做如下改变：

① 再增加一个约束条件。为保证优先级 1 和优先级 2 的目标偏差不变，将第二步中得到的优先级 2 的目标偏差不变作为约束条件（优先级 1 的目标正偏差不变已在第二步中作为约束条件加入），即：

$$d_2^+ + d_2^- = 0$$

在 L15 单元格中输入第二步中得到的优先级 2 的目标偏差值（本题中为 0），则再增加的约束条件如下：

优先级 2=0　或　J15=L15

上述约束条件的左边是第二步中的优先级 2 的目标偏差，右边是目标 2 偏差的已达值。

② 修改目标函数。将优先级 3 的目标负偏差最小化作为模型的目标函数，表示尽可能满足目标 3 的要求。

优先级 3 的目标函数为：$\min z_3 = d_3^-$。

以优先级 3 的目标（目标 3）的负偏差最小化为目标函数的例 8－1 的电子表格模型如图 8－3 所示，参见“例 8－1 优先级 3. xlsx”。

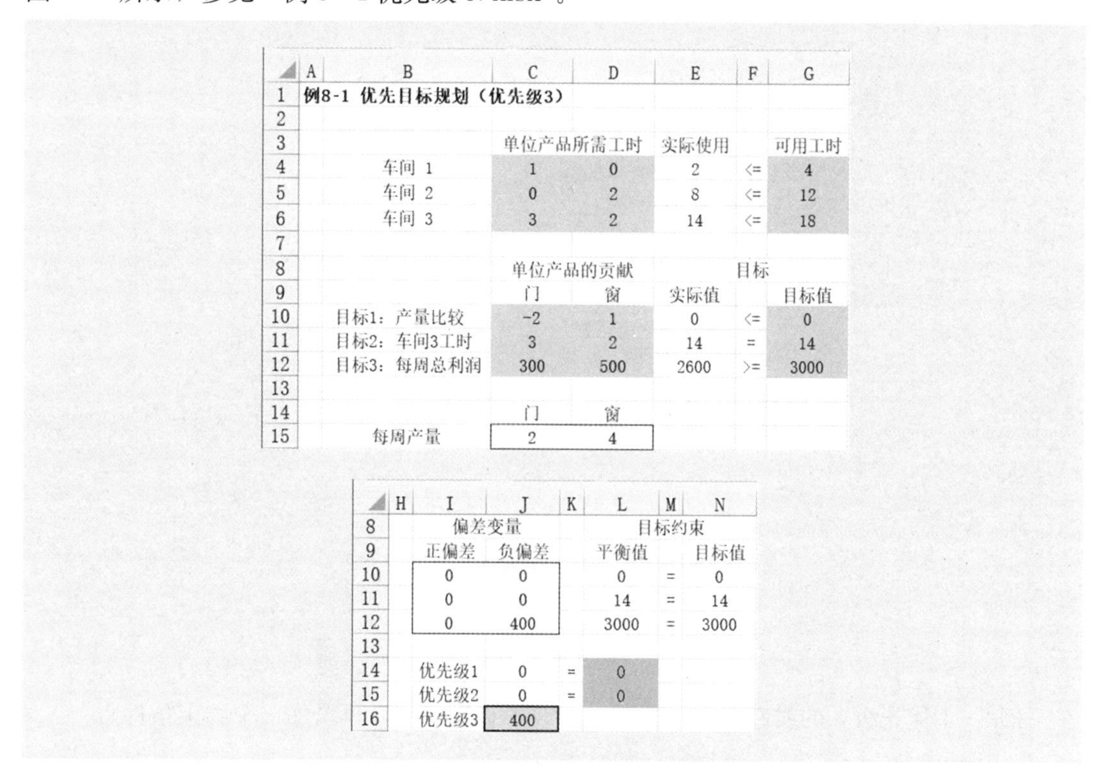

	A	B	C	D	E	F	G
1	例8-1 优先目标规划（优先级3）						
2							
3			单位产品所需工时		实际使用		可用工时
4		车间 1	1	0	2	<=	4
5		车间 2	0	2	8	<=	12
6		车间 3	3	2	14	<=	18
7							
8			单位产品的贡献			目标	
9			门	窗	实际值		目标值
10		目标1：产量比较	-2	1	0	<=	0
11		目标2：车间3工时	3	2	14	=	14
12		目标3：每周总利润	300	500	2600	>=	3000
13							
14			门	窗			
15		每周产量	2	4			

	H	I	J	K	L	M	N
8		偏差变量			目标约束		
9		正偏差	负偏差		平衡值		目标值
10		0	0		0	=	0
11		0	0		14	=	14
12		0	400		3000	=	3000
13							
14		优先级1	0	=	0		
15		优先级2	0	=	0		
16		优先级3	400				

图 8－3　例 8－1 优先级 3 的电子表格模型

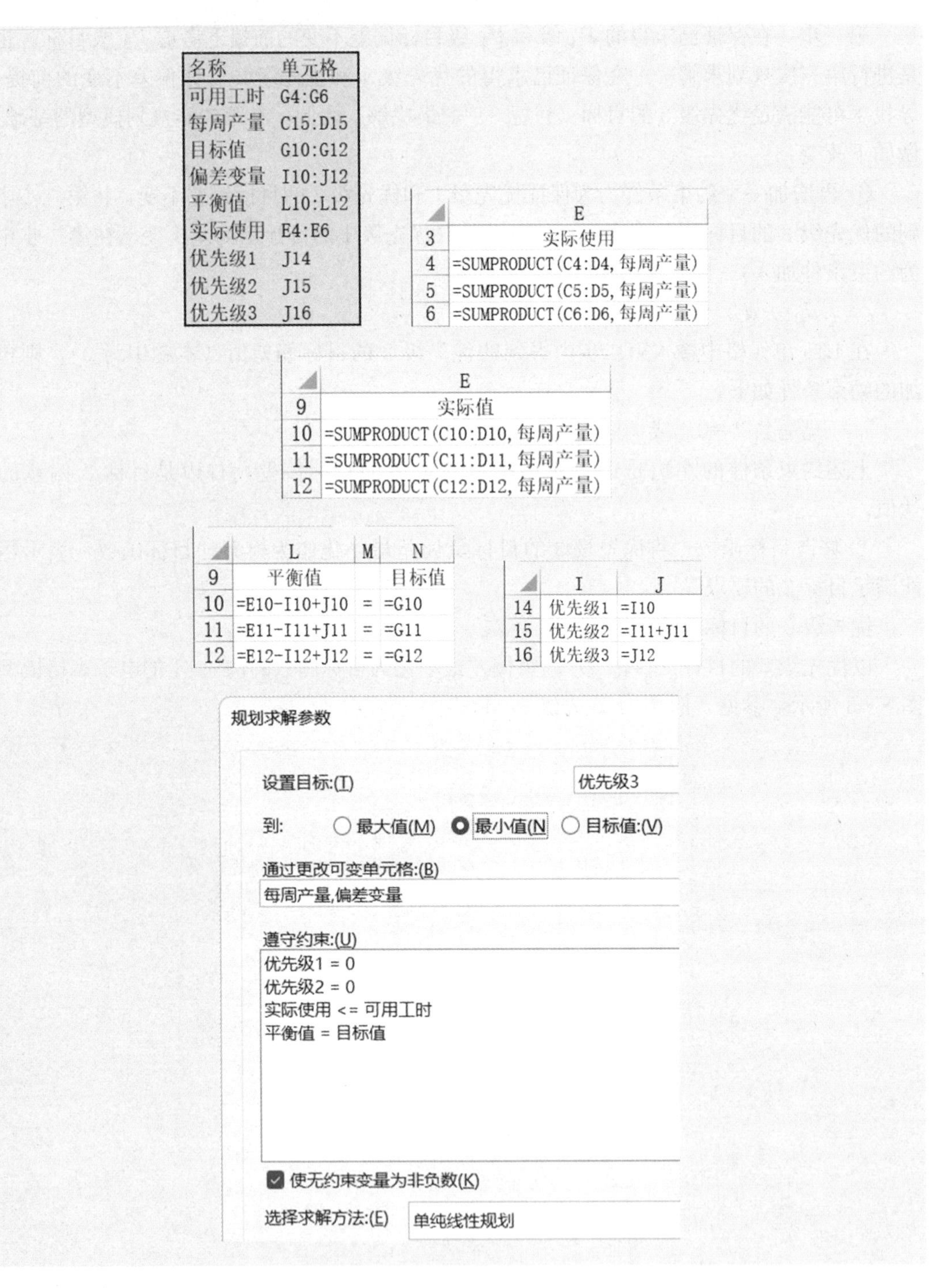

图 8-3（续）

例 8-1 优先级 3 的线性规划模型为（修改了目标函数，再增加一个约束条件）：

$$\min z_3 = d_3^-$$

$$
\text{s. t.}\begin{cases}
x_1 \leqslant 4 \\
2x_2 \leqslant 12 \\
3x_1 + 2x_2 \leqslant 18 \\
x_2 - 2x_1 - d_1^+ + d_1^- = 0 \\
3x_1 + 2x_2 - d_2^+ + d_2^- = 14 \\
300x_1 + 500x_2 - d_3^+ + d_3^- = 3\ 000 \\
d_1^+ = 0 \\
d_2^+ + d_2^- = 0 \\
x_1, x_2 \geqslant 0 \\
d_1^+, d_1^-, d_2^+, d_2^-, d_3^+, d_3^- \geqslant 0
\end{cases}
$$

第三次规划求解（优先级 1 的目标正偏差和优先级 2 的目标偏差保持不变，同时将优先级 3 的目标负偏差最小化作为模型的目标函数）求得的最优解为：每周生产 2 扇门和 4 扇窗。优先级 1 的目标正偏差为 0，优先级 2 的目标偏差为 0，优先级 3 的目标负偏差为 400。可见在实现了前两个目标的基础上，优先级 3 的目标（目标 3）不能实现。也就是说，这三个目标不可能同时实现。

综上所述，本问题的满意解为：每周生产 2 扇门和 4 扇窗。这时，完全实现了第一、第二目标；第三目标（每周总利润）达到 2 600 元，比目标预定值 3 000 元差了 400 元。

需要说明的是：

(1) 优先目标规划是渐进的，因此每次规划求解时的线性规划模型都不同。模型 k（即第 k 步规划模型）比模型 $k-1$ 具有更强的限制性，因为多了一个硬约束。

(2) 如果改变目标的优先级，则可能得到不同的满意解。

请读者自己改变例 8-1 目标的优先顺序，仿照上述过程进行规划求解，看满意解是否发生改变。

8.2.2 优先目标规划的应用举例

目标规划是一种十分有用的多目标决策工具，有着广泛的实际应用。

例 8-2

提级加薪问题。某公司的员工工资有四级，根据公司的业务发展需要，准备招收部分新员工，并将部分在职员工的工资提升一级。该公司的员工工资（年薪）及提级前后的编制如表 8-2 所示。其中提级后的编制是计划编制，允许有变化。公司领导在考虑员工的升级调资方案时，依次遵守以下规定：

(1) 提级后在职员工的年工资总额不超过 900 万元；

(2) 提级后各级的人数不超过编制规定的人数；

(3) 级别 2、3、4 的升级人数尽可能达到现有人数的 20%，且无越级提升；

表 8-2　员工工资及提级前后的编制

	级别 1	级别 2	级别 3	级别 4
每人工资（万元/年）	12	10	8	6
现有人数（人）	10	20	40	30
编制人数（人）	10	22	52	30

（4）级别 4 不足编制的人数可录用新员工，另外，级别 1 的员工中有 1 人要退休。

该公司领导应如何拟订一个满意的员工升级调资方案？

【解】 设 x_1，x_2，x_3，x_4 分别表示提升到级别 1，2，3 和录用到级别 4 的新员工人数（整数），则提级后各级的员工人数分别为：

级别 1 员工人数：$10-1+x_1$；

级别 2 员工人数：$20-x_1+x_2$；

级别 3 员工人数：$40-x_2+x_3$；

级别 4 员工人数：$30-x_3+x_4$。

对各目标确定的优先因子分别为：

P_1：提级后在职员工的年工资总额不超过 900 万元；

P_2：提级后各级的人数不超过编制规定的人数；

P_3：级别 2、3、4 的升级人数尽可能达到现有人数的 20%；

三个目标约束分别为：

（1）提级后在职员工的年工资总额不超过 900 万元：

$$12(10-1+x_1)+10(20-x_1+x_2)+8(40-x_2+x_3)+6(30-x_3+x_4)-d_1^++d_1^-=900$$

（2）提级后各级的人数不超过编制规定的人数：

对级别 1 有：$10-1+x_1-d_2^++d_2^-=10$；

对级别 2 有：$20-x_1+x_2-d_3^++d_3^-=22$；

对级别 3 有：$40-x_2+x_3-d_4^++d_4^-=52$；

对级别 4 有：$30-x_3+x_4-d_5^++d_5^-=30$。

（3）级别 2、3、4 的升级人数尽可能达到现有人数的 20%：

对级别 2 有：$x_1-d_6^++d_6^-=20\times 20\%$；

对级别 3 有：$x_2-d_7^++d_7^-=40\times 20\%$；

对级别 4 有：$x_3-d_8^++d_8^-=30\times 20\%$。

目标函数为：$\min z=P_1d_1^++P_2(d_2^++d_3^++d_4^++d_5^+)+P_3(d_6^-+d_7^-+d_8^-)$。

对于例 8-2，由于有三个目标要依次考虑，所以求解要分多步进行：

第一步：首先尽可能实现 P_1 级目标，这时不考虑次级目标。也就是进行第一次规划求解——寻找尽可能满足目标 1 的最优解。

以优先级 1 的目标（目标 1）的正偏差最小化为目标函数的例 8-2 的电子表格模型如

图 8-4 所示，参见“例 8-2 优先级 1. xlsx”。例 8-2 优先级 1 的目标函数为：$\min z_1=d_1^+$。

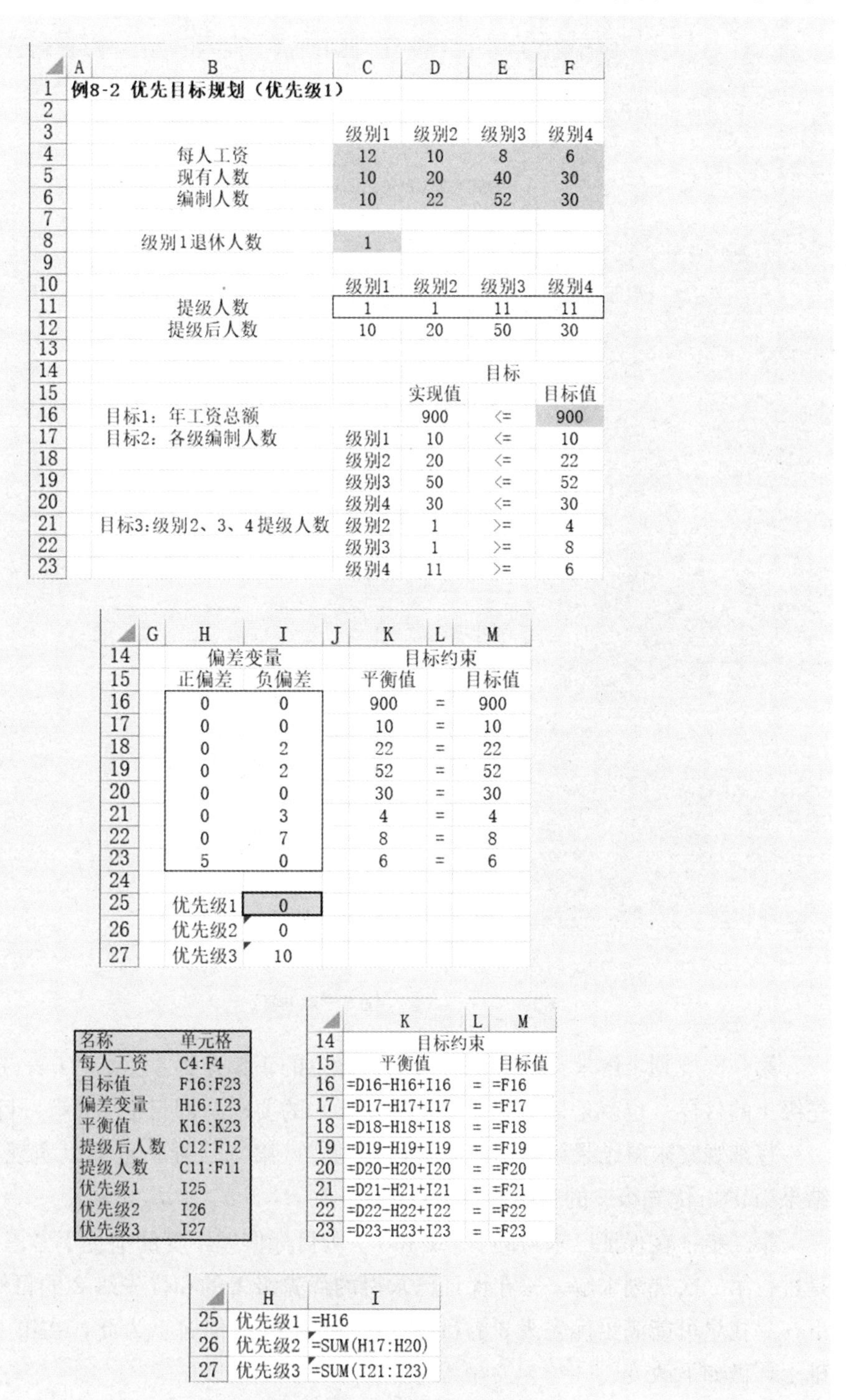

	A	B	C	D	E	F
1	例8-2 优先目标规划（优先级1）					
2						
3			级别1	级别2	级别3	级别4
4		每人工资	12	10	8	6
5		现有人数	10	20	40	30
6		编制人数	10	22	52	30
7						
8		级别1退休人数	1			
9						
10			级别1	级别2	级别3	级别4
11		提级人数	1	1	11	11
12		提级后人数	10	20	50	30
13						
14					目标	
15				实现值		目标值
16		目标1：年工资总额		900	<=	900
17		目标2：各级编制人数	级别1	10	<=	10
18			级别2	20	<=	22
19			级别3	50	<=	52
20			级别4	30	<=	30
21		目标3:级别2、3、4提级人数	级别2	1	>=	4
22			级别3	1	>=	8
23			级别4	11	>=	6

	G	H	I	J	K	L	M
14		偏差变量			目标约束		
15		正偏差	负偏差		平衡值		目标值
16		0	0		900	=	900
17		0	0		10	=	10
18		0	2		22	=	22
19		0	2		52	=	52
20		0	0		30	=	30
21		0	3		4	=	4
22		0	7		8	=	8
23		5	0		6	=	6
24							
25		优先级1	0				
26		优先级2	0				
27		优先级3	10				

名称	单元格
每人工资	C4:F4
目标值	F16:F23
偏差变量	H16:I23
平衡值	K16:K23
提级后人数	C12:F12
提级人数	C11:F11
优先级1	I25
优先级2	I26
优先级3	I27

	K	L	M
14	目标约束		
15	平衡值		目标值
16	=D16-H16+I16	=	=F16
17	=D17-H17+I17	=	=F17
18	=D18-H18+I18	=	=F18
19	=D19-H19+I19	=	=F19
20	=D20-H20+I20	=	=F20
21	=D21-H21+I21	=	=F21
22	=D22-H22+I22	=	=F22
23	=D23-H23+I23	=	=F23

	H	I
25	优先级1	=H16
26	优先级2	=SUM(H17:H20)
27	优先级3	=SUM(I21:I23)

图 8-4　例 8-2 优先级 1 的电子表格模型

	B	C	D	E	F
12	提级后人数	=C5-C8+C11	=D5-C11+D11	=E5-D11+E11	=F5-E11+F11

	D	E	F
14	目标		
15	实现值		目标值
16	=SUMPRODUCT(每人工资,提级后人数)	<=	900
17	=C12	<=	=C6
18	=D12	<=	=D6
19	=E12	<=	=E6
20	=F12	<=	=F6
21	=C11	>=	=D5*20%
22	=D11	>=	=E5*20%
23	=E11	>=	=F5*20%

图 8-4（续）

第一次规划求解求得的最优解可使目标 1 的正偏差为零（$z_1=0$），这表明，满足了优先级 1 的目标（也就是最优先要满足的目标）的要求，即目标 1（第一目标）可以实现。

仔细观察求解结果可以发现，此时目标 2（第二目标）也得以实现（I26 单元格中的结果为 0），优先级 2 的目标函数为：$\min z_2=d_2^+ +d_3^+ +d_4^+ +d_5^+$。

第二步：在保证已求得的 P_1 级和 P_2 级目标偏差不变的前提下考虑 P_3 级目标。也就是进行第二次规划求解——在保证已求得的优先级 1 的和优先级 2 的目标偏差不变的前提下，寻找尽可能满足优先级 3 的目标（目标 3）的最优解。为此，在第一步规划模型的基础上，做如下改变：

① 增加两个约束条件。为保证优先级 1 的和优先级 2 的目标偏差不变，将第一步中得到的优先级 1 的和优先级 2 的目标偏差不变作为约束条件，即：

$$d_1^+ =0 \quad 和 \quad d_2^+ +d_3^+ +d_4^+ +d_5^+ =0$$

在 K25 和 K26 两个单元格中输入第一步中得到的优先级 1 的和优先级 2 的目标偏差值（本例中均为 0），则增加的两个约束条件如下：

优先级 1=0　或　I25=K25

优先级 2=0　或　I26=K26

② 修改目标函数。将优先级 3 的目标负偏差最小化作为模型的目标函数，表示尽可能满足目标 3 的要求。

例 8-2 优先级 3 的目标函数为：$\min z_3=d_6^-+d_7^-+d_8^-$。

以优先级 3 的目标（目标 3）的负偏差最小化为目标函数的例 8-2 的电子表格模型如图 8-5 所示，参见“例 8-2 优先级 3. xlsx”。

	A	B	C	D	E	F
1	例8-2 优先目标规划（优先级3）					
2						
3			级别1	级别2	级别3	级别4
4		每人工资	12	10	8	6
5		现有人数	10	20	40	30
6		编制人数	10	22	52	30
7						
8		级别1退休人数	1			
9						
10			级别1	级别2	级别3	级别4
11		提级人数	1	3	10	10
12		提级后人数	10	22	47	30
13						
14					目标	
15				实现值		目标值
16		目标1：年工资总额		896	<=	900
17		目标2：各级编制人数	级别1	10	<=	10
18			级别2	22	<=	22
19			级别3	47	<=	52
20			级别4	30	<=	30
21		目标3：级别2、3、4提级人数	级别2	1	>=	4
22			级别3	3	>=	8
23			级别4	10	>=	6

	G	H	I	J	K	L	M
14		偏差变量			目标约束		
15		正偏差	负偏差		平衡值		目标值
16		0	4		900	=	900
17		0	0		10	=	10
18		0	0		22	=	22
19		0	5		52	=	52
20		0	0		30	=	30
21		0	3		4	=	4
22		0	5		8	=	8
23		4	0		6	=	6
24							
25		优先级1	0	=	0		
26		优先级2	0	=	0		
27		优先级3	8				

图 8-5　例 8-2 优先级 3 的电子表格模型

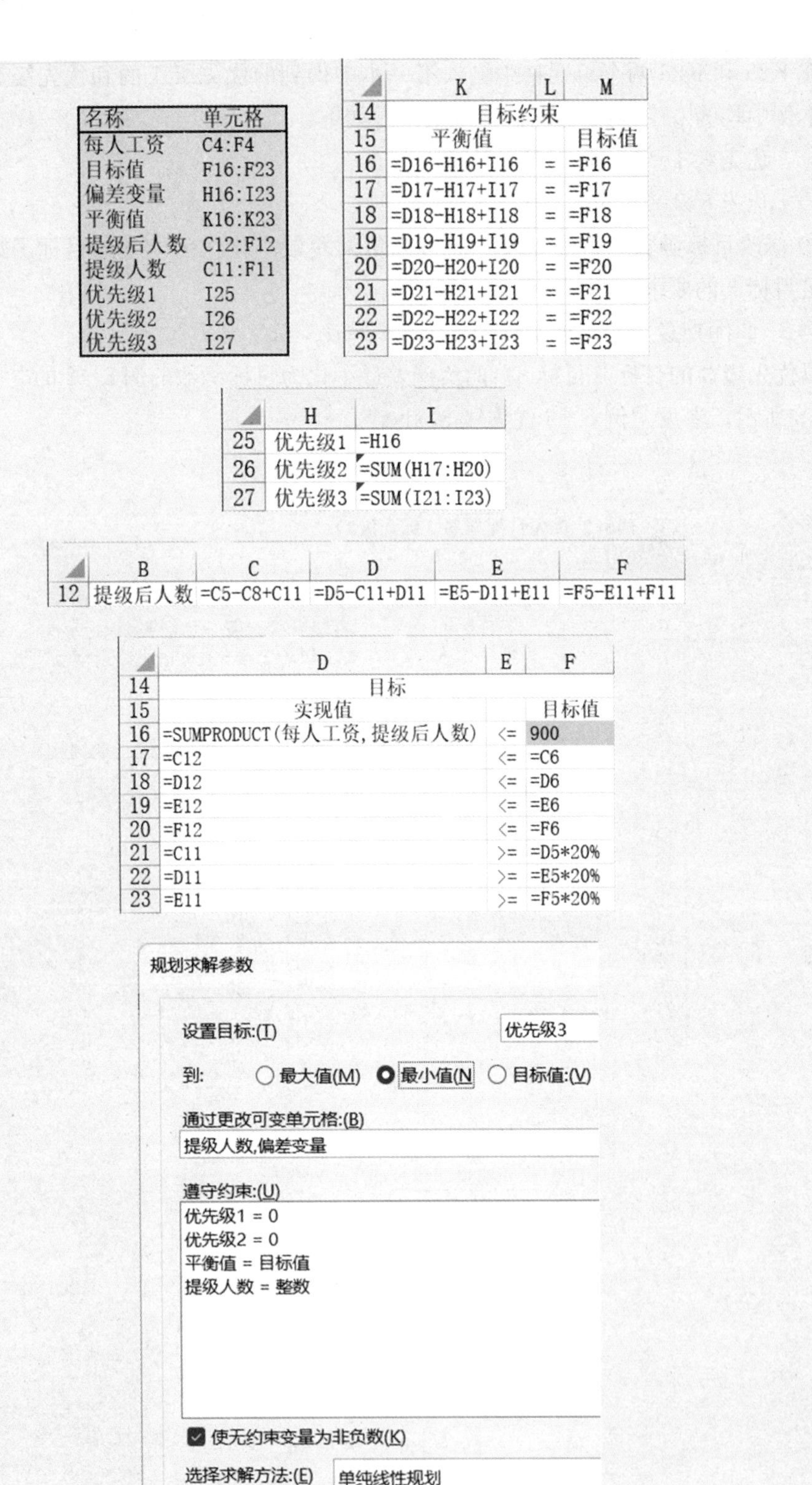

名称	单元格
每人工资	C4:F4
目标值	F16:F23
偏差变量	H16:I23
平衡值	K16:K23
提级后人数	C12:F12
提级人数	C11:F11
优先级1	I25
优先级2	I26
优先级3	I27

	K	L	M
14	目标约束		
15	平衡值		目标值
16	=D16-H16+I16	=	=F16
17	=D17-H17+I17	=	=F17
18	=D18-H18+I18	=	=F18
19	=D19-H19+I19	=	=F19
20	=D20-H20+I20	=	=F20
21	=D21-H21+I21	=	=F21
22	=D22-H22+I22	=	=F22
23	=D23-H23+I23	=	=F23

	H	I
25	优先级1	=H16
26	优先级2	=SUM(H17:H20)
27	优先级3	=SUM(I21:I23)

	B	C	D	E	F
12	提级后人数	=C5-C8+C11	=D5-C11+D11	=E5-D11+E11	=F5-E11+F11

	D	E	F
14	目标		
15	实现值		目标值
16	=SUMPRODUCT(每人工资,提级后人数)	<=	900
17	=C12	<=	=C6
18	=D12	<=	=D6
19	=E12	<=	=E6
20	=F12	<=	=F6
21	=C11	>=	=D5*20%
22	=D11	>=	=E5*20%
23	=E11	>=	=F5*20%

图 8－5（续）

第二次规划求解（优先级1的目标正偏差和优先级2的目标正偏差保持不变，同时将优先级3的目标负偏差最小化作为模型的目标函数）求得的最优解为：提升到级别1、2、3和录用到级别4的新员工人数分别为1人、3人、10人和10人；优先级1的目标正偏差为0，优先级2的目标正偏差也为0，优先级3的目标负偏差为8。可见在实现了前两个目标的基础上，优先级3的目标（目标3）不能实现。也就是说，这三个目标不可能同时实现。

综上所述，例8-2的求解结果为：

（1）提升到级别1、2、3和录用到级别4的新员工人数分别为1人、3人、10人和10人。提级后在职员工的年工资总额为896万元，不超过预定目标900万元。

（2）提级后各级在职员工人数不超过编制规定的人数，提级后各级在职员工人数分别为10人、22人、47人和30人。

前两个目标（目标1和目标2）都实现了。

（3）目标3（级别2、3、4的升级人数尽可能达到现有人数的20%）没有完全实现。从级别2提升到级别1的人数没有达到级别2现有人数的20%（20×20%=4），只提升了1人；从级别3提升到级别2的人数也没有达到级别3现有人数的20%（40×20%=8），只提升了3人；但从级别4提升到级别3的人数有10人，超过了级别4现有人数的20%（30×20%=6）。

8.3 加权目标规划

目标规划其实是允许某些约束条件不相容的线性规划。优先目标规划是在这些不相容的约束条件（即目标）下，根据优先级排序，逐一实现各目标。因此，它得到的满意解是局部的，往往可以使主要目标（即优先级较高的目标）得到100%的满足，在次要目标上却出现较大偏差。事实上，目标的优先级越低，出现较大偏差的可能性就越大。基于这一特点，优先目标规划适用于以下两种情况：

（1）多个目标“森严有序”“泾渭分明”；

（2）主要目标比次要目标重要得多。

但在大多数现实问题中，上述条件不都成立。管理者往往不苛求某些目标完全实现，但要求所有目标的实际偏差都不太大。加权目标规划可以满足这一要求。

在加权目标规划中，各目标没有明确的优先级；所有偏差（含正、负偏差）都有相应的偏离系数（偏离各目标严重程度的罚数权重）；以偏差加权和（所有偏差与其罚数权重乘积的总和）为目标函数，求其最小值。因此，相对于优先目标规划，加权目标规划得到的满意解是全局的。这个满意解其实可以算作最优解，但为了避免与一般线性规划的最优解发生概念上的混淆，仍称之为满意解。

8.3.1 加权目标规划的数学模型

假设 x_1，x_2，…，x_n 是一组决策变量，绝对约束共有 p 个，目标共有 q 个（P_1，P_2，…，P_q），d_k^+、d_k^- 分别为目标 P_k 的正、负偏差，ω_k^+、ω_k^- 分别是 d_k^+、d_k^- 的罚数权重（偏离系数），则加权目标规划的数学模型为：

$$\min z=\sum_{k=1}^{q}(\omega_k^+ d_k^+ +\omega_k^- d_k^-)$$

$$\text{s.t.}\begin{cases}\sum_{j=1}^{n}a_{ij}x_j\leqslant(=,\geqslant)b_i & (i=1,2,\cdots,p)\\ \sum_{j=1}^{n}c_{kj}x_j-d_k^+ +d_k^-=g_k & (k=1,2,\cdots,q)\\ x_j\geqslant 0 & (j=1,2,\cdots,n)\\ d_k^+,d_k^-\geqslant 0 & (k=1,2,\cdots,q)\end{cases}$$

此模型由四部分构成：

（1）目标函数：

$$\min z=\sum_{k=1}^{q}(\omega_k^+ d_k^+ +\omega_k^- d_k^-)$$

（2）绝对约束：

$$\sum_{j=1}^{n}a_{ij}x_j\leqslant(=,\geqslant)b_i(i=1,2,\cdots,p)$$

（3）目标约束：

$$\sum_{j=1}^{n}c_{kj}x_j-d_k^+ +d_k^-=g_k(k=1,2,\cdots,q)$$

（4）非负约束：

$$x_j,d_k^+,\ d_k^-\geqslant 0\ (j=1,2,\cdots,n;k=1,2,\cdots,q)$$

这个模型比优先目标规划的模型简单些，求解也简单，只需一次规划求解即可。然而，在实际问题中，合理且准确地设定罚数权重（偏离系数）是一项复杂而艰巨的工作。

例 8-3

某公司准备投产三种新产品，现在的重点是确定三种新产品的生产计划，但最好能实现管理层的三个目标。

目标 1：获得较高利润，希望总利润不低于 125 万元。据估算，产品 1、产品 2、产品 3 的单位利润分别为 12 元、9 元、15 元。

目标 2：保持现有的 40 名工人。据推算，每生产 1 万件产品 1、产品 2 和产品 3 分别需要 5 名、3 名和 4 名工人。

目标 3：投资资金限制，希望总投资额不超过 55 万元。据测算，每生产 1 件产品 1、产品 2 和产品 3 分别需要投入 5 元、7 元和 8 元。

但是，公司管理层意识到要同时实现三个目标是不太现实的，因此，他们对三个目标的相对重要性做出了评价。三个目标都很重要，但在重要程度上还是有些细小的差别，其重要性顺序为：目标 1、目标 2 的前半部分（避免工人下岗）、目标 3、目标 2 的后半部分（避免增加工人）。另外，他们为每个目标分配了表示偏离目标严重程度的罚数权重，如表 8-3 所示。

表 8-3　偏离目标的罚数权重

目标	因素	偏离目标的罚数权重（偏离系数）
1	总利润	5（低于目标的每万元）
2	工人	4（低于目标的每个人）
		2（超过目标的每个人）
3	投资资金	3（超过目标的每万元）

试制订满意的投产计划。

【解】本题是一个典型的加权目标规划问题。统一单位后，三种产品对三个目标的单位贡献（即决策变量在目标约束中的系数）如表 8-4 所示。

表 8-4　三种产品对三个目标的单位贡献

	产品的单位贡献（每万件）			目标
	产品 1	产品 2	产品 3	
目标 1：总利润（万元）	12	9	15	≥125
目标 2：工人（人）	5	3	4	=40
目标 3：投资资金（万元）	5	7	8	≤55

由此可以建立例 8-3 的加权目标规划数学模型。

（1）决策变量。数学模型是忽视具体单位的。但由于罚数权重是有单位的，为了在目标函数中统一单位，设决策变量时要注意单位。

设 x_1，x_2，x_3 为产品 1、产品 2、产品 3 的产量（万件）。偏差变量 d_k^+，d_k^- 为偏离目标 k 的正、负偏差（$k=1, 2, 3$）。

（2）目标函数。根据表 8-3 给出的罚数权重（偏离系数），例 8-3 的目标函数为偏差加权和（总偏差）最小。即：

$$\min z = 5d_1^- + 4d_2^- + 2d_2^+ + 3d_3^+$$

（3）约束条件。本题只有目标约束和非负约束。

① 目标约束（写法与优先目标规划一样，见表 8-4）：

目标 1（总利润）：$12x_1 + 9x_2 + 15x_3 - d_1^+ + d_1^- = 125$；

目标 2（工人）：$5x_1 + 3x_2 + 4x_3 - d_2^+ + d_2^- = 40$；

目标 3（投资资金）：$5x_1 + 7x_2 + 8x_3 - d_3^+ + d_3^- = 55$。

② 非负约束：

产量非负：$x_j \geqslant 0 \quad (j=1, 2, 3)$；

偏差非负：$d_k^+, d_k^- \geqslant 0 \quad (k=1, 2, 3)$。

于是，得到例 8-3 的加权目标规划数学模型：

$$\min z = 5d_1^- + 4d_2^- + 2d_2^+ + 3d_3^+$$

$$\text{s.t.}\begin{cases}12x_1 + 9x_2 + 15x_3 - d_1^+ + d_1^- = 125\\5x_1 + 3x_2 + 4x_3 - d_2^+ + d_2^- = 40\\5x_1 + 7x_2 + 8x_3 - d_3^+ + d_3^- = 55\\x_j \geqslant 0 \quad (j=1,2,3)\\d_k^+, d_k^- \geqslant 0 \quad (k=1,2,3)\end{cases}$$

例 8-3 加权目标规划的电子表格模型如图 8-6 所示，参见“例 8-3 加权目标规划.xlsx”。

	A	B	C	D	E	F	G	H
1	**例8-3 加权目标规划**							
2								
3			产品的单位贡献				目标	
4			产品1	产品2	产品3	实现值		目标值
5		目标1：总利润	12	9	15	125	>=	125
6		目标2：工人	5	3	4	48.3333	=	40
7		目标3：投资资金	5	7	8	55	<=	55
8								
9			产品1	产品2	产品3			
10		产量	8.3333	0	1.6667			

	I	J	K	L	M	N	O
3		偏差变量			目标约束		
4		正偏差	负偏差		平衡值		目标值
5		0	0		125	=	125
6		8.33333	0		40	=	40
7		0	0		55	=	55
8							
9		罚数权重					
10		正偏差	负偏差		总偏差		
11	目标1		5		16.6667		
12	目标2	2	4				
13	目标3	3					

名称	单元格
产量	C10:E10
罚数权重	J11:K13
目标值	H5:H7
偏差变量	J5:K7
平衡值	M5:M7
总偏差	M11

	F
4	实现值
5	=SUMPRODUCT(C5:E5, 产量)
6	=SUMPRODUCT(C6:E6, 产量)
7	=SUMPRODUCT(C7:E7, 产量)

	M	N	O
4	平衡值		目标值
5	=F5-J5+K5	=	=H5
6	=F6-J6+K6	=	=H6
7	=F7-J7+K7	=	=H7

图 8-6　例 8-3 加权目标规划的电子表格模型

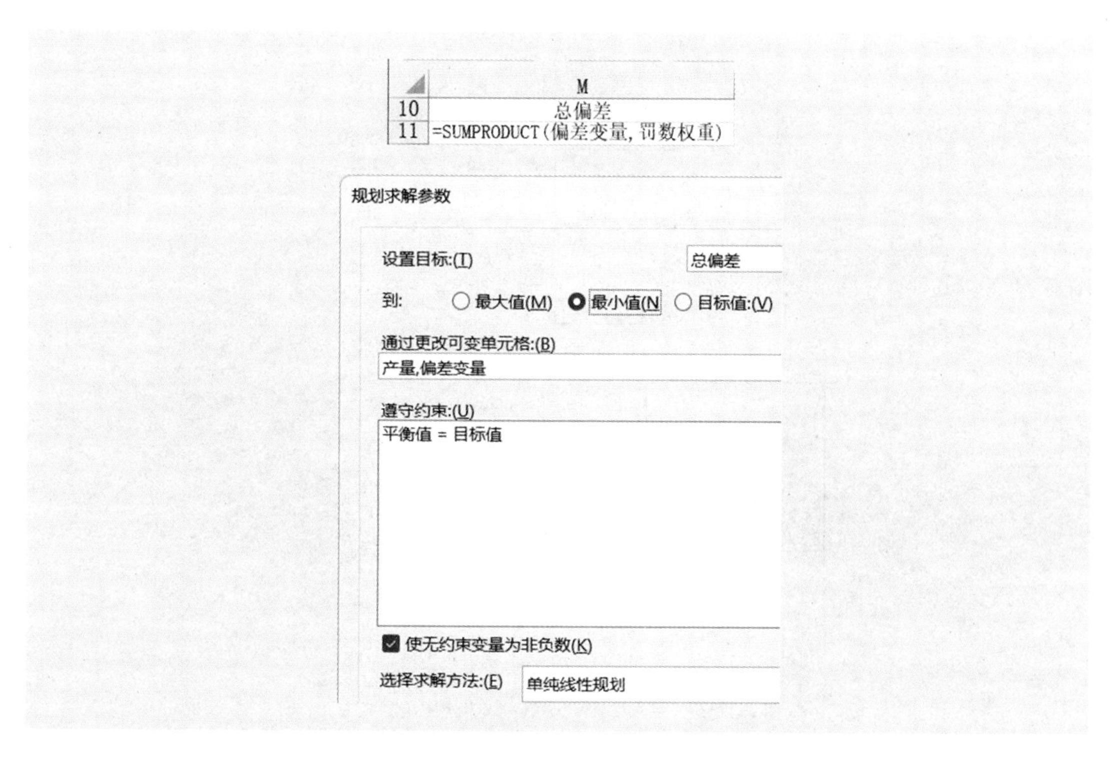

图 8-6（续）

相对于优先目标规划而言，加权目标规划的电子表格要简单些，只要规划求解一次就够了。

Excel 求得的满意解为：产品 1 投产 83 333 件，产品 2 不投产，产品 3 投产 16 667 件，此时总利润为 125 万元，所需工人约 48 人，资金投入 55 万元。与管理层目标的唯一偏离是在权重最小的目标上，即工人数超过了原先的 40 人，需要招聘 8 名工人。

可以利用优先目标规划对例 8-3 重新规划求解，假设目标优先级顺序为目标 1、目标 2、目标 3。

例 8-3 优先目标规划最后一步的电子表格模型如图 8-7 所示，参见“例 8-3 优先级 3. xlsx”。

	A	B	C	D	E	F	G	H
1	例8-3 优先目标规划（优先级3）							
2								
3			产品的单位贡献				目标	
4			产品1	产品2	产品3	实现值		目标值
5		目标1：总利润	12	9	15	125	>=	125
6		目标2：工人	5	3	4	40	=	40
7		目标3：投资资金	5	7	8	61.4815	<=	55
8								
9			产品1	产品2	产品3			
10		产量	3.7037	0	5.3704			

图 8-7　例 8-3 优先目标规划的电子表格模型（优先级 3）

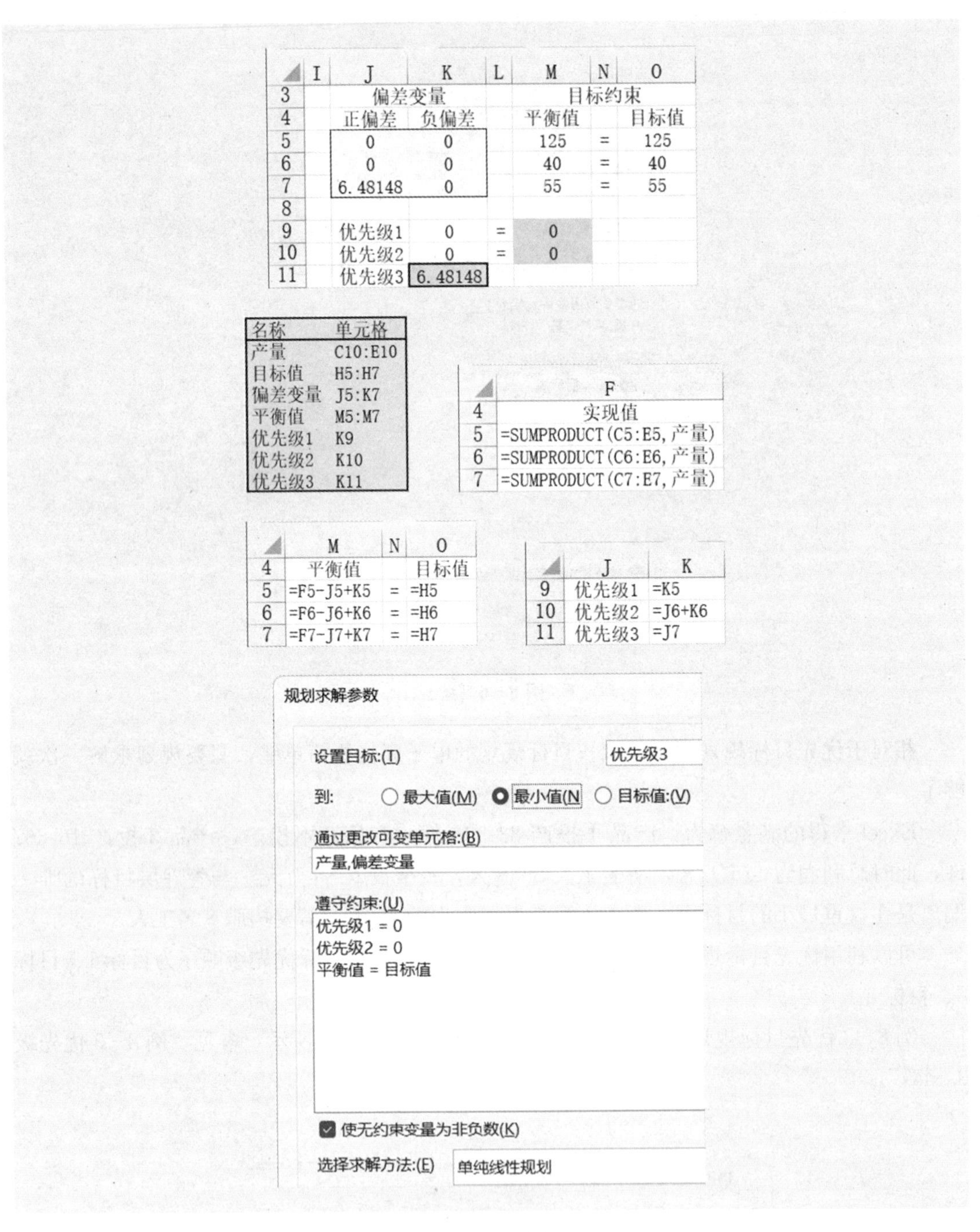

	I	J	K	L	M	N	O
3		偏差变量			目标约束		
4		正偏差	负偏差		平衡值		目标值
5		0	0		125	=	125
6		0	0		40	=	40
7		6.48148	0		55	=	55
8							
9		优先级1	0	=	0		
10		优先级2	0	=	0		
11		优先级3	6.48148				

名称	单元格
产量	C10:E10
目标值	H5:H7
偏差变量	J5:K7
平衡值	M5:M7
优先级1	K9
优先级2	K10
优先级3	K11

	F
4	实现值
5	=SUMPRODUCT(C5:E5,产量)
6	=SUMPRODUCT(C6:E6,产量)
7	=SUMPRODUCT(C7:E7,产量)

	M	N	O
4	平衡值		目标值
5	=F5-J5+K5	=	=H5
6	=F6-J6+K6	=	=H6
7	=F7-J7+K7	=	=H7

	J	K
9	优先级1	=K5
10	优先级2	=J6+K6
11	优先级3	=J7

图 8-7（续）

Excel 求得的满意解为：产品 1 投产 37 037 件，产品 2 不投产，产品 3 投产 53 704 件，此时总利润为 125 万元，所需工人 40 人，资金投入约 61.48 万元，超出目标 6.48 万元。也就是说，该投产计划满足了 P_1 和 P_2 两个优先级目标，但在投资资金（P_3）方面未能满足目标要求。

8.3.2　加权目标规划的应用举例

例 8-4

某大学规定，运筹学专业的学生毕业时必须至少学习过 2 门数学类课程、3 门运筹学类课程和 2 门计算机类课程。这些课程的编号、名称、学分、所属类别和先修课要求如表 8-5 所示。

表 8-5　课程情况

编号	名称	学分	所属类别	先修课要求
1	微积分	5	数学	
2	线性代数	4	数学	
3	最优化方法	4	数学；运筹学	微积分；线性代数
4	数据结构	3	数学；计算机	计算机编程
5	应用统计	4	数学；运筹学	微积分；线性代数
6	计算机模拟	3	运筹学；计算机	计算机编程
7	计算机编程	2	计算机	
8	预测理论	2	运筹学	应用统计
9	数学实验	3	运筹学；计算机	微积分；线性代数

(1) 毕业时学生最少可以学习这些课程中的哪些课程？请写出一般的 0-1 规划模型并求解。

(2) 如果某个学生既希望选修的课程数少，又希望所获得的学分多，他可以选修哪些课程？请写出加权目标规划模型并求解。假设两个目标及偏离目标严重性的罚数权重如下：

① 最多选修 6 门课程，多选修 1 门课程罚 7 个单位；

② 最少获得 26 个学分，少修 1 个学分罚 3 个单位。

【解】

(1) 这是一个单目标规划（一般的 0-1 规划模型）。

① 决策变量。用 $x_i=1$ 表示选修表 8-5 中按编号排序的 9 门课程（$x_i=0$ 表示不选，$i=1, 2, \cdots, 9$）。

② 目标函数。问题 (1) 的目标是选修的课程总数最少，即：

$$\min z=\sum_{i=1}^{9} x_i$$

③ 约束条件。

● 毕业时学生至少要学习 2 门数学类课程、3 门运筹学类课程和 2 门计算机类课程。根据表 8-5 中对每门课程所属类别的划分，这一约束可以表示为：

数学类：$x_1+x_2+x_3+x_4+x_5 \geqslant 2$；

运筹学类：$x_3+x_5+x_6+x_8+x_9 \geqslant 3$；

计算机类：$x_4+x_6+x_7+x_9\geqslant 2$。

● 某些课程有先修课的要求（相依关系，见表 8-5）。

“最优化方法”的先修课是“微积分”和“线性代数”：$x_3\leqslant x_1$，$x_3\leqslant x_2$；

“数据结构”的先修课是“计算机编程”：$x_4\leqslant x_7$；

“应用统计”的先修课是“微积分”和“线性代数”：$x_5\leqslant x_1$，$x_5\leqslant x_2$；

“计算机模拟”的先修课是“计算机编程”：$x_6\leqslant x_7$；

“预测理论”的先修课是“应用统计”：$x_8\leqslant x_5$；

“数学实验”的先修课是“微积分”和“线性代数”：$x_9\leqslant x_1$，$x_9\leqslant x_2$。

● 0-1 变量：$x_i=0,1$ ($i=1, 2, \cdots, 9$)。

综上所述，例 8-4 问题（1）的 0-1 规划模型为：

$$\min z=\sum_{i=1}^{9}x_i$$

$$\text{s. t.}\begin{cases}x_1+x_2+x_3+x_4+x_5\geqslant 2\\x_3+x_5+x_6+x_8+x_9\geqslant 3\\x_4+x_6+x_7+x_9\geqslant 2\\x_3\leqslant x_1,x_3\leqslant x_2\\x_4\leqslant x_7\\x_5\leqslant x_1,x_5\leqslant x_2\\x_6\leqslant x_7\\x_8\leqslant x_5\\x_9\leqslant x_1,x_9\leqslant x_2\\x_i=0,1\quad(i=1,2,\cdots,9)\end{cases}$$

例 8-4 问题（1）的电子表格模型如图 8-8 所示，参见“例 8-4（1）.xlsx”。

Excel 求得的最优解为：$x_1=x_2=x_5=x_6=x_7=x_8=1$，其他变量为 0。对照表 8-5 的课程编号，它们是微积分、线性代数、应用统计、计算机模拟、计算机编程和预测理论，共 6 门课程，总学分为 20（总学分的公式为：$5x_1+4x_2+4x_3+3x_4+4x_5+3x_6+2x_7+2x_8+3x_9$）。

需要说明的是：这个最优解并不是唯一的，还可以找到其他最优解。如 $x_1=x_2=x_3=x_6=x_7=x_9=1$（微积分、线性代数、最优化方法、计算机模拟、计算机编程和数学实验），共 6 门课程，总学分为 21；又如 $x_1=x_2=x_3=x_5=x_7=x_9=1$（微积分、线性代数、最优化方法、应用统计、计算机编程和数学实验），共 6 门课程，总学分为 22；再如 $x_1=x_2=x_3=x_5=x_6=x_7=1$（微积分、线性代数、最优化方法、应用统计、计算机模拟和计算机编程），共 6 门课程，总学分为 22。

（2）这是一个多目标规划。

① 决策变量。用 $x_i=1$ 表示选修表 8-5 中按编号排序的 9 门课程（$x_i=0$ 表示不选，$i=1, 2, \cdots, 9$）；d_k^+，d_k^- 为偏差变量（$k=1, 2$）。

	A	B	C	D	E	F	G	H
1	例8-4（1）单目标规划（0-1规划）							
2								
3		编号	课程名称	数学类	运筹学类	计算机类	是否选修	学分
4		1	微积分	1			1	5
5		2	线性代数	1			1	4
6		3	最优化方法	1	1		0	4
7		4	数据结构	1		1	0	3
8		5	应用统计	1	1		1	4
9		6	计算机模拟		1	1	1	3
10		7	计算机编程			1	1	2
11		8	预测理论		1		1	2
12		9	数学实验		1	1	0	3
13								
14			实际各类课程数	3	3	2		
15				>=	>=	>=		
16			各类课程数要求	2	3	2		
17								
18				课程		先修课		
19			最优化方法	0	<=	1	微积分	
20				0	<=	1	线性代数	
21			数据结构	0	<=	1	计算机编程	
22			应用统计	1	<=	1	微积分	
23				1	<=	1	线性代数	
24			计算机模拟	1	<=	1	计算机编程	
25			预测理论	1	<=	1	应用统计	
26			数学实验	0	<=	1	微积分	
27				0	<=	1	线性代数	
28								
29			选修课程总数	6				
30			选修课程总学分	20				

名称	单元格
各类课程数要求	D16:F16
课程	D19:D27
实际各类课程数	D14:F14
是否选修	G4:G12
先修课	F19:F27
选修课程总数	D29
学分	H4:H12

	C	D
14	实际各类课程数	=SUMPRODUCT(D4:D12, 是否选修)

	E	F
14	=SUMPRODUCT(E4:E12, 是否选修)	=SUMPRODUCT(F4:F12, 是否选修)

	C	D	E	F	G
18		课程		先修课	
19	最优化方法	=G6	<=	=G4	微积分
20		=G6	<=	=G5	线性代数
21	数据结构	=G7	<=	=G10	计算机编程
22	应用统计	=G8	<=	=G4	微积分
23		=G8	<=	=G5	线性代数
24	计算机模拟	=G9	<=	=G10	计算机编程
25	预测理论	=G11	<=	=G8	应用统计
26	数学实验	=G12	<=	=G4	微积分
27		=G12	<=	=G5	线性代数

	C	D
29	选修课程总数	=SUM(是否选修)
30	选修课程总学分	=SUMPRODUCT(学分, 是否选修)

图 8－8　例 8－4（1）的电子表格模型

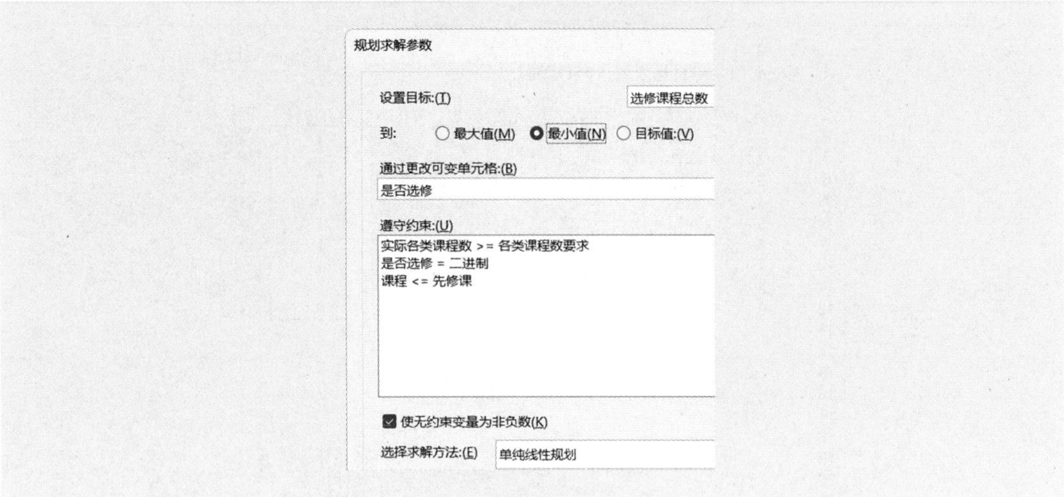

规划求解参数

设置目标:(T) 选修课程总数

到: ○ 最大值(M) ● 最小值(N) ○ 目标值:(V)

通过更改可变单元格:(B)

是否选修

遵守约束:(U)

实际各类课程数 >= 各类课程数要求

是否选修 = 二进制

课程 <= 先修课

☑ 使无约束变量为非负数(K)

选择求解方法:(E) 单纯线性规划

图 8-8（续）

② 约束条件。除了问题（1）的绝对约束外，还需增加两个目标约束。学生既希望选修的课程数少（6 门课程），又希望所获得的学分多（26 学分），则两个目标约束为：

$$\begin{cases} x_1+x_2+x_3+x_4+x_5+x_6+x_7+x_8+x_9-d_1^++d_1^-=6 \\ 5x_1+4x_2+4x_3+3x_4+4x_5+3x_6+2x_7+2x_8+3x_9-d_2^++d_2^-=26 \end{cases}$$

③ 目标函数。根据题目给出的罚数权重（偏离系数），目标函数为偏差加权和（总偏差）最小，即：

$$\min z=7d_1^++3d_2^-$$

综上所述，例 8-4 问题（2）的加权目标规划模型为：

$$\min z=7d_1^++3d_2^-$$

$$\text{s.t.}\begin{cases} x_1+x_2+x_3+x_4+x_5\geqslant 2 \\ x_3+x_5+x_6+x_8+x_9\geqslant 3 \\ x_4+x_6+x_7+x_9\geqslant 2 \\ x_3\leqslant x_1,x_3\leqslant x_2 \\ x_4\leqslant x_7 \\ x_5\leqslant x_1,x_5\leqslant x_2 \\ x_6\leqslant x_7 \\ x_8\leqslant x_5 \\ x_9\leqslant x_1,x_9\leqslant x_2 \\ x_1+x_2+x_3+x_4+x_5+x_6+x_7+x_8+x_9-d_1^++d_1^-=6 \\ 5x_1+4x_2+4x_3+3x_4+4x_5+3x_6+2x_7+2x_8+3x_9-d_2^++d_2^-=26 \\ x_i=0,1\quad (i=1,2,\cdots,9) \\ d_k^+,d_k^-\geqslant 0\quad (k=1,2) \end{cases}$$

例 8－4 问题（2）的电子表格模型如图 8－9 所示，参见“例 8－4（2）.xlsx”。

	A	B	C	D	E	F	G	H
1	例8-4（2）多目标规划（加权目标规划）							
2								
3		编号	课程名称	数学类	运筹学类	计算机类	是否选修	学分
4		1	微积分	1			1	5
5		2	线性代数	1			1	4
6		3	最优化方法	1	1		1	4
7		4	数据结构	1		1	1	3
8		5	应用统计	1	1		1	4
9		6	计算机模拟		1	1	0	3
10		7	计算机编程			1	1	2
11		8	预测理论		1		0	2
12		9	数学实验		1	1	1	3
13								
14			实际各类课程数	5	3	3		
15				>=	>=	>=		
16			各类课程数要求	2	3	2		
17								
18				课程		先修课		
19			最优化方法	1	<=	1	微积分	
20				1	<=	1	线性代数	
21			数据结构	1	<=	1	计算机编程	
22			应用统计	1	<=	1	微积分	
23				1	<=	1	线性代数	
24			计算机模拟	0	<=	1	计算机编程	
25			预测理论	0	<=	1	应用统计	
26			数学实验	1	<=	1	微积分	
27				1	<=	1	线性代数	

	J	K	L	M	N	O	P	Q	R	S	T
18		目标				偏差变量			目标约束		
19		实际值		目标值		正偏差	负偏差		平衡值		目标值
20	目标1：课程总数	7	<=	6		1	0		6	=	6
21	目标2：总学分	25	>=	26		0	1		26	=	26
22											
23						罚数权重					
24						正偏差	负偏差		总偏差		
25		目标1：课程总数				7			10		
26		目标2：总学分					3				

名称	单元格
罚数权重	O25:P26
各类课程数要求	D16:F16
课程	D19:D27
目标值	M20:M21
偏差变量	O20:P21
平衡值	R20:R21
实际各类课程数	D14:F14
是否选修	G4:G12
先修课	F19:F27
学分	H4:H12
总偏差	R25

	R	S	T
19	平衡值		目标值
20	=K20-O20+P20	=	=M20
21	=K21-O21+P21	=	=M21

	K
19	实际值
20	=SUM(是否选修)
21	=SUMPRODUCT(学分,是否选修)

图 8－9 例 8－4（2）的电子表格模型

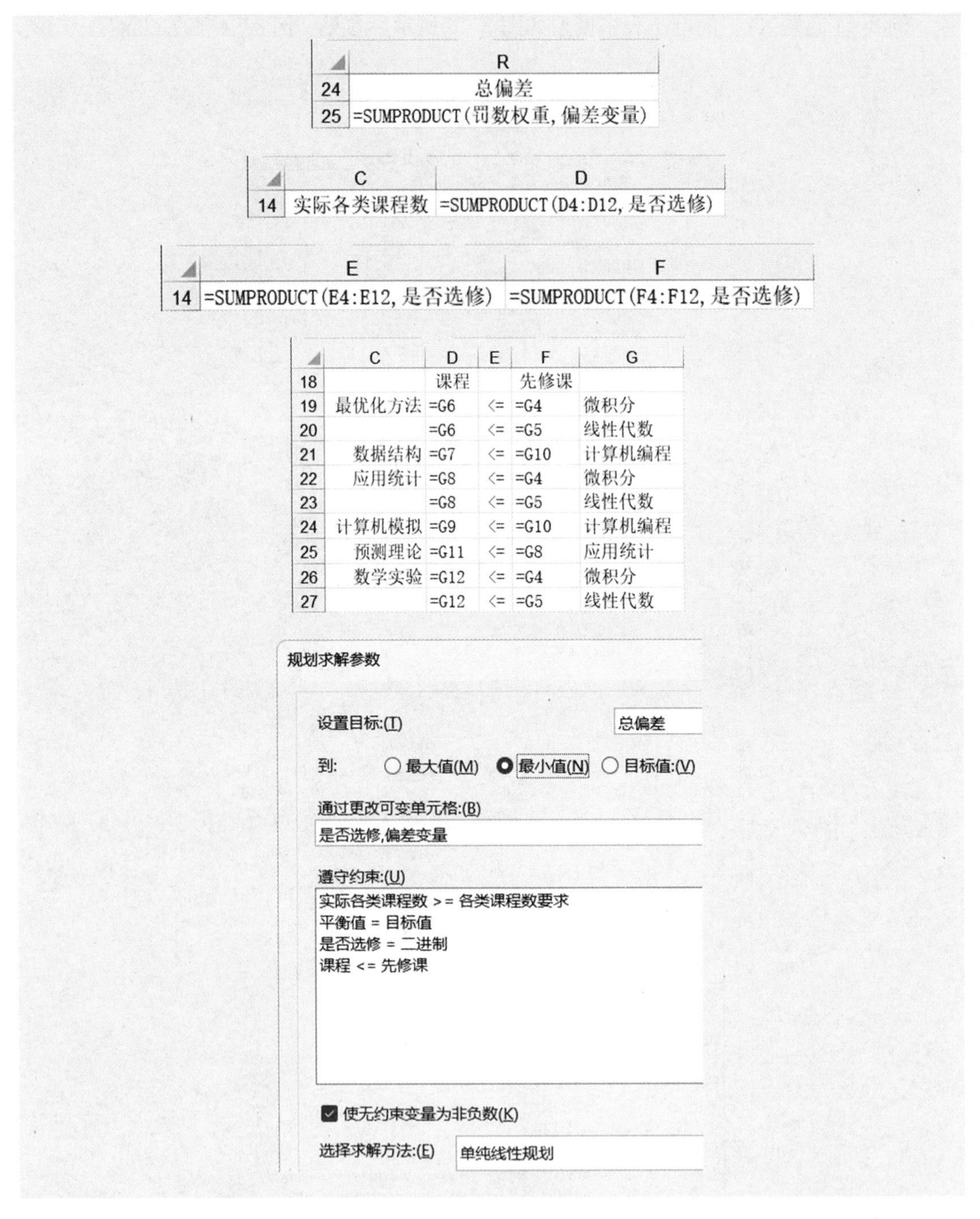

	R
24	总偏差
25	=SUMPRODUCT(罚数权重,偏差变量)

	C	D
14	实际各类课程数	=SUMPRODUCT(D4:D12,是否选修)

	E	F
14	=SUMPRODUCT(E4:E12,是否选修)	=SUMPRODUCT(F4:F12,是否选修)

	C	D	E	F	G
18		课程		先修课	
19	最优化方法	=G6	<=	=G4	微积分
20		=G6	<=	=G5	线性代数
21	数据结构	=G7	<=	=G10	计算机编程
22	应用统计	=G8	<=	=G4	微积分
23		=G8	<=	=G5	线性代数
24	计算机模拟	=G9	<=	=G10	计算机编程
25	预测理论	=G11	<=	=G8	应用统计
26	数学实验	=G12	<=	=G4	微积分
27		=G12	<=	=G5	线性代数

图 8－9（续）

Excel 求得的满意解为：$x_1=x_2=x_3=x_4=x_5=x_7=x_9=1$，即选修微积分、线性代数、最优化方法、数据结构、应用统计、计算机编程和数学实验等 7 门课程（不选修计算机模拟和预测理论这 2 门课程），总学分为 25。与目标 1（最多选修 6 门课程）和目标 2（最少获得 26 个学分）都有偏离（多选修 1 门课程、少修 1 个学分），也就是说，在目标 1

和目标2上，都未能满足要求。

习题

8.1　某市准备在下一年度的预算中拨出一笔款项用于购置救护车，每辆救护车的价格是20万元。所购置的救护车将用于该市所辖的两个郊区县A和B，分别分配x_A辆和x_B辆。已知A县救护站从接到求救电话到出动救护车的时间为（$40-3x_A$）分钟，B县救护站的相应时间为（$50-4x_B$）分钟。该市政府确定了如下三个优先级的目标：

P_1（优先级1）：救护车的购置费用不超过400万元；

P_2（优先级2）：A县响应时间不超过5分钟；

P_3（优先级3）：B县响应时间不超过5分钟。

要求：

（1）建立优先目标规划模型并求解；

（2）若对目标的优先级做出如下调整——P_2变P_1、P_3变P_2、P_1变P_3，重新建模并求解。

8.2　已知每500g牛奶、牛肉、鸡蛋中的维生素及胆固醇含量等有关数据如表8-6所示，如果只考虑这三种食物，并且设立了下列三个目标：

（1）满足三种维生素每日最少需求量；

（2）每日摄入的胆固醇量不超过50单位；

（3）每日购买这三种食物的费用不超过5元。

表8-6　每500g牛奶、牛肉、鸡蛋中的维生素及胆固醇含量

	牛奶	牛肉	鸡蛋	每日最少需求量
维生素A	1	1	10	1.8
维生素C	100	10	10	53
维生素D	10	100	10	26
胆固醇	70	50	120	
价格（元）	4	16	4.5	

请建立该问题的优先目标规划模型并求解。

8.3　已知有三个产地向四个销地供应某种产品，产销地之间的供需量（千克）和单位运价（元/千克）如表8-7所示。

表8-7　三个产地向四个销地供应某种产品的有关数据

产地	销地				产量
	B_1	B_2	B_3	B_4	
A_1	5	2	6	7	300
A_2	3	5	4	6	200
A_3	4	5	2	3	400
销量	200	100	450	250	900/1 000（销大于产）

有关部门在研究调运方案时依次考虑以下七项目标，并规定其相应的优先级：

P_1：B_4 是重点保证单位，其需求必须全部满足；

P_2：A_3 向 B_1 提供的产量不少于 100 千克；

P_3：每个销地的供应量不少于其需求量的 80%；

P_4：所定调运方案的总运费不超过最小运费调运方案的 110%；

P_5：因路段的问题，尽量避免将 A_2 的产品运往 B_4；

P_6：对 B_1 和 B_3 的供应率要相同；

P_7：力求总运费最小。

试求满意的调运方案。

参考文献

[1] 叶向. 实用运筹学：运用 Excel 2010 建模和求解. 2 版. 北京：中国人民大学出版社，2013.

[2] 叶向. 实用运筹学上机实验指导与解题指导. 2 版. 北京：中国人民大学出版社，2013.

[3]《运筹学》教材编写组. 运筹学：本科版. 5 版. 北京：清华大学出版社，2022.

[4]《运筹学》教材编写组. 运筹学. 5 版. 北京：清华大学出版社，2021.

[5] 周华任. 运筹学解题指导. 3 版. 北京：清华大学出版社，2022.

[6] 哈姆迪·塔哈. 运筹学基础：全球版（第 10 版）. 刘德刚，朱建明，韩继业，译. 北京：中国人民大学出版社，2018.

[7] Excel Home. Excel 应用大全：for Excel 365 & Excel 2021. 北京：北京大学出版社，2023.

中国人民大学出版社　理工出版分社

教师教学服务说明

中国人民大学出版社理工出版分社以出版经典、高品质的数学、统计学、心理学、物理学、化学、计算机、电子信息、人工智能、环境科学与工程、生物工程、智能制造等领域的各层次教材为宗旨。

为了更好地为一线教师服务，理工出版分社着力建设了一批数字化、立体化的网络教学资源。教师可以通过以下方式获得免费下载教学资源的权限：

★ 在中国人民大学出版社网站 www.crup.com.cn 进行注册，注册后进入“会员中心”，在左侧点击“我的教师认证”，填写相关信息，提交后等待审核。我们将在一个工作日内为您开通相关资源的下载权限。

★ 如您急需教学资源或需要其他帮助，请加入教师 QQ 群或在工作时间与我们联络。

中国人民大学出版社　理工出版分社

教师 QQ 群： 1063604091(数学2群) 183680136(数学1群) 664611337(新工科)
教师群仅限教师加入，入群请备注（学校+姓名）

联系电话： 010-62511967，62511076

电子邮箱： lgcbfs@crup.com.cn

通讯地址： 北京市海淀区中关村大街 31 号中国人民大学出版社 802 室（100080）